Imp Lemercier, R. de Seine 55. Alex. Collette

# GYMNASE MORAL



## D'ÉDUCATION.

Elle est belle la première nuit des armes!

P. 385.

Vous m'attendrez ici!

Tours,
R. Pornin & Cie Imp.-Libraires

# LES

# VEILLÉES

DE

Par le Vte WALSH.



Voir, c'est apprendre.

TOURS,

R. PORNIN ET Cie, IMPRIMEURS-LIBRAIRES.

1845.

## Monseigneur Graveran, Évêque de Quimper, à M. l'abbé Musy.

---

Quimper, le 4 mars 1845.

*Mon cher Monsieur Musy,*

Je ne puis qu'approuver le zèle qui vous porte à vous occuper de la critique du GYMNASE MORAL : votre travail de révision sera une garantie pour les parents et les maîtres qui voudront mettre ces livres entre les mains de leurs enfants et de leurs élèves.

Je ne pourrai me charger de revoir votre travail, car il faudrait lire tous ces ouvrages, et je n'en ai pas le loisir. Je m'en rapporte, d'ailleurs, à votre prudence et à votre perspicacité pour qu'il ne s'y glisse rien de contraire à la Religion, ou de dangereux pour les cœurs.

† Jh. M. Évêque de Quimper.

---

Brest, le 17 avril 1845.

MESSIEURS R. PORNIN ET CIE, A TOURS.

M. le Vicomte Walsh n'a pas besoin d'approbation pour ses ouvrages ; on est toujours sûr d'y trouver de nobles sentiments et de pieuses inspirations qu'embellit encore un style enchanteur. Le GYMNASE MORAL a fait une belle conquête en s'enrichissant des *Veillées de Voyage*, qui ne peut que confirmer la haute opinion que j'ai conçue de cet excellent écrivain.

Recevez, etc.

C MUSY,

*Aumônier de la Marine royale.*

## L'ANNONCE D'UN JOURNAL.

Il y a trente ans, j'étais à Pornic, pour ma santé; j'y prenais les bains de mer, et j'avais le temps de me laisser aller à ces longues rêveries qu'inspire toujours la vue de l'Océan; car l'animation et les plaisirs qui attirent à présent tant de beau monde dans cette petite ville bretonne, n'existaient pas encore : pour me plaire alors elle avait deux choses que j'aime, la sauvagerie et la propreté. La propreté, Pornic l'a toujours, toujours ses maisons sont bien blanches et leurs vitres bien claires et bien luisantes; mais sa sauvagerie, il ne l'a plus; les *lions*, les *lionnes* et la *fashion* l'ont chassée! Dans ses rues étroites, mal pavées, montantes et descendantes, à présent, ce que l'on rencontre davantage ce ne sont plus des pêcheurs et leurs femmes, ce sont de belles dames, d'élégantes femmes de chambre, de jeunes hommes le cigare à la bouche, et des laquais portant d'une maison à l'autre des invitations pour le bal improvisé du soir.

De mon temps, alors que nous n'étions que de rares baigneurs, qui pensions plus à recouvrer la santé, qu'à courir après le plaisir, quand nous allions nous asseoir sur les rochers noirâtres qui abritent le port, nous nous racontions des histoires que nous avions apprises des gens du pays, de vieilles traditions, et de terribles naufrages. En face de la mer, nous parlions d'elle, de ses jours de calme et de ses jours de tempête, des aventures que l'on va courir sur ses flots, et de tous les secrets que savent ses abîmes! Alors Pornic était Pornic; aujourd'hui il n'en est plus de même, il n'inspire plus rien, on y apporte des pensées d'un autre sol; tout à côté des filets et des barques de pêcheurs, sur le sable de la grève, le beau monde y devise de *sport* et de *turf*, c'est-à-dire de *chasse* et de *courses*, comme il pourrait faire au *jockey-club*. Dans mes idées, arriérées peut-être, ceci n'est point une amélioration. Tout en me réjouissant que la ville ait laissé entrer le *progrès* dans ses auberges et dans les logements particuliers, qu'elle offre chaque année, aux baigneurs et aux buveurs d'eau; tout en applaudissant à l'établissement public qu'elle a fondé sur la promenade, et tout à côté du vieux château de nos anciens ducs, je regrette que ce coin de notre noble Bretagne ait perdu sa poésie. Tant d'étrangers ont foulé sous leurs pas la fleur du pays, qu'on ne l'y voit presque plus..... Mais moi, espérant toujours en retrouver quelque parfum, c'était loin du bruit de la ville et tout près de celui des flots, que j'allais chercher un logement.

En vérité, les poètes de l'antiquité ont eu tort de ne pas compter l'amour de la solitude au nombre des Muses. Parmi celles que leur génie a créées, il n'y en a pas une qui inspire aussi bien, et qui parle autant à l'âme que le silence.

Ce qui manque au paysage de Pornic, c'est la verdure; les yeux ne rencontrent de toutes parts que des rochers, des grèves de sable et des vagues; c'est beaucoup sans doute pour occuper l'esprit, car la pensée suit la pensée, comme le flot suit le flot. Mais à ceux qui comme moi, sont nés dans l'intérieur des terres, il faut la vue des arbres. Les arbres rappellent tant de souvenirs d'enfance! il y en avait sur la pelouse, ou dans le jardin tout près de la maison paternelle; c'est sur le gazon qu'ombrageaient leurs rameaux, que nous avons fait nos premiers pas, et que nous nous sommes livrés à nos premiers jeux; c'est sous leurs branches projetées et verdoyantes, que se trouvait le banc aimé de notre mère, là où nous voyions notre père venir s'asseoir pour lire les journaux et les brochures du jour.

La jeunesse, comme l'enfance, recherche la fraîcheur et le calme qui avoisinent les arbres; combien de longues heures ne passe-t-elle pas, étendue à leur ombre, plongée dans ses vagues rêveries, ou s'abandonnant à de poétiques inspirations.

Le vieillard aime aussi le chêne et l'ormeau qu'il a vus dès ses jeunes années. Souvent alors il les a pris pour confidents de ses sentiments secrets; souvent, appuyé contre leur tronc moussu, il a roulé dans son esprit des pensées qu'il regarde aujourd'hui comme folles. Alors il ne voyait que verdure au-dessus de sa tête, parce qu'il n'avait que de la joie au cœur; mais à présent, que les années ont blanchi ses cheveux, il remarque avec une sorte de plaisir les mousses sèches, les lichens gris, que le temps a fait pousser sur les rameaux noueux de ces arbres aimés... Il n'a pas été seul à vieillir.

Quand par la pensée je retrouve, aussi loin que je puis voir, mes journées d'enfance, je retrouve en moi l'amour des arbres, et je me souviens du vrai chagrin que j'éprouvais quand je voyais un jardinier armé d'un croissant de fer bien affilé, tailler les tilleuls des allées et les jeunes branches des charmilles. Avec cet amour qui m'est resté, chaque fois que je retournais à Pornic, je regardais avec envie la maison de M. Dessaline; cette construction bizarre et de mauvais goût avait pour moi une immense séduction; elle était comme nichée dans une touffe de verdure. Certes ce n'étaient pas de beaux arbres qui l'entouraient, mais c'était de la végétation, c'était quelque chose de ce vert qui repose les yeux. Enfin, la dernière année où je suis allé prendre les bains de mer, M. Dessaline me loua la *Malouine* (c'était ainsi que s'appelait sa maison); des thuyas, des ifs, des sapins, des alathernes, quelques tilleuls, des chênes verts croissaient là tant bien que mal, serrés les uns contre les autres comme un troupeau de moutons qui a peur de l'orage. La venue de toutes ces plantes était pauvre et chétive, mais enfin elles végétaient, grâce à un paravent de pierres sèches que M. Dessaline avait fait élever entre elles et les brises de la mer.

Là, j'avais de l'ombre, et, avec de la verdure au-dessus de ma tête, je voyais devant et au-dessous de moi l'azur et le mouvement des vagues. Le parfum du réséda et des chèvrefeuilles m'arrivait en même temps que l'odeur saline et salubre qui s'élève des flots. Des oiseaux, qui n'auraient pas voulu, comme les allouettes de mer, les courlis et les alcyons, bâtir leurs nids dans les fentes et dans les creux des rochers, s'étaient abattus sur le bouquet de verdure de la Malouine, s'y étaient établis comme moi, et comme moi ne s'y trouvaient pas mal ; car ils chantaient bien joyeusement tout à côté de ma table de travail, pendant que j'écrivais parfois de terribles pages (je m'occupais alors de mes *Lettres Vendéennes*) ; de l'autre côté d'une petite baie, que j'avais à ma gauche quand je regardais la mer, s'élevait une grosse masse de rochers noirs, surmontée du château et d'une croix de pierre, que l'on appelle dans le pays *la Croix-Penchée*. Cette baie laissait tantôt voir son sable jaune et fin, et tantôt accueillait dans son anse les vagues verdâtres de la marée montante.

Entre la Malouine et la baie du port, sur le versant du coteau, dans une maison dépendante aussi de mon hôte, demeurait un noble Irlandais nommé M. O'Tool (1). S'il n'avait été un homme de bonne

(1) Prononcer O'Toul.

compagnie et parfaitement aimable, notre voisinage eût été beaucoup trop rapproché; pour moi, sa maison était comme de verre. J'aurais pu voir tout ce qui s'y passait, je ne regardais pas, mais j'avais grand plaisir à écouter, matin et soir, les mélodies irlandaises qu'il chantait avec ses enfants, trois jeunes garçons et deux charmantes filles. M. O'Tool était poète, l'aspect de la mer l'inspirait, et, quand le soleil commençait à dorer de ses premiers rayons la crête des flots, ou bien le soir, quand la lune laissait tomber sa lumière d'argent sur les vagues, lui et sa famille, réunis et cachés sous un berceau dont l'ouverture regardait l'Océan, et dont le treillage était recouvert de clématite et de vigne vierge, chantaient ensemble leurs prières.

Si les Anglais sont barbares en musique, autant les Irlandais excellent dans cet art consolateur que les anges ont enseigné aux hommes; et ce n'est point à tort que la verte Érin a placé sur son écusson azur une belle harpe d'or. Un jour, en redisant à mon voisin le bonheur que j'avais à entendre, lui et sa famille, élever ainsi harmonieusement leur âme vers leur Dieu, qui est mon Dieu, j'ajoutai : Vous êtes poète et compositeur; les paroles et la musique que vous chantez sont sans doute de vous. Oh! ne croyez pas cela, me répondit-il; les paroles avec lesquelles nous prions sont d'un poète inspiré par Dieu même : du roi David, et la musique que vous entendez sont de vieux airs irlandais que les contemporains de Saint-Patrice ont entendus et que répètent encore aujourd'hui O'Connell et son peuple: airs tout imprégnés des joies et des douleurs de notre glorieuse et malheureuse Irlande. Oh ! voyez-vous, quand des paroles et des airs ont été consacrés par la voix de nos pères et de nos mères, il n'y faut rien changer ; car les échos du pays les savent depuis des siècles, et les portent mieux vers le ciel que des chants nouveaux.

C'était par des sentiments et des paroles semblables que M. O'Tool m'avait donné un vif désir de me lier avec lui. En peu de temps nous fûmes l'un pour l'autre mieux que ces *connaissances* que l'on fait si facilement dans la vie des eaux ; nous nous prîmes d'une de ces amitiés ne ressemblant en rien à celles qui naissent dans le tourbillon du monde et des plaisirs, et qu'il faut ranger parmi ces sentiments éphémères, ces caprices d'une saison, que les premiers beaux jours de l'été voient poindre, qui tombent avec les feuilles quand le vent d'automne vient à souffler, et dont on ne remporte rien chez soi.

Nos promenades étaient longues et rêveuses sur le bord de la mer. Quelquefois M. O'Tool amenait avec lui ses enfants ; sa fille aînée avait quinze ans et rappelait, d'une manière frappante, ces blondes filles d'Albion que le burin et le pinceau nous ont rendues familières. Tous ces beaux enfants étaient échelonnés d'âge à quinze ou dix-huit mois de distance ; et à toute cette jeune et blonde famille, le premier, le meilleur, le plus doux des soutiens manquait : leur mère. — C'était Anna, l'aînée des filles de M. C'Tool, qui était devenue l'ange gardien de la maison. C'était aussi sur elle que je voyais souvent s'appuyer le noble Irlandais ; avec elle il causait des intérêts de la famille, et c'était merveille de voir la grâce sérieuse avec laquelle la jeune fille écoutait son père lui parler d'affaires; avec quel instinct elle concevait les soins maternels, et avec quelle touchante abnégation elle laissait à ses frères et sœurs les plaisirs de la journée, pour ne s'occuper que des soins du ménage.

Par pitié pour les orphelins, Dieu leur donne souvent de ces sœurs aînées, secondes mères, qui avec le charme de la jeunesse ont toute la maturité, j'allais presque dire l'expérience de l'âge mûr : cœurs tendres et affectueux que les soins de la famille, que la lutte des intérêts, que les désillusionnements de la vie n'ont encore rendus ni chagrins, ni défiants, et qui aiment avec abandon et expansion. C'était là le fond du caractère d'Anna; elle avait pour son père un culte respectueux, tout mêlé de tendresse, et pour ses frères et sœurs un amour expansif, imprégné d'une douce autorité; enfin, il y avait sur le front pensif de la jeune fille comme un reflet que sa mère aurait laissé tomber du ciel.

Entre M. O'Tool et moi, beaucoup de choses étaient devenues communes : je lui prêtais de mes livres, il m'envoyait des siens; nous faisions aussi échange de journaux : je lui donnais le *Breton*, le *Lycée Armoricain*, dans lesquels j'écrivais alors, le *Conservateur* et les autres feuilles politiques que je recevais de Paris. Lui, me donnait à lire les immenses journaux anglais et irlandais. Un jour, je lui reprochais la multiplicité des annonces qui prennent souvent les deux premières pages du *Morning-Post*, du *Standard* et du *Dublin-Advertiser*...

Oh! me dit-il, ne criez pas contre ces annonces;

c'est à l'une d'elles que moi et mes enfants devons beaucoup de bons et tranquilles jours. Un grand malheur, le plus grand de ma vie, venait de me frapper: j'étais dans un de ces accablements qui suivent les grandes douleurs; on m'apportait, comme de coutume, chaque matin, mes journaux; et moi, machinalement j'y attachais mes yeux et parcourais leurs longues colonnes, souvent sans les comprendre. La pensée fixe qui était dans mon esprit et qui pesait sur mon cœur était celle de mes enfants privés de leur mère, et je me répétais sans cesse : Comment seront-ils élevés! Ces mots... je me les disais dans mon âme, quand mes regards s'arrêtèrent sur une annonce qui portait en grandes lettres : — ÉDUCATION. Tout-à-coup le brouillard qui depuis quelque temps obscurcissait mon intelligence disparut, et je lus avec lucidité et intérêt l'annonce du journal.

Chose étrange, cette annonce a eu sur ma vie une influence que de grands événements n'auraient peut-être pas pu avoir, aussi, ai-je précieusement gardé la feuille dans laquelle elle est insérée, et demain je vous la donnerai à lire.

Comme il me l'avait promis, M. O'Tool m'apporta le lendemain le *Morning-Post*, dans lequel je lus les lignes suivantes.

AVIS AUX PÈRES DE FAMILLE.

« Le complément de toute bonne éducation, ce sont les voyages.

» Au meilleur écolier qui a fait les plus brillantes

études, à celui qui a traversé son temps de collége et d'Université avec le plus de succès, il manquera toujours quelque chose, si, après avoir appris dans les livres à connaître les hommes et les choses de l'antiquité, ses historiens et ses poètes, ses législateurs et ses guerriers, ses monuments et ses merveilles, ses mœurs et ses usages, ses idiômes et ses cultes, on ne lui enseigne pas la première des sciences selon nous,

LA SCIENCE DES HOMMES.

» Comment apprendra-t-il à mieux connaître ses contemporains, qu'en voyant chaque peuple chez lui?

» L'être qui grandit et qui prend de l'âge aux mêmes lieux, ne voit qu'une trop petite fraction de l'humanité, et vivant toujours dans le même pays, ne peut avoir que des idées étroites et incomplètes; sa pensée doit s'en ressentir et manquer de largeur et d'élévation. Il faut donc pour couronner l'œuvre des écoles, donner l'éducation des voyages au meilleur écolier.

» Si, pour compléter, pour vernir une bonne et solide éducation, il est avantageux de faire explorer les parties historiques du monde, combien plus indispensables encore, sont les voyages, à l'adolescent sorti de dessus les bancs du collége, où il a bâillé sur les livres pendant sept à huit ans, sans y rien puiser de ce qui élève l'esprit, agrandit les idées, développe le jugement et féconde le cœur!

» Dans le monde, nous avons vu des hommes qui manquaient des éléments premiers de l'éducation, que la société écoutait avec intérêt et plaisir. Dans les salons, on ne demande point à l'homme dont les récits ont du charme et de l'attrait, s'il est érudit ou savant, il plaît, cela suffit à la société qui lui prête l'oreille; parmi ces hommes, nous en avons connu qui avaient été les derniers de leurs classes, et qui étaient devenus, pour ainsi dire, les premiers de leurs cercles. »

L'annonce du *Morning-Post* ne se bornait pas là ; après avoir ainsi énuméré les avantages des explorations des divers pays, elle ajoutait :

« M. Thomas Brown, ancien professeur de philosophie à l'Université de Dublin, a l'honneur de proposer aux familles catholiques de l'Irlande, de se charger de leurs fils, depuis l'âge de seize jusqu'à vingt-un ans. Pendant ce laps de temps, le révérend docteur Brown, veillera consciencieusement, religieusement, sur les jeunes gens qui lui auront été confiés comme à un père. Il leur fera connaître tour à tour par des séjours plus ou moins prolongés, dans les capitales et les provinces, l'Irlande, l'Écosse, l'Angleterre, la France, l'Espagne, la Sardaigne, l'Italie, l'Allemagne, la Suède, le Danemarck, la Russie, la Turquie, l'Égypte et la Syrie. La vue des saints lieux, un séjour au berceau du christianisme, seront le complément de toutes ces pérégrinations faites dans l'espace de cinq à six ans.

» Aucune surveillance, aucuns soins, répétait l'annonce du journal, ne manqueront aux jeunes gentlemen, et il n'en coûtera à chaque famille que la somme de quinze cents livres sterling. »

— Cette annonce, me dit M. O'Tool, me donna

beaucoup à penser, car j'y trouvais beaucoup de bon et de vrai, beaucoup de choses que j'avais souvent roulées dans mon esprit, pendant mes heures solitaires... Mais au lieu d'avoir l'idée de confier mes enfants au révérend docteur Brown, malgré toute la confiance qu'il m'inspirait, j'écrivis, car je sentais fortement le besoin de dépasser ma douleur, à deux de mes intimes amis, qui ainsi que moi avaient de nombreuses familles, et je leur proposai de nous réunir, et de faire entre nous une colonie voyageuse réalisant avec nos femmes, nos sœurs et nos enfants, le plan de l'ancien professeur de l'Université de Dublin.

Ma proposition a été acceptée par mes anciens camarades de collége, et depuis deux ans nous avons quitté l'Irlande, notre commune patrie, après avoir exploré toutes ses merveilles et toutes ses misères; déjà ensemble, nous avons visité l'Écosse et l'Angleterre, une partie de l'Allemagne et de la Suisse; avant deux mois mes compagnons de voyage viendront me prendre ici. On a beau se promettre de ne pas se séparer, surviennent des affaires de famille et de fortune, qui délient ce qui était le mieux lié, et qui dérangent ce que l'amitié et les convenances avaient si bien arrangé. Heureusement que cette séparation entre nous et nos amis va bientôt finir; et je vous assure, mon cher Walsh, me dit M. O'Tool, que ce sera avec un immense bonheur, que je recommencerai nos pérégrinations.

La plupart du temps, ce qui gâte les voyages, ajouta le noble Irlandais, c'est qu'en partant de chez soi, on n'emporte pas tout son cœur, c'est qu'on laisse derrière soi quelque ami qui pleurera votre absence, c'est que les distances, les mers, vont s'étendre entre vous et une famille aimée; pour nous, il n'en était pas de même, il n'y avait point de déchirement dans notre départ du pays ; nous ne laissions derrière nous que le sol, nous en emportions les fleurs et les fruits. Nous partions tous avec une même foi, un même Dieu ; en changeant de pays, nous ne nous exposions pas à oublier notre chère et malheureuse Irlande, car nous étions tous ses enfants, et, vivant ensemble, nous en garderions les usages et en prononcerions le nom dans nos prières communes.

Vous vous souvenez de ce que l'on a écrit des premiers chrétiens qui mettaient tout en commun, qui n'avaient qu'un cœur et qu'un esprit; eh bien! notre colonie voyageuse en est là. Comme eux nous n'avons plus en quelque sorte qu'une seule et même fortune, et tour à tour chacun de nous est trésorier et payeur. En traversant des contrées et des nations différentes, en voyant de nouveaux peuples, nous avons constamment avec nous notre *Parva Troja*, notre petite Irlande. Ainsi en entendant parler des langues étrangères, en apprenant les divers idiômes des pays que nous explorons, nos enfants n'oublient point la langue maternelle.... Il y a dans cette manière de voyager un grand charme, et je voudrais, mon cher voisin, me dit M. O'Tool, que vous pussiez vous joindre avec vos fils, à notre troupe nomade. Quand nous avons beaucoup exploré, beaucoup vu, beaucoup dessiné pendant nos matinées, chacun de nous rapporte son butin à la maison commune; les plus jeunes de nos enfants apprennent à dessiner, en face des monuments, dont nous prenons des esquisses et dont nous voulons remporter le souvenir au pays. Pendant que les uns enrichissent nos album, d'autres prennent des notes sur les villes et les campagnes où nous séjournons; moi, qui aime par dessus tout les traditions populaires, je suis chargé de recueillir les ballades, les légendes et les histoires des contrées que nous sommes venus étudier, et pour cela je me mêle au peuple dans ses fêtes, j'étudie ses usages, ses joies et ses danses. J'écoute les refrains de ses vieilles chansons et j'interroge mes voisins, soit sur la place ou la promenade publique, soit dans la salle de bal.

Les autres jours, quand tout le monde vit de la vie ordinaire, je vais faire visite au curé du lieu, et en ayant soin de bannir de mes paroles tout ce qui ressemble à une vaine curiosité, je lui demande quels sont les faits religieux et chevaleresques, les grands événements des temps passés qui ont illustré son église et sa paroisse.

Du presbytère au cimetière il n'y a pas loin, j'y vais aussi lire les épitaphes des tombes, car les morts ont aussi leurs enseignements.

En général, les curés ou les pasteurs sont, dans les différentes contrées que nous avons traversées, les hommes qui connaissent le mieux l'histoire de leur pays; tout en se consacrant aux choses du ciel, ils ont appris celles de la terre, et y ont puisé de grandes leçons de sagesse à donner aux populations qu'ils sont chargés de conduire dans les sentiers de la paix et du bonheur.

Quand nos matinées ont été bien employées, bien remplies d'études (qui sont devenues pour tous des plaisirs fructueux), nous passons de délicieuses soirées. Quand l'approche de la nuit a amené trop de fraîcheur, nous nous réunissons autour de la table à thé, et nous devisons à la lueur des lampes. Quand au contraire la chaleur du jour se prolonge et va se joindre aux ombres du soir, au lieu de rentrer au logis commun, nous restons dehors sous la voûte étoilée; tantôt assis sur la montagne, tantôt aux bords des lacs, tantôt sur les rochers que battent les vagues de l'Océan. Là, souvent, en face des grands aspects de la nature, notre conversation s'éteint et meurt peu à peu, puis tout-à-coup du silence qui a remplacé nos causeries s'élève une voix entonnant une chanson de Moore sur l'air d'une de nos vieilles mélodies irlandaises. Alors nos voix répondent à celle du coryphée, et c'est presque un acte religieux que ce concert improvisé, en quelque sorte sanctifié, par le souvenir de la patrie absente.

D'autres fois, au lieu de chanter ainsi, à la lune et au silence de la nuit, nous racontons des histoires que nous avons apprises dans les livres et surtout dans les récits populaires. Chacune de ces histoires a sa moralité; nos enfants, en les écoutant, ne croient que s'amuser, et la leçon de religion, d'honneur et de bienfaisance leur vient si bien parée, si couronnée de fleurs qu'ils la prennent pour un plaisir de plus!

— Vous voyez, ajouta M. O'Tool, combien *l'annonce d'un journal* nous a valu de plaisir et nous a fait de bien ! Sans l'avis du *Morning-Post* il est plus que probable que mes amis et moi n'aurions pas formé notre colonie voyageuse : pensée dont nous nous applaudissons chaque jour davantage tant pour nos enfants que pour nous-mêmes.

— Vous tenez sans doute un journal de vos pérégrinations? dis-je au noble et aimable Irlandais ; est-ce vous qui en êtes l'historiographe ?

— Non, me répondit-il, c'est mon ancien camarade de collége, Patrice Bagott, et c'est son fils aîné, jeune homme de dix-sept ans, qui s'est chargé de faire le recueil des histoires racontées tour à tour dans les veillées d'auberges ou dans ces longs repos sous le ciel étoilé et sur les bords des lacs, belles et poétiques soirées dont je vous parlais tout à l'heure.

— Si ce n'était pas commettre une indiscrétion, dis-je à M. O'Tool, je vous demanderais, mon cher voisin, à lire ce recueil.

— Ma fille Anna en a fait une copie, me répondit le gentilhomme irlandais.... je suppose qu'elle ne vous la refusera pas.

A ces mots, miss Anna, avec une charmante et gracieuse rougeur : mes cahiers, monsieur Walsh, sont à votre disposition, mais si mon père veut bien me permettre, avant de vous les donner, je vous imposerai une condition.

— Laquelle ? demanda M. O'Tool.

— Celle d'y écrire une histoire de plus, une histoire écrite par lui.

— Bonne et excellente idée, dit le père de la jeune fille.

— Je souscris à la condition que vient de m'imposer miss Anna, ajoutai-je.

— Puisqu'il en est ainsi, dit Anna, je vais vous chercher tout de suite nos cahiers.

Disant ces mots, la belle et blonde fille d'Érin se leva légère et gracieuse comme une sylphide, courut chez son père, et quelques minutes après revint à nous avec ses cahiers.

Il y en avait quatre, chacun d'eux était relié en cuir de Russie, et portait la date de l'année pendant laquelle le voyage avait eu lieu; de jolis dessins, des croquis en illustraient les pages et rappelaient les villes, les hameaux, les cottages, les chalets, les montagnes, les vallées, où les histoires avaient été racontées.

Je l'avoue, j'ai rarement lu un livre avec autant de bonheur que ces cahiers écrits par un jeune homme de dix-sept ans, et copiés par une fille de seize; de ces pages nettes et blanches, il s'élevait un parfum de pureté et d'innocence qui reposait et charmait l'âme;... enfin, je trouvai dans cette lecture tant de bonnes leçons pour la jeunesse, tant d'utiles enseignements pour tous les âges, qu'à force de sollicitations j'ai obtenu de mon ami, M. O'Tool et de la colonie voyageuse, l'autorisation de publier *les Veillées de Voyages*. Ce sont elles que j'offre aujourd'hui à mes jeunes lecteurs.

---

Depuis plus de huit jours nous étions à Édimbourg, nous commencions à bien connaître cette noble et antique cité, que l'on a avec raison, surnommée l'Athènes du Nord, ville de savants et de bonne compagnie. Nous avions visité le palais de Holy-Rood, encore tout attristé du malheur des Stuarts; nous avions étudié dans tous ces curieux détails, le vieux château, où les anciens rois d'Écosse faisaient élever leurs filles, ce qui l'a fait appeler *The Maiden's castle.* Nous avions exploré les anciens quartiers de la capitale écossaise, si bien décrits par Walter Scott, et les nouveaux, si confortables à habiter. Nous avions à peu près tout vu; par une belle soirée du mois de juin, nous allâmes nous asseoir sur la crète empourprée de bruyères d'*Arthur's Seat*, sauvage et aride montagne qui domine le palais de Holy Rood, et qui fait face à un autre mont aussi désolé, et qui est connu sous le nom de *Salisbury's Craggs.* De là, la vue était belle et immense, et le soleil, au moment de son coucher, dorait de tout l'éclat de ses feux la mer qui se montrait par delà les campagnes, comme une grande nappe d'or, éblouissante à regarder!... Il y a des scènes de la nature, si imposantes, si majestueuses, qu'elles commandent le silence; nous nous taisions tous; sur la cime du *mont d'Arthur* et devant le magnifique aspect qui s'offrait à nous, nous pensions tous à l'Irlande, que les flots dorés séparaient de nous...

Un de nous, je ne sais lequel, rompit tout-à-coup le

religieux silence que nous gardions depuis quelques minutes, en s'écriant... Oh! ce serait ici un bon lieu pour raconter une belle histoire. — Oui, oui, une histoire! une histoire! dirent les enfants, en entourant M. Bagott.

Depuis plusieurs jours il leur en promettait une, voulant tenir sa parole, et inspiré par la vue qu'il avait sous les yeux, il leur répondit, en voici une bien longue, qui me vient à la mémoire, elle va reporter vos cœurs et vos pensées vers l'Irlande. « Je mettrai plusieurs soirées à vous la raconter... Cette histoire est vraie, et elle vous prouvera qu'il vaut mieux écouter la voix de Dieu que la voix des hommes. »

Déjà toute la jeune portion de notre colonie s'était groupée auprès de M. Bagott. La brise du soir n'était pas trop fraîche, elle jouait dans les cheveux de toutes ces blondes têtes, et dans les écharpes des mères et des filles, sans nous apporter le moindre froid. Aucun bruit ne montait jusqu'à nous, hors le son mélancolique de la *bag-pipe* d'un pâtre qui gardait ses moutons dans la plaine. M. Bagott commença par nous dire le titre de son histoire. C'était *Une voix d'en-haut*, puis il continua ainsi.

# UNE VOIX D'EN-HAUT,

## OU LA PRISE DE WATERFORD.

---

### I.

Quand la fille de Vaucouleurs, quand Jeanne d'Arc dut quitter la quenouille des fileuses pour prendre la lance des chevaliers, elle vint dire à son père et à sa mère qu'il fallait qu'elle allât vers le roi Charles VII pour délivrer avec lui la France des étrangers.

Alors sa pieuse mère et son père, homme de loyauté et de bon sens, lui répondirent : Jeune fille, retourne aux champs, file la quenouille, chante des cantiques et dis tes patenôtres.

Mais elle, d'ordinaire si soumise, repartit : En ceci ne puis vous obéir, car mes voix ont commandé.

— Et quelles voix ? demandèrent ses parents.

— Mes voix ! celles que j'entends quand je suis seule aux champs, mes voix qui me viennent du ciel.

Mais le père et la mère de la jeune paysanne, n'ayant point, comme leur fille, entendu ces voix, ne voulurent pas y croire, et lui reprochèrent de pécher par orgueil, ajoutant : « Des voix du ciel ! il n'y a que les saints et les saintes à les entendre. »

— Ne suis qu'une simple fille croyant en Dieu, répliqua Jeanne ; mais derechef, je vous le dis, j'ai entendu mes voix, et il faudra que j'y obéisse.

Elle a obéi. Elle est partie de son hameau natal, et la France a été sauvée !

Mais je crois que si nous écoutions bien, si nous laissions nos passions faire moins de bruit, si nous ouvrions moins nos cœurs aux tourmentes du monde, nous entendrions aussi des voix d'en-haut.

Ces voix, ce ne sont point elles qui nous font défaut, c'est le recueillement qui nous manque ; pour les entendre, il nous faudrait la paix de l'âme et le calme de l'esprit ; et dites-moi où les trouver dans le monde tel qu'il nous a été fait.

Certes, je sais tous les bruits que font les tempêtes populaires, le tonnerre du ciel se perd dans leur fracas, la jalousie, la haine, les fureurs, les délires, l'émeute, la révolte ont hurlé à mes oreilles ; j'ai entendu abattre des croix, briser des autels, renverser des trônes ; j'ai ouï les menaces des bourreaux et les cris des victimes.... Eh bien ! dans ces horribles tourmentes, j'ai la conviction qu'*une voix d'en-haut* est parvenue à chacun pour lui enseigner le sentier à suivre aux milieu des périls, des débris et des bouleversements.

Cette voix d'en-haut nous vient de cent manières diverses. Une fois c'est la vue d'un berceau qui nous l'amène : ce berceau nous a fait penser à notre mère, à nos premiers enseignements, à ceux qu'elle nous a donnés sur ses genoux. Une autre fois, une tombe fait surgir en nous de graves souvenirs, notre père y est descendu après une carrière toute d'honneur, et nous voulons être dignes de lui.

D'autres fois c'est la vue d'une église, le son d'une cloche, les rayons d'un soleil couchant sur une ruine, une musique suave, le calme d'une belle nuit, l'aspect de la mer. Toutes ces choses, en amenant des pensées graves à notre âme, la disposent à entendre les leçons qui descendent du ciel.

Parmi les terres que le soleil réchauffe, éclaire et féconde, il y en a une que j'aime presque à l'égal de la France. Cette terre ressemble à la Vendée par sa foi, son courage, sa fidélité et ses malheurs.

C'est l'Irlande.

C'est à ce noble pays que j'emprunte aujourd'hui un exemple pour démontrer que les voix d'en-haut viennent aux plus humbles et aux plus simples, et qu'elles valent mieux pour nous bien guider dans les temps difficiles, que la prudence et l'habileté humaines.

Cet exemple, je l'ai trouvé dans les *Chroniques Hibériennes* du révérend Père Koating, jésuite de Kilkenny. Non loin de cette ville, dans la paroisse de

Lismore, vivait un fermier qui avait parmi les paysans une de ces belles réputations de village que j'appellerai la noblesse de ferme. Cette réputation et l'influence qui y était attachée, Patrick O'Bryen se les était acquises à force de piété, de travail et de loyauté; de bien loin dans la contrée on venait le prendre pour arbitre dans les discussions entre les cultivateurs ; et cet homme qui ne savait ni lire, ni écrire, terminait toujours avec une haute sagesse les différends qui lui étaient soumis.

Une femme digne de lui par ses vertus, son intelligence et son amour du travail, lui avait donné un seul enfant, que tous les deux élevaient à aimer et à servir Dieu.

Le petit Patrick, dès ses premières années, avait été remarqué entre tous les enfants du pays par sa beauté, son teint blanc, ses joues roses, ses yeux bleus et ses cheveux blonds bouclés. Un jour, un des religieux de l'abbaye de Jerpoint vint à la ferme de O'Bryen pour faire la quête de la Toussaint, et trouvant le joli petit enfant agenouillé devant une sainte image, dont sa mère lui expliquait le sujet, il fut frappé de sa beauté, et dit à la fermière :

—Notre père abbé serait bien heureux d'avoir votre fils pour enfant de chœur. Si vous nous le cédiez, nous en aurions bien soin, nous lui apprendrions à lire et à chanter en latin les louanges du Seigneur.

— Ce me serait une peine de m'en séparer, répondit la mère, mais ce me serait une joie de le voir sous l'aile de Dieu, et à l'abri de tout mal dans votre maison.

— Eh ! mon Dieu, où seront bientôt les abris sûrs... avec les principes de l'apostat et de ses avides conseillers... délié de Rome, qui pourra l'empêcher de marcher dans le chemin des spoliations, des sacriléges et des persécutions ?...... Sainte Église catholique, sois ferme, car une cruelle guerre s'apprête contre toi.

— Révérend Père, vous et vos frères de Jerpoint-Abbey, êtes des saints pieux pour que Dieu nous sauve.

Comme il se faisait tard, le religieux dit à la fermière :

— Je reviendrai voir notre ami Patrick O'Bryen, j'avais à lui dire deux mots.

— Pouvez-vous me les confier, mon Père? Je les lui redirai.

— Oh ! oui, à vous, je puis dire... que les nouvelles qui nous arrivent de l'autre côté de l'eau sont mauvaises. En ce moment-ci, personne ne doit s'endormir, et tous les bons chrétiens doivent prier.

Après ces mots, le Père William prit son bâton blanc qu'il avait laissé près de la porte et s'apprêtait à partir ; Brigitte appela son petit garçon, lui dit de se mettre à genoux, puis, s'agenouillant elle-même, elle demanda au religieux de les bénir.

— Que le Dieu tout-puissant vous bénisse, et que les saints anges veillent sur cette demeure !

---

Quelques semaines après la visite du père William à la ferme, Patrick O'Bryen et sa femme conduisirent leur jeune garçon à l'abbaye. L'idée de voir son fils élevé dans un monastère aussi renommé que Jerpoint-Abbey, avait souri au père et à la mère du jeune Patrick, qui venait d'atteindre sa neuvième année. Tous les deux étaient heureux de penser que leur fils serait un jour clerc-lettré. Il allait, sous les regards des hommes les plus éminents, les plus révérés du pays, grandir en force, en sagesse, en science, en piété. Dans des temps où tant de funestes doctrines, tant de poisons d'hérésie étaient répandus en Irlande par Henri VIII, c'était une grâce spéciale que d'avoir son fils hors de la corruption du monde.

Quand l'enfant se vit seul, il pleura beaucoup, mais, pour le distraire de cette première douleur, il y avait à l'abbaye bien des choses qui l'allaient charmer, d'abord, la soutane écarlate dont il fut revêtu dès le lendemain de son arrivée, en présence du vénérable Père abbé... puis l'aube de fin lin et la ceinture de soie à gros glands rouge et or.

Par-dessus tout, ce qui avait ravi le petit paysan, ç'avait été l'orgue.

*Voilà Dieu qui parle!* s'était-il écrié la première fois qu'il l'avait entendu. Et, oubliant le cérémonial, l'enfant de chœur n'était plus agenouillé, mais regardant du côté de la tribune, d'où les majestueux accords descendaient.

A la ferme, Brigitte et son mari ne s'étaient pas aussi vite consolés du changement. Un enfant parti, cela laisse un si grand vide! Pour rendre l'absence moins rude, la pauvre mère ne craignait pas de faire à pied le chemin de Lismore à Jerpoint-Abbey... Une fois par mois, quand la saison le permettait, elle partait au petit lever du jour pour arriver à la grand'messe de l'abbaye... Elle était si fière, si heureuse, quand son chérubin passait dans la grande nef avec tout le cortége de l'officiant. Et quand elle le voyait tout près de Dieu dans le sanctuaire... quand, après avoir vu et embrassé son fils, elle était de retour à la ferme, vous devinez la peinture qu'elle faisait de lui à Patrick O'Bryen; aussi il voulut le voir, et à deux ou trois fêtes de l'année, il accompagnait sa femme à l'église du monastère.

Cinq ans se passèrent ainsi, puis les partisans de Henri VIII, qui venait de rompre officiellement avec le père commun des fidèles, commencèrent à s'attrouper aux environs des abbayes, dont ils convoitaient les richesses, les trésors et les terres; et là insultaient les femmes qui venaient prier dans leurs églises.

Le jeune Patrick venait d'atteindre sa quinzième année, quand la persécution contre l'église romaine naquit de l'avarice et de la corruption de Henri VIII.

En naissant sous le toit de chaume de son père, Patrick avait reçu de Dieu une âme aimante, méditative et rèveuse. Dans la paix du cloître, au milieu des choses saintes, dans l'atmosphère sacrée du sanctuaire, au parfum de l'encens, à la chaleur des feux de l'autel, cette âme avait encore pris de la tendresse et de l'élévation. Le cœur de l'adolescent s'était attaché à la vie tranquille de l'abbaye, et voilà que l'hérésie du monarque anglais a déjà soulevé tant de haines contre le catholicisme, que des bandes armées parcourent l'Irlande, pillent les églises, envahissent les monastères, chassent les religieux et outragent les filles consacrées à Dieu.

Un digne courtisan de l'infâme Henri VIII, lord Amortown, commande cette troupe de brigands. Criblé de dettes, il avait demandé à son maître de lui donner cette mission, espérant bien qu'en faisant apposer les scellés sur les trésors des couvents, il trouverait le moyen de s'en approprier quelque chose, et le débauché, l'adultère, le renégat couronné ne lui avait pas refusé la charge de *grand exterminateur des moines*, charge dont se vantait et se glorifiait Amortown.

Cet homme, qui avait commencé à aider Henri VIII dans ses plaisirs et dans ses changements de femmes, l'aidant maintenant dans ses vengeances contre les catholiques, était venu avec sa hideuse troupe s'abattre sur la belle abbaye de Jerpoint.

Patrick vit alors la désolation du saint lieu... du lieu où il avait déjà rêvé qu'il vivrait tous ses jours, jours remplis de méditation et de prières. Dans les scènes qui suivirent l'occupation du couvent, rien ne lui alla autant au cœur que les larmes du vénérable prieur. Quand Amortown vint lui signifier de s'éloigner du cloître où il avait vécu cinquante ans... alors le saint homme pleura devant le jeune choriste, qu'il avait fait venir pour l'aider dans ses préparatifs de départ.

Jamais Patrick n'avait vu un vieillard *pleurer*, il avait cru jusqu'alors qu'il n'y avait que les enfants à répandre des larmes, quand on les contrariait ou quand on les punissait; mais la vue d'un homme en cheveux blancs, laissant couler des pleurs sur ses joues ridées, le frappa et remua fortement son âme.

— Révérend Père, dit-il d'une voix émue au prieur, ça vous fait donc bien mal d'être déraciné d'ici.

— Mon enfant, répondit le vieux prêtre, qui t'a appris à te servir de ce mot?

— Quel mot?

— Celui que tu viens d'employer tout à l'heure; tu m'as demandé si cela me faisait bien mal de me *déraciner* d'ici. Pourquoi t'es-tu servi de ce mot *déraciner?*

— Eh! mon Dieu, monsieur le prieur, parce que vous avez été bien longtemps ici, parce que vous vous y êtes habitué, et sauf votre respect, mon révérend Père, l'homme ressemble à un arbre, quand on l'arrache du lieu où il a crû, ça déchire ses racines, et ça doit lui faire du mal, car il avait espéré mourir là.

Le religieux, surpris de trouver dans le langage du petit paysan, autant d'idées et d'images, prit plaisir à le faire causer, et il lui dit :

— Patrick, j'ai souvent remarqué là-haut (et en disant ces mots, le père prieur montrait Jerpoint-Abbey sur la colline), j'ai souvent remarqué qu'après les offices, tu jouais peu avec les autres enfants de chœur... Est-ce que tu n'aimes pas tes camarades?

— J'aurais eu bien mauvais cœur de ne pas les aimer, car ils m'aimaient tous.

— Pourquoi donc ne partageais-tu pas leurs jeux?

— Mon révérend Père, je ne saurais trop vous dire pourquoi; mais voyez-vous, j'ai toujours du bonheur de me trouver là où il y a du silence... Quand tout est bien calme, bien tranquille, quand tout semble dormir autour de moi, il me semble que j'entends des voix qui me parlent et qui me conseillent. Ainsi bien souvent, quand il n'y avait plus personne, le soir, dans votre belle église, j'aimais à y revenir, je restais sous la tribune de l'orgue, et de là, je voyais s'allonger devant moi comme une allée de piliers et de colonnes, et dans ma pensée, je comparais la grande nef à un chemin qui mène à Dieu... Puis quand je regardais en bas, je voyais parmi les dalles, bien des tombes, et je me disais, il y a ici des voyageurs qui se sont couchés pour se reposer sur le chemin.

— Mon enfant, j'avais espéré me reposer là.

— Et moi aussi, mon père.

— Quoi! tu avais de ces pensées-là ?... Tu comptais donc te faire religieux?

— C'était mon ambition par moments...

— Et quand, ainsi que tu le disais tout à l'heure, tu venais dans l'église, quand la nuit arrivait, tu n'avais pas peur ?

— Je sentais alors en moi bien des choses, mais je ne crois pas que ce fût de la peur... Après avoir vu le soleil dorer les vitraux du fond du sanctuaire, j'aimais à voir se lever la lune, alors qu'elle s'allumait dans le ciel, comme une autre lampe devant Dieu... Oh! sa lueur me semblait bien belle, quand elle pénétrait par les longues et étroites fenêtres, et qu'elle s'allongeait sur les tombeaux des chevaliers couchés tout armés, et des abbés agenouillés et les mains jointes. Ne trouvez-vous pas, révérend Père, qu'il y a quelque chose de tranquille dans la clarté de la lune, qui doit plaire aux morts.

— Patrick, tu n'as jamais lu aucun livre de poésie ?

— Jamais, monsieur le prieur; lesseuls livres que j'aieouvertssontmon catéchismeet mon livre de messe, puis le psautier du couvent... Oh! ce que j'aime le plus, ce sont les psaumes.

— Eh bien! mon enfant, voilà des hommes qui ne veulent plus que nous les lisions, comme les ont lus nos devanciers.

— Ces hommes sont donc bien stupides?

— Oui, et encore plus méchants.

— Les impies qui ont fait fermer notre belle église?

— Oui.

— Ceux qui vous chassent du couvent?

— Hélas! oui.

— Oh! vous devez bien les maudire?

— Mon fils, nous ne devons jamais maudire.

— C'est vrai, il faut toujours pardonner.

— Et aujourd'hui, cela te paraît difficile?

— Oh! oui, beaucoup. J'en veux du fond du cœur à ceux qui vous ont fait tant de peine..... à ceux qui vous ont fait pleurer... Oh! un vieillard qui pleure, cela fait tant de mal à voir...Nos yeux à nous, enfants, sont faits pour ça... Mais des yeux qui ne voient presque plus à force de veilles et d'années, les faire pleurer, c'est cruel, abominable!

— Enfant, je te remercie de tes bons sentiments pour moi; si j'ai laissé échapper ce matin des pleurs devant toi, c'est que l'on ne quitte pas sans regrets, sans déchirements, la maison où l'on a vécu cinquante ans. La maison de Dieu était devenue pour moi comme la maison de mon père... Dans la paix du cloître, mes journées coulaient tranquilles comme les ondes de la

Shuer, que nous voyons couler là-bas dans la plaine... A présent, dans ce monde si agité et qui fait tant de bruit, que vont-elles être, les journées que le Seigneur me laissera encore.... Oh! Patrick, heureux sont ceux qui dorment dans nos cloîtres !

— Révérend Père, si notre maison était plus belle et plus digne de vous, je suis bien sûr que mes parents vous supplieraient d'y venir ; et là nous aurions bien soin de vous. Ma mère est une sainte, et servir un homme de Dieu lui serait un bonheur et une bénédiction. Mon père est un homme de cœur et de foi, et pour défendre un religieux réfugié sous notre toit, il s'armerait bien vite d'une vieille épée que nous avons chez nous, et qui, il y a bien longtemps, bien longtemps, a été glorieusement portée par un O'Bryen, alors que notre famille était riche et ensemençait ses propres terres.

— Merci, merci, mon garçon... Tes offres me font du bien... Nous n'avons fait que bien peu pour toi, dans notre maison de Jerpoint, et tu te montres plus reconnaissant que bien des autres, auxquels nous avions donné beaucoup... Que Dieu pardonne aux ingrats! Que Dieu protége ceux qui nous aiment,... et toi spécialement, cher enfant!..... A Waterford, j'ai une sœur, c'est chez elle que je vais me retirer.... Elle aussi vivait dans la paix du cloître, au couvent des Bénédictines.... Elle en a été chassée aux cris de : *Plus de nonnes, plus de nonnes!* comme à Jerpoint on nous a renvoyés en criant : *Plus de moines, plus de moines!* Nous mettrons nos regrets ensemble, et nous prierons Dieu devant le même crucifix; nous lui demanderons de protéger notre malheureuse Irlande, menacée de bien d'autres maux que ceux qui nous ont frappés à Jerpoint!... L'hérésie ne sera satisfaite que lorsque tous nos trésors auront été pillés, toutes nos églises profanées, tous nos tabernacles renversés, toutes nos saintes reliques jetées aux vents, et toutes les vieilles et nobles sépultures violées.

— Oh! non, oh! non, les méchants n'oseront pas en venir là... Car, voyez-vous, mon Père, quand le crime se fait hardi, il faut que la vertu n'ait pas peur. Dieu est avec elle, qui donc pourrait la faire trembler? Souvenez-vous de la dernière fête de Pâques; comme votre grande église de l'abbaye était remplie de peuple! Ce peuple est chrétien, il ne souffrira pas que l'on vole aux tabernacles les calices et les saints ciboires; il ne souffrira pas que des mains avides et souillées touchent au saint des saints!... Ah! si les hommes manquaient pour défendre les sanctuaires, les anges et les archanges descendraient avec les lances et les armures, que des âmes bienheureuses leur ont vues dans leurs visions; et avec les armes célestes ils frapperaient de mort les audacieux sacriléges! Vous avez dit aussi, révérend Père, que les hommes de Henri l'apostat allaient vendre la terre de nos cimetières.... Mais avant de permettre une telle profanation, il n'y a pas un fils de la vieille Irlande qui n'allât se faire tuer sur la fosse de son père!... Oh! après les sanctuaires du Dieu vivant, ce qui doit être le plus respecté en ce monde ce sont les cimetières, car les morts ne peuvent se lever pour repousser l'outrage; il n'y a que les lâches qui insultent les enfants, les femmes, les prêtres, les vieillards et les tombeaux.

Parlant ainsi, Patrick O'Bryen s'était animé, sa physionomie, ordinairement douce comme celle d'une jeune fille, avait pris quelque chose de martial. Où cet adolescent avait-il appris tout ce qu'il disait ainsi avec une sorte d'éloquence ? N'en doutons pas, dans la poésie de son âme et dans son éducation chrétienne, il avait vécu près des autels, et la rosée du ciel était tombée sur lui.

Pendant toute la journée, Patrick avait porté au bout d'un bâton qu'il appuyait sur son épaule le paquet du bon prieur ; le prêtre, lui, n'avait sous le bras que deux livres, l'Évangile et son bréviaire. Comme ils entraient à Kilkenny, le religieux, malgré son costume laïque, fut reconnu, et quelques enfants se mirent à l'insulter et à crier : *A bas les moines, à bas les suppôts du pape !*

Patrick ne put se contenir, et dit avec feu à ceux qui outrageaient le prieur : Vous devriez rougir de vous moquer ainsi de la vieillesse et du malheur !.... Ce matin j'ai vu pleurer le vieillard que vous insultez lâchement ; si vous pensiez à vos pères, à vos mères, qui vieilliront peut-être, vous respecteriez ses cheveux blancs.

Un homme d'une trentaine d'années, un partisan des nouvelles doctrines, qui prenait plaisir à écouter les insultes des petits polissons, ajouta à leurs outrages en disant : *C'est un de ces fainéants de Jerpoint-Abbey, un de ces hypocrites qui suçaient les sueurs du peuple.*

— Si vous voulez faire preuve de courage, s'écria le

jeune paysan, vous devriez choisir un homme comme vous pour l'injurier.

— Qui es-tu, blanc-bec! pour vouloir donner des leçons aux autres?

— Je suis bientôt un homme; j'ai quinze ans et du cœur.

— Tu m'as l'air d'un papiste.

— Je m'en fais gloire; je suis catholique romain.

— A bas le papiste! à bas le papiste! à bas le moine et son élève!

Ainsi poursuivis de vociférations et d'injures, le prieur et Patrick arrivèrent à une petite maison, où demeurait la sœur du prêtre.

Depuis de bien longues années, le religieux de Jerpoint et la sœur bénédictine ne s'étaient point vus; tous les deux avaient de bonne heure quitté la maison paternelle pour se réfugier dans la maison de Dieu; tous les deux (et c'était là un des chagrins qu'ils avaient mis aux pieds de la croix), tous les deux avaient cru mourir sans se revoir....

— Ma sœur, dit le prieur en lui prenant la main, ceux qui bouleversent aujourd'hui les trois royaumes veulent que, parmi tous les maux qu'ils répandent sur la patrie, nous leur devions un bonheur, celui de vivre sous le même toit.

— Mon frère, au plaisir que j'éprouve à me retrouver avec vous, je m'aperçois que je n'étais pas bien détachée des affections de famille. J'ai presque du remords de ressentir tant de bonheur à vous voir.

— Oh! ne vous défendez pas de ces joies-là, ma

sœur; Dieu, qui nous voit réunis, sait que pour nous retrouver ensemble, ni vous, ni moi n'avons manqué à nos vœux.

— Si l'on nous laisse ici en paix, si l'on ne nous sépare pas, mon frère, nous suivrons chacun notre règle.

— Seulement nous y aurons un grand adoucissement, nous nous verrons et nous prierons ensemble... C'est vous, Thérèse, qui tiendrez la maison..... Dès aujourd'hui je vous recommande mon jeune compagnon de route..... C'est lui qui m'a aidé à faire mes apprêts de départ ce matin, et qui a porté mon paquet depuis l'abbaye jusque chez vous...... C'est un bon petit chrétien; il était enfant de chœur chez nous.

—Mon enfant, vous commencez bien jeune à voir de mauvais jours; on vous empêche de chanter en face de l'autel des hymnes au Seigneur et à la très sainte Vierge... Mais pour cela, il ne faut pas négliger de prier; puisque l'on ferme nos églises, ouvrons plus que jamais nos cœurs à Dieu.

— Ce que vous me dites-là, madame, répondit le jeune garçon, ma mère me l'a dit avant-hier, et ses paroles, je les ai mises bien avant dans mon cœur, pour qu'elles y restent, pour que le vent qu'il fait par le monde ne les emporte pas.

Quand fut venu le soir, le prieur dit à Patrick: « J'écrirai à ton père, dans quelques jours, pour savoir ce qu'il veut faire de toi. S'il te veut à sa ferme, tu y retourneras; s'il veut te laisser avec nous, ma sœur et moi te garderons, et je continuerai à t'instruire.

J'espère qu'il ne te redemandera pas tout de suite à Lismore; car, d'après ce que m'a appris ma sœur, il y a des troubles dans cette paroisse... des partisans de la réforme religieuse ont promené un mannequin affublé d'une aube et d'une chasuble, et l'ont jeté dans un feu allumé en face de l'église dévastée; puis ils se sont mis à danser comme des sauvages en criant : *Aux flammes de l'enfer, le pape et les idolâtres!*

— Oh! comme je regrette d'être loin de chez nous! Laissez-moi, mon cher monsieur, laissez-moi partir dès demain matin. Je suis sûr que mon père, que nos parents, que nos amis n'endureront pas de semblables horreurs; ils se lèveront, ils s'armeront, ils tomberont sur ceux qui se rient du Saint-Père, et qui le brûlent en effigie... Déjà, j'en ai la conviction, les hommes qui ont commis les horreurs que vous venez de me redire sont punis.

— Mon enfant, j'aime à t'entendre parler ainsi; tu ne doutes pas du courage des tiens, et tu veux aller partager leurs périls. Mais, tout en approuvant ton ardeur à sentir les outrages faits à notre religion, je suis obligé de te recommander plus de prudence.

— De la *prudence!* oh! mon père, vous me l'avez dit à Jerpoint, le *monde étouffe de prudence;* car, sous ce beau mot, il cache sa *peur*... Mon révérend Père, avez-vous été *prudent*, le jour où vous avez si noblement, si chrétiennement refusé de lever la main devant le portrait de Henri VIII, le renégat et le tueur de femmes, et de déclarer que vous adhériez à ses nouvelles doctrines?... Oh! non, oh! non, vous avez été bien mieux que prudent, vous avez obéi à une voix d'en-haut pour désobéir aux voix de nos tyrans. Je suis encore bien jeune, mais je vivrais cent ans, qu'à mon dernier jour, je vous verrais encore debout avec tous vos religieux, la main appuyée sur votre cœur, et disant à Amortown et à ses soldats : Ce que vous ordonnez, nous ne le ferons pas... Si votre maître veut des martyrs, nous sommes prêts....

— En agissant ainsi, je ne faisais que mon devoir.

— En retournant auprès de mon père je ferai le mien.

— Patrick, tu veux nous quitter.... tu crains notre solitude, à ma sœur et à moi.

— Je crains de ne plus être digne de vous, Révérend Père, si je ne fais ce que je dois.

— Attends trois jours encore.

— J'attendrai.

---

Comme il l'avait promis, Patrick resta trois jours avec le bon prieur.... Son père avait envoyé un homme de Lismore pour porter au religieux des nouvelles importantes. Dans tout le pays, et jusques aux portes de Dublin, les catholiques étaient résolus à la résistance. A Waterford, lord William Grace, le jour même où il venait d'atteindre sa majorité, avait rassemblé plusieurs de ses nobles amis, et les ayant conduits dans une longue galerie de sa demeure, tout illustrée de portraits de chevaliers et de trophées d'armes, leur avait dit :

« Amis, nous sommes ici en bonne compagnie. La plupart des hommes que vous voyez ici dans leurs cadres dorés avec leurs armures de fer, étaient de vrais croyants, de sincères catholiques. Jurons d'être dignes d'eux. Ils n'auraient pas souffert qu'à leurs yeux on vînt brûler l'image du Père commun des fidèles, et chasser de leurs monastères les serviteurs et les servantes de Dieu.... Ne soyons pas plus endurants que ne l'eussent été nos pères. »

Disant ces mots, il avait pris à un des trophées d'armes une belle et bonne épée, et avait crié à ses jeunes camarades : Amis, faites comme moi; quand nous aurons chassé les impies de notre *Ile des Saints*, nous reviendrons remettre à leur place les armes que nous enlevons aujourd'hui à la galerie de mes pères.... Regardez leurs portraits.... voyez leurs traits, ils nous sourient, ils nous approuvent. *En avant! en avant!*

Et aussitôt, il y eut dans la grande salle un noble tumulte, celui de l'enthousiasme, un noble bruit, le cliquetis des lances et des épées, que tant de mains empressées choisissaient et décrochaient des trophées; puis, dans les cours, ce fut une autre agitation, un autre bruit; chacun de ces jeunes seigneurs montait à cheval, appelait son varlet ou son écuyer. Lord Grace tenait à la main une bannière qu'il avait prise dans la galerie, et qu'un William Grace avait portée sous les murs de Jérusalem, lors de la première croisade. Quand tous ses amis furent en ligne, il s'avança vers le plus jeune d'entre eux, son frère Éverard Grace, âgé de dix-sept ans.

— Porte-la bien, lui dit-il.

— Je mourrai plutôt que de la souiller, répondit Éverard.

Alors le pavé des cours retentit sous les pieds des chevaux, et tous défilèrent devant le perron où lady Grace, mère du jeune lord et du jeune porte-enseigne, était debout auprès de son chapelain.

Quand ses deux fils s'inclinèrent en passant devant elle, elle leur cria : Quand Dieu commande, une mère chrétienne ne doit pas retenir. Allez, et que les anges du Seigneur vous gardent.

---

Pendant que l'homme de Lismore avait fait ce récit au père prieur, le jeune Patrick pleurait à chaudes larmes. Le religieux s'apercevant de son chagrin, lui en demanda la cause.

— Je pleure de n'avoir pas été là... Ce jeune seigneur Éverard, oh! comme il doit être heureux de porter un drapeau pour une belle cause!... Il fait son devoir, et moi....

— Tu feras le tien aussi, Patrick, tu vas aller rejoindre ton père....

— Oh! tant mieux, il ne faut pas qu'il n'y ait que les lords, les chevaliers et les baronnets, à combattre et à mourir pour Dieu. Puisque je vais partir.... mon révérend Père, bénissez-moi.

Parlant ainsi, Patrick s'était mis à genoux devant le religieux. Le vénérable prieur, les mains étendues sur la tête de l'adolescent, pria le Dieu des armées de garder, dans la mêlée, le jeune soldat qui allait combattre pour sa cause.

Après sa prière, le prieur attira Patrick dans ses bras, et lui dit devant sa sœur : « Mon enfant, souviens-toi de nous.... A ton départ, nous n'avons à te donner ni casque, ni cuirasse, ni lance, ni épée ; mais voici une relique de la vraie Croix, porte-là sur ta poitrine, elle en détournera, j'en ai la confiance, le fer des lances et la pointe des épées. » Puis il lui passa au cou un petit reliquaire d'argent, et l'embrassa avec l'affection d'un père qui voit s'éloigner son enfant. La sœur du prieur, la bonne religieuse, s'était chargée de faire le paquet du jeune enfant de chœur, et je n'ai pas besoin de dire qu'elle y avait fait entrer des images, et de ces douceurs qui se font dans les couvents, que les nonnes aiment à donner et que les enfants aiment à recevoir.... Mais en dehors de ces cadeaux, elle remit à Patrick un chapelet bénit par le pape, en lui disant : Vous donnerez ce rosaire à votre mère ; et quand elle sera trop inquiète de vous, quand elle aura trop peur des dangers des batailles, qu'elle le prenne, qu'elle en pose la médaille sur son cœur, qu'elle en dise cinq dizaines, et son inquiétude s'en ira.... Il a été bénit par notre très Saint-Père, pour les mères affligées et dans l'inquiétude du cœur.

Embrassé, regretté, béni, Patrick, le cœur bien gros et les yeux bien rouges, partit.... Il aurait pleuré plus longtemps, mais son compagnon de route, lui racontant comment les troubles avaient commencé à Lismore, et lui nommant tous les hommes de la paroisse qui y avaient pris le plus de part, fit une grande distraction à son chagrin....

En arrivant à Ballincooly, ils trouvèrent le village dans une grande agitation ; et c'était un enterrement qui avait causé cette émotion populaire.

## II.

Toute la population du village était debout ; les colères de la foule étaient ardentes, et vraiment il y avait de quoi les allumer. Un des jeunes paysans du hameau, dont le mariage avait été publié à l'église d'auparavant, venait subitement de mourir. Déjà les invitations à sa noce étaient faites, quand sa mort changea soudain la nature des invitations ; au lieu du bal, un enterrement ; au lieu de salle de festin, le cimetière..... Le jeune trépassé était mort catholique, comme il avait vécu, et son cercueil, porté par ses amis, était conduit au dernier asile par des prêtres chantant le *Libera* et le *De profundis*, quand les partisans de Henri le réformateur intimèrent aux prêtres l'ordre de rentrer chez eux et de leur abandonner le mort, et qu'eux ils l'enterreraient selon le nouveau rite.

— Il a rendu son dernier soupir entre mes bras, dit le vieux pasteur; il a toujours été une de mes ouailles, c'est à moi à le confier à la terre, notre commune mère.

— Non, non, crièrent les soldats; on ne veut plus de vos momeries romaines, on ne veut plus de vos prières latines, on ne veut plus de votre pape étranger. Le roi Henri est le chef de notre église... Vive Henri le Réformateur!

— A bas le tueur de femmes!

— Mort à ceux qui insultent le roi!

— Honte à qui le soutient!

— Soldats, laissez passer le convoi.

— Plus de convois catholiques!

— Arrachez le cercueil à ceux qui le portent.

— Malheur à ceux qui nous toucheront!

— Laissez passer, laissez passer le mort.

Tels étaient les cris qui s'élevaient bruyants de la multitude prête à en venir aux mains. Parmi les vociférations, celles que l'on entendait de plus loin étaient celles poussées par les femmes.

C'est une chose saisissante qu'une émeute d'hommes, qu'une révolte d'ouvriers; ces artisans, accoutumés à de rudes travaux, ont de puissantes colères. Oh! ce n'est pas impunément qu'on leur a fait quitter leur charrue ou leurs métiers; quand ils ne sont plus courbés sur leur ouvrage, ils se redressent terribles, leurs regards étincelants, leurs poitrines haletantes, leurs bras nus et nerveux, leurs poings fermés, leurs jurements, leurs imprécations, leurs menaces, les bâtons, les fourches, les piques, les faulx qu'ils brandissent portent l'effroi au cœur de ceux qui les rencontrent. Eh bien! il y a une révolte plus hideuse, plus terrible que cette sédition d'hommes, c'est une émeute de femmes! Des hommes en colère, les yeux en feu, les bras armés, les jurements, les menaces à la bouche, c'est chose si commune que l'on ne s'en étonne plus; c'est le volcan qui lance sa flamme, c'est l'orage qui gronde; c'est le fleuve qui déborde et qui ravage....... c'est presque dans l'ordre... Mais des femmes qui se font hardies et menaçantes, qui sortent de leurs maisons en se ruant échevelées dans la rue; des femmes qui crient, qui insultent, qui hurlent, qui lancent des pierres, qui jettent la boue des ruisseaux, et qui demandent du sang, c'est contre l'ordre naturel, c'est l'agneau qui se change en tigre, c'est la colombe qui se fait vautour, c'est le roseau qui veut être massue!... Tout cela est horrible!.. Mais si dans cette sédition féminine, vous apercevez un cercueil ballotté, tiraillé, disputé par la foule, c'est plus épouvantable encore!... C'était ce qui avait lieu, au village de Ballincooly, quand Patrick O'Bryen y arriva avec son guide. Aussi sa jeune âme fut fortement émue de cette scène, et, obéissant à une voix qui lui venait d'en-haut, il s'élança vers le paysan qui tenait la croix argentée de la paroisse, en lui criant: « Tu n'es pas digne de la porter! » Puis, la lui arrachant des mains, il la prit, et l'abaissant, en signe de protection, au-dessus du cercueil que les soldats de l'hérésie voulaient enlever aux catholiques qui le portaient en terre, il dit à voix haute et avec une autorité tout étrange dans une bouche si jeune : « Respectez ce mort, il appartient à la croix !... Eh ! mon Dieu, pour exercer vos réformes n'avez-vous pas assez des vivants ! à ceux-là faites vos commandements, et donnez vos ordres puisque vous avez la puissance, mais laissez à la mort ses vieux usages et ses solennités. Au nom de Dieu qui est au ciel, au nom de la croix de son fils, au nom de l'homme cloué dans cette bière, retirez-vous et laissez passer celui que la mort a frappé et que la tombe attend. »

Quand Dieu met son esprit en quelqu'un, cet être, qu'il soit homme, femme ou enfant, exerce de l'empire sur la multitude. A la voix d'un jeune garçon inconnu, toutes les autres voix de l'émeute ont fait silence. Les porteurs du cercueil ont repris leur fardeau et sont entrés dans le cimetière, et les soldats d'Amortown se sont retirés, chargés des malédictions de la foule et des imprécations des femmes.

Dès que le mort fut dans la fosse, que le calme fut revenu au village, Patrick O'Bryen se remit en route pour arriver avant la nuit chez son père. Quand lui et son guide furent seuls dans la bruyère, le paysan lui dit : « Patrick, il ne t'est pas arrivé de mal tout à l'heure, c'est bien heureux, car tu t'étais exposé inutilement.

— Inutilement ! Et quand donc m'exposerai-je, si ce n'est quand on manque au respect que l'on doit aux morts !

— Mais ce mort n'était ni ton père, ni ton frère, ni ton ami ?

— Cet homme était chrétien, et je suis chrétien.

— Pourquoi as-tu arraché la croix au sacristain qui la portait?

— Parce qu'il se cachait, et que celui qui porte cet étendard sacré ne doit pas avoir peur.

— Mais les pierres tombaient comme grêle autour de lui.

— Qu'est-ce que cela fait? Si une pierre l'avait atteint au front, il serait mort peut-être, et sa fin aurait été digne de louange et d'envie. Aussi, quand j'ai vu sa couardise, quand je l'ai vu reculer et se cacher, comme catholique j'ai eu honte pour lui, et j'ai fait ce que tu m'as vu faire.

Causant ainsi, ils arrivèrent à Lismore, et bientôt le jeune enfant de chœur, banni de l'abbaye où il avait déjà attaché son cœur, se trouva à la ferme natale... Oh! il était bien aise de la revoir, heureux de se retrouver avec son père et sa mère... Mais cependant au fond de l'âme, il y avait de la tristesse et des regrets. Ce qui lui fit du bien, fut de voir à son père une grande exaspération contre la tyrannie de Henri VIII, un grand amour, un grand zèle pour la cause catholique. William ayant raconté ce que Patrick avait fait à Ballincooly, et ayant ajouté qu'il avait cru devoir le gronder de son empressement, O'Bryen avait répondu :

— William, tu te fais donc aussi hérétique, pour blâmer ce qu'a fait mon fils? moi, je l'approuve et ne l'en aime que mieux.

Disant ces mots, le fermier tendit la main à travers la table, et serra celle de Patrick... Oh! alors Brigitte rayonnait de joie, et c'était à travers des larmes d'orgueil qu'elle regardait son enfant; jamais elle ne l'avait vu si beau; et, quand le souper fut fini, elle vint s'asseoir sur le banc auprès de lui, et, lui passant la main dans ses cheveux blonds bouclés, elle lui demanda : Enfant, dans l'émeute, n'as-tu pas reçu quelque coup? N'as-tu pas eu de mal?

— Non, ma mère, répondit le jeune garçon, j'avais sur moi une bonne armure; et, entr'ouvrant sa veste et sa chemise, il montra à sa mère le petit reliquaire d'argent que lui avait donné le Père prieur.

Avec respect et presque à genoux, la pieuse Irlandaise baisa la relique de la vraie Croix.

Le lendemain, Patrick O'Bryen appela son fils et l'emmena hors de la ferme, dans un champ voisin, et là, lui parla comme il aurait pu parler à un homme éprouvé par l'âge.

— Enfant, lui dit-il, tu es venu dans de mauvais jours. Je ne prévois, ni pour nous, ni pour toi, beaucoup de tranquillité.

— Mon père, je n'ai pas peur des jours d'épreuve..

— Tu te sens donc fort?

— Je me sens fort de la confiance en Dieu.

— Bien! tu te sens aussi de la haine contre ceux qui en veulent à notre religion.

— Mon père, je vous demande une arme pour les combattre.

— Tu n'as pas quinze ans.

— Le frère de lord William Grace, Éverard de Grace, qui porte la bannière catholique, n'est pas plus âgé que moi.... Il faut que l'enfant de la ferme se montre comme l'enfant du château.

— Oui, oui, tu as raison, Patrick, tu viendras avec moi. Je t'armerai pour la bonne cause.

— Mon père, pour que j'aie l'âme en repos dans la bataille, il ne me faut plus qu'une seule chose.

— Laquelle ?

— Mettons ma mère en sûreté quelque part. Le révérend Père prieur et sa sœur la prendraient peut-être dans leur maison? Alors, mon père, notre chaumière à la garde de Dieu, et nous tous à notre devoir !

— Patrick, avant peu les choses en seront peut-être là ; ainsi tiens-toi prêt.

Après ces paroles le fermier s'éloigna, et son fils resta seul, assis sur la charrue du champ paternel.

Les eaux du fleuve coulent vite, disait Patrick, que ses inspirations d'en-haut agitaient en ce moment ; les eaux du fleuve coulent vite, mais la marche des événements est aussi rapide que le cours des flots. J'ai vu, il y a peu de jours, un homme de Dieu chassé de la paix du cloître ; j'ai vu le Père prieur de Jerpoint quitter avec larmes sa vieille abbaye ; j'ai vu sa sœur, une sainte sur la terre, exilée de son couvent de Waterford.... Ces vexations, cette tyrannie du pouvoir, ont soulevé l'indignation de ceux qui veulent rester catholiques, comme l'ont été leurs pères. Des chevaliers se sont armés dans leurs châteaux ; les paysans se sont armés dans leurs chaumières : tant mieux. Le pacte est rompu avec l'iniquité ; l'épée a brillé au soleil. L'Irlande veut rester libre et catholique.... Eh bien, je me voue tout entier à elle.... J'ai balancé l'encensoir devant Dieu ; je vais porter la lance pour mon pays. J'ai chanté des hymnes dans le sanctuaire, je chanterai des chansons de guerre sur le champ de bataille.... Ma mère, quand je suis né, m'a consacré au Seigneur : c'est le servir que de marcher contre ses ennemis.

— Je t'avais d'abord cru fou en te voyant parler tout seul, dit à Patrick Andrew O'Farrel, vieux soldat, ami de son père.... Mais, sans faire de bruit, je suis venu jusqu'auprès de toi, mon garçon, et j'ai reconnu que tu parlais bien. Oui, l'épée a brillé au soleil, et il faut qu'elle ne soit rengaînée que lorsqu'elle aura bu du sang hérétique. Tu as été consacré au Seigneur, donc tu es des nôtres. Enfant, tu as bien parlé. Dieu est avec toi ; ton père et ta mère te béniront et se réjouiront de t'avoir mis au monde.

— Je tâcherai de ne pas leur faire honte ; ils m'ont fait catholique, je mourrai catholique.

— Tu n'as pas désappris ta religion à Jerpoint. T'y plaisais-tu ?

— Oh ! oui, mes pensées y étaient si douces et si bonnes.

— A présent, tes journées vont être rudes et remplies de trouble et de périls.

— A la guerre comme à la guerre, et toujours à la garde de Dieu !

— Tu as vu le Père prieur de Jerpoint quitter l'abbaye avec ses religieux ?

— Oui, et ils pleuraient comme des enfants que l'on chasse de la maison paternelle.

— Y avait-il du monde à les voir partir?

— Beaucoup de pauvres, qu'ils avaient l'habitude

de nourrir, étaient rassemblés devant la grande porte; plusieurs de ces mendiants pleuraient aussi et disaient: « Voici nos pères nourriciers qui partent. » Mais il y en avait d'autres qui les insultaient.

— Quoi ! de ceux auxquels ils avaient donné du pain ?

— Hélas ! oui ; ils leur jetaient les bienfaits du passé à la tête ; ils les appelaient fainéants, enrichis, cafards, hypocrites.

— Les ingrats ! Dieu leur fera expier leurs paroles. Le peuple du village et des environs, quel air avait-il?

— Il regardait et laissait faire ; beaucoup d'habitants se mettaient à leurs fenêtres pour les voir passer et s'en aller....

— Pour voir s'en aller leur bonheur, car cette belle abbaye était une source de prospérité pour le pays. Et à Kilkenny, quand le supérieur a été reconnu ?

— Eh ! mon Dieu, des enfants l'ont insulté dans les rues, et les grandes personnes croisaient stupidement les bras et les laissaient faire.

— Voilà comme ils sont tous ; tant qu'on ne les touche pas, eux, ils ne disent rien; le mal qu'on fait aux autres leur est indifférent. Pour qu'ils crient et se meuvent, il faut qu'on les frappe et les blesse.

— Patience! patience! dit en se levant Patrick, que son exaltation saisissait de nouveau ; le flot qui passe sur les autres passera aussi sur eux; alors ils lèveront la tête et les bras pour échapper au déluge qui fondra sur eux. Mais il sera trop tard. Ils n'ont point eu pitié des autres, Dieu n'aura pas pitié d'eux.... Les grandes eaux rougies de sang monteront, monteront toujours, et ils auront beau se réfugier sur les hauts lieux, les flots de la colère sauront les atteindre; ils ne se sont point mis entre les oppresseurs et les opprimés, eh bien ! il n'y aura point de digue contre le torrent..... Ils périront, parce qu'ils n'ont pas voulu sauver leurs frères !

---

Brigitte avait été conduite par son mari dans la maison qu'habitait, à Kilkenny, le Père prieur et sa sœur la catholique, et Patrick O'Bryen était revenu à la ferme, tout prêt à commencer le mouvement, dès qu'il en recevrait l'ordre de William Grace, qui se trouvait à la tête de près de trois mille hommes, ardents défenseurs de la foi.

Le séjour de la ferme était à présent bien triste ; les étables étaient vides, les bestiaux venaient d'être vendus pour faire de l'argent et subvenir aux frais de la guerre. Dans les champs labourés, dans les prairies, plus d'ouvriers, plus d'animation aucune. Enfin l'ordre fut donné. O'Bryen et son fils, Andrew O'Farrel, John Tobin, James Brenagh partirent ensemble de la ferme, où le rendez-vous avait été donné depuis quelques jours. Ce ne fut pas sans un serrement de cœur que Patrick O'Bryen, après avoir tout mis en ordre chez lui, après avoir fermé les fenêtres de la chaumière, en franchit le seuil et tira la porte sur lui.

—Allons, mes amis, à la garde de Dieu !

— Dieu veillera sur la maison que tu quittes avec tant de dévouement.

— Je fais mon devoir... Ma maison serait pillée, démolie ou incendiée, que je ne me repentirais pas de ce que je fais aujourd'hui.

Quand on s'éloigne de chez soi, pour aller aventureusement commencer une guerre que commande l'honneur, on fait venir à son cœur tout ce qui exalte, tout ce qui amène l'enthousiasme et l'espérance. Pour ne pas faillir en chemin, on s'appuie sur le bon droit de sa cause, et, tout en cheminant, l'esprit cherche dans l'histoire tous les exemples qui prouvent que presque toujours force demeure à justice.

Après plusieurs heures de marche, Andrew O'Farrel, John Tobin, Thomas Power, James Brenagh, Dunstan Mac-Dermott, Patrick O'Bryen et son fils arrivèrent sur les collines couvertes de bruyères de Kenmare. Là, lord Grace, avec ses trois milles catholiques, s'était retranché, et voyait, depuis trois jours, de petits détachements de fidèles lui arriver séparément.

Andrew O'Farrel avait servi sous les ordres du noble lord, bien aimé dans toute cette partie de l'Irlande, où il faisait beaucoup de bien et exerçait une grande influence.

— Te voilà, mon vieux camarade, dit le général, en voyant arriver Andrew. Je savais bien que tu ne manquerais pas à ce rendez-vous de religion et d'honneur.

— Je remercie votre seigneurie de s'être souvenue de son ancien compagnon d'armes. J'amène au camp des Irlandais de la vieille roche qui, ainsi qu'Andrew O'Farrel, ont du sang pur à répandre pour la cause de Dieu.

Après ces paroles, Andrew s'apercevant que le lord William avait les yeux fixés sur le jeune Patrick O'Bryen, dit au général : Que votre seigneurie ne pense pas que c'est un écolier que j'amène au camp. Ce jeune garçon a déjà fait ses preuves, et l'on parlera de lui dans les rangs que vous commandez, mylord.

La lune commençait à s'élever dans le ciel, et lord Grace, accompagné de plusieurs de ses officiers, venait de faire une ronde générale pour s'assurer que le camp était bien gardé.

Quand vous voguez sur le lac de Killarney, vous voyez çà et là, au-dessus de la bruyère, la pourpre des coteaux ou la verdure des taillis, des pointes de rochers nus et dépouillés: on dirait les grands ossements de la terre. Dans le taillis où Patrick O'Bryen et ses compagnons avaient été placés à leur arrivée, un de ces rocs s'élevait droit; de sa cime, la vue s'étendait au loin sur un pays beau par ses ondulations et son air de sauvagerie. Le jeune Patrick, au lieu de se livrer au repos auprès de son père, était allé rêver sur le haut lieu.

Là, debout, tantôt regardant le ciel, tantôt abaissant les yeux sur le lac, dont la nappe d'opale s'étendait tranquille à trois cents pieds au-dessous de lui, il laissait aller sa pensée, et disait : Elle est belle, la première nuit des armes, elle fait battre le cœur. Elle est sainte, et fait penser à Dieu.

Les étoiles vous racontent la puissance du Très-Haut, et la brise, qui fait frémir la feuillée, a passé par dessus votre village, et vous en a apporté le souvenir.

Elle est belle la première nuit des armes, quand on s'est levé contre l'oppression ; en pensant à son père, à sa mère, et qu'il vous ont dit en vous embrassant : —*Enfant, fais ton devoir, et Dieu sera avec toi!* — Quand ce ressouvenir vous arrive, on lève les yeux au ciel, et à travers les larmes qui vous sont venues, vous croyez voir la main du Seigneur étendue sur vous, et comme un bouclier au-dessus de votre tête.

Elle est belle la première nuit des armes ! Cependant on n'entend plus la cloche du hameau, qui dit la marche des heures au silence... Mais d'autres bruits m'arrivent aussi : j'entends les petites vagues du lac, expirer sur la rive ; ces flots que le vent polisse, vont vite... pas plus vite que nos jours ! Demain, on se battra peut-être, et le rossignol chante comme à la veille d'une fête. Au milieu de la mousse, la violette et le thym exhalent leurs parfums, et demain il y aura peut-être ici du carnage et du sang!

Elle est belle la première nuit des armes! On s'y sent tout près d'un imposant avenir. Les soleils qui vont se succéder ne vous amèneront plus, comme au hameau, les mêmes journées; là, sans doute, chaque jour avait sa paix et sa joie. Mais la paix et la joie étaient toujours les mêmes. Ce qui va suivre la première nuit des armes sera tout mystérieux. — A présent que nous voilà hors du village, nous allons être comme ces feuilles que le vent de la nuit emporte, et qui ne savent pas où elles doivent aller tomber.... Nous tomberons où Dieu voudra que nous nous arrêtions ; nous tomberons en défendant sa cause, et nous renaîtrons immortels. Oh! elle est belle la première veillée des armes!

Après avoir ainsi répandu son âme au-dehors, et avoir confié au silence tout ce qui lui faisait battre le cœur, le nouveau soldat descendit du rocher, alla s'étendre sur la mousse à côté de son père et s'y endormit comme un enfant.

Quand du côté de l'Orient, le ciel commença à blanchir, des messagers arrivèrent au général et lui apportèrent la nouvelle qu'une première rencontre venait d'avoir lieu auprès de Waterford, entre les novateurs et les catholiques, et que l'avantage était resté à la bonne cause. A cette nouvelle, la joie fut grande au camp ; elle fut cependant mêlée d'un regret : c'est que l'ennemi ne se fût pas adressé à la petite armée de lord Grace pour recevoir d'elle sa première leçon et son premier échec.

Quelques jours après cet avantage remporté par les catholiques, on reçut des nouvelles de Waterford. Dans l'intérieur de la ville, les partisans du roi apostat se livraient à toute leur haine contre ceux qui s'obstinaient dans la foi et qui ne voulaient pas reconnaître pour le chef spirituel de l'église d'Angleterre, un homme dont personne n'aurait voulu pour père, pour fils, pour frère ou pour ami.... Irrités de l'échec qu'ils avaient éprouvé au-dehors, les hérétiques démolissaient les églises de la ville, et jetaient dans les prisons les hommes et les femmes qui s'étaient fait remarquer par leur piété et leur attachement au catholicisme. Les émissaires envoyés au camp ajoutaient qu'il serait à désirer que les catholiques armés et en assez grand nombre parussent sous les murs de Waterford, pour intimider les meneurs du parti d'Henri VIII, qui ne mettaient plus aucun frein à leurs vengeances. Parmi les noms des personnes arrêtées chez elles et conduites dans les geôles, ceux du prieur de Jerpoint et sa sœur la religieuse, se trouvaient portés presqu'en tête de la liste de proscription.

Ces nouvelles étaient de nature à répandre une grande irritation parmi les paysans rassemblés ; mais parmi eux il n'y en avait pas un qui sentît plus vivement ces actes de tyrannie que le jeune Patrick O'Bryen; il dit à son père :

— Obtenez-moi du général de vous quitter pour quelques jours.

— Quoi! répondit le père, te voilà déjà fatigué du métier de soldat! Et que veux-tu aller faire au village?

— Ce n'est point au village que je veux aller, c'est à Waterford.

— A Waterford! que vas-tu y faire?

— Délivrer mon bienfaiteur, le révérend Père prieur de Jerpoint.

— Enfant! et quel moyen as-tu?

— A présent, je n'en ai aucun.

— Qui t'en donnera?

— Dieu, je l'espère; Dieu qui a dit qu'il fallait être reconnaissant et qui prend souvent le faible pour accomplir de grandes choses... Il est écrit dans les livres saints, « que l'enfant sera dans les mains du Seigneur comme la flèche dans les mains de l'homme fort. »

— Patrick, je vois que Dieu est avec toi, et je vais demander au général une permission pour que tu puisses te rendre tout de suite, où tes voix te commandent d'aller. Quand tu auras accompli ton œuvre, tu reviendras avec nous...

Tous les deux se présentèrent chez lord William Grace. Le père lui redit ce que son fils venait de lui demander.

— O'Bryen, dit le général, votre fils me paraît bien jeune, pour se rendre seul dans une ville en révolte comme l'est Waterford. Quel âge avez-vous, mon ami ?

— L'âge qu'avait le berger David, quand il tua le géant Goliath.... Le même âge que votre frère, Éverard, que votre seigneurie n'a pas trouvé trop jeune pour lui confier la garde de notre drapeau.

Patrick O'Bryen, craignant que cette réponse de son fils n'eût déplu au général, se hâta de dire : Ce jeune garçon, mylord, a parfois de soudaines inspirations, et jusqu'à ce moment, elles l'ont bien guidé ; veuillez donc lui accorder un congé de quelques jours, et j'ose garantir qu'il en fera bon usage, et ramènera du monde au camp.

— Oh! oui, s'écria Patrick, je dirai à ceux qui aiment Dieu et l'Irlande : Venez, venez avec nous. Le cœur bat plus à l'aise sous notre drapeau, qu'en face des horreurs et des turpitudes qui se commettent dans nos villes. Ah! il vaut mieux dormir sous la tente que de coucher dans des maisons souillées, et ceux qui obéissent au *tueur de femmes* et qui commandent en son nom, ont jeté de la boue et du sang sur toutes vos demeures... Venez, la nuit est belle au camp, quand la lune laisse tomber sa lueur sur les faisceaux d'armes. Le soleil aussi y est bien beau, quand ses rayons jouent comme des éclairs sur l'acier des casques et des cuirasses.

Et, quand j'aurai ainsi parlé aux jeunes hommes, si leurs mères, si leurs sœurs, si leurs amantes cherchent à les retenir, je leur dirai : Vous êtes insensées de les attacher à vous par vos prières et vos larmes. Au lieu de fermer vos portes pour les empêcher de partir, vous devriez les pousser dehors et leur commander de se lever, de s'armer, de marcher contre celui qui méprise tant les femmes qu'il ne les épouse que pour les flétrir par le divorce, ou les céder au bourreau....

Ah ! filles de la catholique Irlande, laissez-nous haïr et maudire le roi qui rêve la ruine de notre beau pays... Celui qui s'est fait apostat, ne voudra plus souffrir de fidèles, et il répandra notre sang, et il brûlera nos chaumières, et il renversera nos saints autels! Moi, je vois l'avenir de la patrie.... Pauvre et noble Irlande, comme tu pleureras, comme tu saigneras dans les âges qui viendront !...

Femmes! femmes! ne pleurez pas, ne cherchez point à retenir ceux qui se lèvent pour résister. Vous ne le voyez pas encore, mais un torrent roule ses eaux contre vous : les voilà qui s'avancent en dévastant tout; si nous n'allons pas leur opposer une digue, les flots courroucés viendront jusqu'à vous, ils passeront sur vos chaumières, et ils emporteront les berceaux de vos petits enfants, et les croix de bois de vos cimetières, les croix que vous avez mises sur les fosses de vos pères!.... Femmes, ne retenez pas ceux qui se lèvent pour résister.

## III.

Lord William avait écouté le jeune garçon d'abord avec étonnement, et bientôt avec émotion ; non-seulement la voix de Patrick allait remuer le cœur, mais elle avait une autorité dont on ne se rendait pas compte quand on regardait le petit paysan, qui, lui-même, en parlant, avait l'air d'écouter et d'obéir à quelqu'un d'invisible.

— Jeune garçon, dit le général, je t'accorderai le congé que tu me demandes dans trois jours. D'ici là, les chemins que tu aurais à parcourir ne seront pas sûrs. Aujourd'hui même, je vais m'occuper à repousser l'ennemi un peu plus loin de nous.

— Nous allons donc, Mylord, monter à cheval et faire voir à ces brigands d'hérétiques que la terre d'Irlande les rejette comme elle repousse loin d'elle les crapauds, les aspics et les vipères.

— Oui, mon vieux camarade, voici près de cinq jours que nous sommes ici à rien faire. Il faut, aujourd'hui même, commencer à les débusquer du pays.

— Tant mieux, dit le fermier.

— Mon père, j'irai avec vous ?

— Oui, répondit lord William, tu viendras avec ton père ; vous êtes venus ensemble, je ne vous séparerai pas : cela va être ta première bataille.... Le cœur te bat-il ?

— Oui, général, mais pas de peur.

— Tu ne veux donc plus partir pour Waterford ?

— Pas aujourd'hui.

Il n'y avait encore que deux heures que le soleil dardait ses rayons sur les ondes du lac, quand un ordre silencieux fut donné à cinq cents hommes de monter à cheval.

Patrick fut bientôt à cheval, se tenant fier, l'épée au poing, entre son père et Andrew O'Farrel, quand lord William Grace, passant devant la ligne des cavaliers qui allaient partir, dit à son frère, qui était à cheval à côté de lui : Éverard, tu te croyais le plus jeune de l'armée ; voici un cavalier plus jeune que toi, et, comme toi, qui n'a pas peur.

Alors les deux jeunes gens se regardèrent, et une de ces soudaines sympathies, qui existent en amitié comme en amour, les attira l'un vers l'autre.

Éverard avait vu dans le regard de Patrick la poésie

et l'exaltation de son âme, et lui, qui avait le cœur élevé et l'âme poétique, s'était réjoui d'avoir rencontré, parmi les rudes batailleurs avec lesquels il vivait, un être qui le comprendrait.

L'expédition que le général avait voulu diriger lui-même, eut un complet succès; Amortown et ses quinze cents hommes furent obligés de battre en retraite et de rentrer dans les villes. A présent, de chaque chaumière, de chaque ruine, se levaient des Irlandais fidèles; la guerre était devenue sainte pour eux, et la croix de feu, qui commande sous peine de honte en ce monde et de damnation dans l'autre, de s'armer pour la religion et le pays, avait parcouru la contrée, forçant le plus lâche à se lever.

Dans les villes moins pures, l'hérésie trouvait des appuis; Amortown le savait et y était allé chercher un refuge.

Mais avant de l'avoir débusqué des *mornes*, des déserts de bruyère qui entourent Kilkarney, on avait été obligé d'en venir à un engagement assez vif, et le jeune porte-étendard, frère de lord Grace, avait été sur le point d'être fait prisonnier. Parmi les gentilshommes, il avait entendu murmurer qu'il était bien jeune pour que l'honneur de porter la bannière catholique lui eût été accordé. Et pour prouver que s'il avait peu d'années il avait beaucoup de courage, il avait couru sus à Amortown lui-même, et s'était engagé avec son étendard dans un gros d'ennemis. Patrick et son père étaient assez loin de ce point de la montagne; mais, par-dessus les lances et les pertuisanes, au milieu de la poudre, de la bataille, Patrick aperçut la bannière qui s'abaissait, qui se relevait, qui s'agitait et qui semblait tiraillée en sens divers.

—*Il y a danger là-haut!* cria-t-il à son père; et piquant des deux, il mit son cheval au galop pour arriver auprès du drapeau menacé. En effet, il allait tomber aux mains des hommes d'Amortown ; cependant Éverard, blessé et perdant son sang, se battait comme un jeune lion.

— Nous venons à vous, messire, cria Patrick, tenez bon encore.... Mon père et des vaillants arrivent à votre aide ; et, parlant ainsi, le jeune paysan a trouvé moyen de parvenir tout à côté du jeune chevalier. Maintenant ils sont deux à la bannière bleue croisée de rouge. Après la bataille, lui dit Éverard, je te donnerai la main et t'appellerai mon frère.

— D'estoc et de taille ; en attendant, messire, il y a encore à besogner.

Pendant que tous les deux faisaient des prodiges de valeur, Patrick O'Bryen, Mac-Dermott, Power, Dillon, Brenagh, Andrew, O'Farrel, et plusieurs autres encore, arrivèrent du versant de la montagne, où la bannière s'agitait toujours, et bientôt le groupe d'hérétiques fut dissipé. Et Amortown donna l'ordre de la retraite vers Waterford.

— Gloire à Dieu! et honneur à Éverard Grace! s'écrièrent alors les catholiques.

— Oui, gloire à Dieu! répondit le frère de lord William; mais dites aussi gloire à Patrick O'Bryen ; sans son courage, j'étais fait prisonnier et vous perdiez votre noble étendard.

— Gloire à Dieu! honneur à Éverard! honneur à

Patrick O'Bryen ! répétèrent en brandissant leurs armes, les soldats de la bonne cause. A cet instant, il y avait sur la crête de la montagne deux hommes qui pleuraient de joie. C'étaient les deux pères, lord William Grace et le fermier de la paroisse de Lismore; car la main qui a fait le cœur du chevalier a fait aussi le cœur du paysan.

Après avoir pris soin des blessés et s'être assuré que la blessure d'Éverard n'était pas grave, lord William ordonna que l'on se mît en marche pour retourner au camp.

Un jour de victoire finit comme un autre jour; maintenant la nuit était descendue du ciel et tout s'effaçait, se confondait, se perdait dans ses teintes monotones et grises.

Le matin, quand on était parti pour combattre, les rayons du soleil scintillaient sur les ondes du lac de Killarney, et en faisaient jaillir comme des éclairs. A présent, on distinguait bien encore sa vaste nappe d'eau, encadrée dans ses coteaux boisés ou recouverts de bruyère, mais elle avait quelque chose de mat; et la lune, que l'on apercevait sous un voile de nuages, ne l'éclairait qu'à demi. Le camp, gardé par ses avant-postes et ses sentinelles avancées, reposait. La plupart de ceux qui s'étaient battus au commencement de la journée, accoutumés aux batailles, s'étaient endormis sans peine. Mais pour ceux qui avaient fait le matin leur début de soldat, qui, pour la première fois, avaient donné du sang à boire à leur épée, il n'en avait point été de même, et les ressouvenirs de carnage, présents à leur pensée, éloignaient d'eux le sommeil.

Éverard Grace et le jeune Patrick O'Bryen étaient de ce nombre. Patrick, le premier, était sorti de la tente où dormait son père, avec six autres hommes d'armes. Et sa rêverie l'avait conduit au rocher, que dans le pays on appelle la Pierre-du-Barde. Il y était assis depuis quelque temps, quand la lune, se dégageant de dessous un nuage, lui fit apercevoir deux hommes qui venaient de son côté. L'un d'eux marchait appuyé sur le bras de l'autre. Quand ils furent un peu plus près, Patrick les reconnut : c'étaient le frère du général et son écuyer. A leur approche, le jeune soldat se leva, ôta sa toque à carreaux verts et blancs, et s'inclina avec respect devant le frère de son chef, le porte-drapeau de son parti.

— Ta main, Patrick O'Bryen, ta main, voilà ce qu'il faut me donner : nous avons été faits frères ce matin.

— C'était pour y penser plus longtemps que je n'ai pas voulu dormir cette nuit, et que je suis venu ici.

— Moi, j'aurais voulu pouvoir reposer, mais je ne l'ai pu, ma blessure m'a donné de la fièvre, je brûlais, j'étouffais dans ma tente, et je suis venu chercher un peu de fraîcheur sur le haut lieu.

Parlant ainsi, Éverard s'assit sur le rocher et fit signe à Patrick de prendre place sur la Pierre-du-Barde.... Tu as droit à ce siège, dit-il au jeune paysan; car l'on assure que toi aussi tu es barde et bien souvent inspiré. Mon père nous a raconté comment tu as parlé devant lui.

— Je n'ai fait que répéter les voix que j'entendais.

— Tu entends donc des voix ?

— Qui ne les entend quand il écoute bien?... A présent, dans le silence qui nous entoure, sur ce rocher nu qui s'élève du sein empourpré des bruyères comme le front de la montagne; sous le ciel où la lune voudrait régner et briller avec sa cour d'étoiles, mais où les nuages noirs viennent constamment voiler son disque d'argent et lui disputer l'azur du ciel; au-dessus de ce lac à demi enveloppé d'ombre; en dehors de ce camp où reposent tant d'hommes qui, il y a quelques jours encore, dormaient leur sommeil sous le toit de chaume de leurs cabanes!.... Messire, écoutez, et vous entendrez une voix qui parlera à votre âme.

Après une pause, après avoir prêté l'oreille au silence solennel de la nuit, Éverard s'écria :

— Patrick, tu as raison; il y a de l'inspiration dans le calme et dans la paix que j'y trouve. Je vois pourquoi toi, qui es né fils de la charrue, et moi, qui suis fils de l'épée, nous nous sommes tous deux levés pour marcher contre l'hérésie; c'est que nous avons une mère commune, Érin, la verte et belle Érin.

— Terre noble entre toutes les terres, que le soleil t'échauffe; terre où croissent les riches moissons et les fleurs les plus parfumées, terre des saints et des hommes forts, terre des blondes vierges et des riantes prairies, terre des riches abbayes et des belles églises, terre de catholicisme et de chevalerie, terre de la croix et de l'épée..... Oui, elle crie à tous les cœurs; oui, elle arme tous les bras, quand l'hérésie vient fouler son sol.

— Dans la galerie où sont appendus les portraits de mes ancêtres, j'ai entendu sa voix.

— Dans la ferme de Lismore, son cri m'est parvenu.

— Sous les voûtes dorées j'ai dit, en regardant les images des chevaliers : Je ferai comme vous.

— Sous le chaume de notre cabane, j'ai dit à mon père : Il faut marcher.

— L'apostasie souille le trône d'Alfred-le-Grand et de saint Edmard ; il faut rompre avec elle.

— Les hérétiques brisent les croix ; il faut les exterminer.

— Il faut que l'Irlande soit libre.

— Il faut que l'Irlande soit catholique.

— Fils des chevaliers, prends une épée.

— Paysan, prends un morceau de fer.

— Banneret, hisse ta bannière.

— Pâtre, allume ta croix de feu.

— L'Irlande veut des soldats.

— L'Irlande veut des martyrs.

— Seigneur, roi des armées, regarde-nous.

— Grand saint Patrice, viens-nous en aide.

Les deux jeunes gens n'étaient plus assis sur la Pierre-du-Barde ; tous les deux étaient debout, la tête nue et le regard tourné vers le ciel. Comme pour les voir et les éclairer, la lune s'était dégagée de dessous des flocons de nuages, et sa blanche lumière tombait sur leurs visages..... Oh ! ils étaient beaux à voir ainsi ; et si l'on avait pu les regarder de près, on aurait vu les larmes d'un saint enthousiasme briller sur leurs joues veloutées de jeunesse.

La main d'Éverard Grace avait serré la main de Patrick O'Bryen ; et, à présent entre eux, c'était à la vie, à la mort. Le matin, au milieu de la mêlée, ils s'étaient appelés *frères ;* tout à l'heure, à la face du ciel et dans l'imposant silence de la nuit, ils s'étaient encore donné ce nom, et les anges, qui veillent sur la terre pendant son repos, ayant entendu le serment d'amitié que s'étaient juré le fils du chevalier et le fils du paysan, l'avaient porté aux pieds de l'Éternel.

---

L'amitié nouvelle qu'il venait de former, la faveur qui lui était venue, ne faisaient point oublier à l'ancien enfant de chœur de l'abbaye de Jerpoint que son bienfaiteur, le révérend Père prieur, avait été, avec sa sœur la religieuse, jeté dans les prisons de Waterford. *Une de ses voix* lui avait commandé de partir pour aller essayer de le délivrer, et rien ne put le retenir plus longtemps au camp. Personne n'était plus tenace que Patrick dans ses résolutions, et c'était tout naturel, car il croyait qu'elles lui étaient toutes dictées d'en-haut.

Le jeune paysan était allé une fois ou deux à Waterford ; son père et sa mère l'y avaient conduit à quelque grande fête de l'année. Et alors, il avait vu la vieille ville catholique toute parée pour la solennité chrétienne, toute tendue de tapisseries, toute jonchée de verdure..... Mais à présent, plusieurs des églises sont en démolition ; leurs débris, leur poussière blanche s'étendent dans les rues et sur les places publiques. Cette poussière, c'est celle des statues et des rois ; le pic de fer a brisé la pierre et le marbre, et a soulevé les pierres tombales qui pavaient le lieu saint. Maintenant l'œil pénètre dans les noires profondeurs des *enfeux* des caveaux de famille..... Quand, dans leurs ombres, quelque chose vient à reluire, la foule s'y précipite et s'y rue, dans l'espoir d'y trouver de l'or; et souvent il y a d'horribles luttes à l'entour des cercueils. Des mains avides et sacriléges s'y disputent les dépouilles et les suaires des morts. Tous les ossements, tous les cadavres sont jetés hors des châsses de plomb. Les cloches, descendues des tours, sont brisées à grands coups : car les spoliateurs étendent à la fois leurs mains sur l'airain et le plomb, l'argent et l'or. Ainsi, les hauteurs des clochers et les profondeurs des souterrains funéraires sont pillés en même temps! Les vases précieux sont enlevés des tabernacles, brisés à coups de hache : l'impiété et le vol ont mis la main partout.

Voilà ce qui frappa, en arrivant à Waterford, les yeux du choriste de Jerpoint, du soldat catholique de lord William Grace ; l'église des Ames ( *oll soul's church*), celle de Saint-Patrice, celle de Saint-Dunstan n'offrent plus aux regards que des pans de murs ouverts, que des voûtes croulées, que des aspects remplis de désolation. A cette vue, l'âme chrétienne et poétique d'O'Bryen s'exalte encore davantage. Chaque profanation qu'il voit lui enfonce de plus en plus dans l'âme la haine contre l'hérésie. Avec ses quinze ans, avec sa foi vive, avec son indignation, il est tout prêt pour le martyre.... Dans son inexpérience, il s'étonne que le peuple d'une ville chrétienne laisse ainsi profaner tout ce qu'elle a de plus sacré, les temples de son Dieu et les tombeaux de ses enfants. Il ne sait pas, avec ses quinze ans, que la multitude, qui est parfois semblable à un torrent qui roule ses ondes en dévastant, est parfois comme un fleuve glacé et arrêté par l'hiver. Il ne sait pas l'influence que les méchants peuvent prendre sur elle, et comment elle croise les bras et laisse faire, quand des hommes pervers et habiles lui jettent les grands mots qui égarent les peuples, les mots si sonores d'*indépendance* et d'*affranchissement*.

---

Il y a dans les villes un moment où l'on dirait qu'elles dorment; la lumière du jour naissant les éclaire, et, dans les rues, il n'y a que solitude et silence; tout au plus quelques ouvriers matineux et qui ont à gagner leur pain et celui de leurs enfants, sont sortis de leurs demeures. Les maisons ont toutes leurs fenêtres fermées; les bras des servantes n'ont point encore repoussé les contrevents contre les murs, et le rayon de soleil n'a point pénétré dans les chambres de ceux qui ont le temps de dormir.

Patrick, agité par l'aspect d'une ville dans le trouble d'une révolution religieuse, attristé par les scènes de désolation qu'il avait vues la veille, avait mal reposé la nuit et s'était levé de bonne heure ; il se trouva donc dans les rues de Waterford avant que l'animation et le bruit y fussent descendus.

Arrêté devant les ruines de *Toutes-Ames*, il regardait tristement les débris faits par la main des hommes, et il se disait en lui-même : « Si le temps avait fait ces ruines, combien elles seraient moins désolantes à voir ! »

Près de notre hameau, pensait-il, la chapelle des Saints-Anges est aussi tombée en destruction ; sa voûte a croulé, tant il y avait eu d'années à passer dessus ! Eh bien ! là je pouvais rester longtemps sans avoir l'âme oppressée, car il avait poussé de la mousse et des fleurs sur les pierres sculptées tombées d'en-haut sur les dalles, où se lisaient encore les noms de quelques morts. Dans les niches, où il n'y avait plus de saints, des giroflées jaunes avaient poussé leurs bouquets embaumés ; et je me souviens qu'entre les mains jointes d'un ange adorateur et sa blanche poitrine de marbre, une colombe avait fait son nid.

Mais ici, rien ne désenlaidit la dévastation ; la fureur stupide des hommes s'y montre sans que rien ne la recouvre.

Voici des colonnes qui sont restées debout et que le pic de fer n'a pu abattre. Elles sont demeurées droites parmi les débris, comme des hommes forts qui ne sont pas tombés dans une bataille..... Eh bien ! sur le léger feuillage, sur leurs rameaux de pierre, aucun oiseau ne viendra se poser et chanter..... Les chèvrefeuilles, les liserons ne se torderont, ne monteront point à l'entour d'elles !.... Seulement, quand viendra le soir, on entendra dans cette église profanée et ouverte à tous les vents, le hibou et l'orfraie, et dans les ombres on apercevra des chauve-souris voler en tournoyant parmi les ruines.

Ainsi Patrick laissait aller sa jeune et poétique imagination, quand, tout-à-coup, il entendit quelque chose qui bruissait parmi les débris. Étonné, il écoute, il regarde ; il a cru distinguer les pas d'un homme et une figure de vieillard s'enfoncer en terre, comme un mort qui, après une apparition nocturne, serait redescendu dans son tombeau. Les yeux du jeune paysan étaient fixés sur l'endroit où il lui avait semblé voir quelqu'un... Une, deux, trois personnes y paraissent aussi, et, comme la première figure, disparaissent aussitôt !

Cette fois, il a vu des femmes enveloppées de mantes d'étoffes bariolées, suivre timidement à travers les ruines, le même chemin que le vieillard. Cette vue le rassure. Si c'étaient des méchants, des hérétiques, des femmes ne seraient point avec eux... Patrick, enhardi par cette pensée, avança jusqu'au fond du sanctuaire. Là, il ne vit point d'issue : par où donc les hommes et les femmes qui lui avaient apparu étaient-ils sortis de l'église ? Il se perdait en conjectures, quand, sur la poussière blanche des débris, il vit la trace de plusieurs pas aboutissant au même point, à une grosse colonne du chœur (1). A sa base, on voyait une dalle de belle

(1) Il y en a deux pareilles dans la chapelle de Warwick, creuses et contenant des escaliers.

pierre, portant le nom d'un ancien prêtre de la paroisse, mort en odeur de sainteté. Le jeune paysan se pencha sur la poussière pour découvrir si les traces des pas ne se prolongeaient pas plus loin, si les pas n'étaient pas revenus en arrière ? Non, tous s'étaient arrêtés à la pierre tombale.

Pendant qu'il était ainsi courbé vers la terre, il entendit de nouveau quelqu'un qui marchait non loin de lui. Alors il releva la tête, et vit, s'avançant vers la grosse colonne, deux femmes : l'une semblait avoir trente et quelques années, l'autre quinze ou seize ans.

Jamais ! jamais si délicieuse figure que celle de la jeune fille, ne s'était montrée à l'ancien enfant de chœur. Dans ses chastes songes, il n'avait rien rêvé de si beau, si ce n'est quand il avait rêvé des anges et des chérubins !

A la vue d'un homme qui paraissait épier et écouter, la mère et la fille voulurent fuir... Mais Patrick, d'une voix bien timide et bien douce, dit à ces deux femmes : « Oh ! n'ayez pas peur de moi. »

Pour avoir eu peur de lui, pour avoir craint cet adolescent à l'honnête et jolie figure, il aurait fallu être bien craintif. Aussi la plus âgée des deux inconnues lui répondit : « Aujourd'hui on peut avoir peur de tout le monde, il y a tant de méchants. Mais vous, jeune homme, vous avez l'air d'être un des nôtres... Vous venez aussi sans doute pour assister à la messe, le jour de *Corpus Christi?*

— A la messe ! et où va-t-on la dire ? Tous les autels sont brisés, les impies ont porté la main partout; partout il y a eu sacrilége et destruction! Patrick, en parlant ainsi, avait révélé qu'il était encore bon catholique, et la jeune fille, en l'écoutant, avait regardé sa mère comme pour lui dire : Il ne me fait pas peur, n'ayez pas défiance de lui.

— Jeune homme, dit la femme qui avait déjà le pied sur la pierre tombale, c'est ici, là-dessous, dans la chapelle des morts, que nous allons prier.

— Oh! laissez-moi, laissez-moi aller prier avec vous.

— Mon enfant, d'où êtes-vous? Vous n'ètes pas de la ville?

— Non, madame, je suis de la paroisse de Lismore, près Kilkenny.

— Et vous aimez encore le bon Dieu?

— J'ai été élevé à l'abbaye de Jerpoint.

— On dit que vous avez du bruit et des troubles dans vos campagnes.

— On y fait son devoir, on ne veut pas l'hérésie, et nous nous sommes levés avec lord William Grace.

— Lord William Grace!... Vous étiez avec lui, dit la jeune fille. Ma mère, nous ne devons pas avoir peur du compagnon de lord William, l'espoir de la pauvre Irlande.

— Tu as raison, Maria... Jeune homme, vous pouvez nous suivre.

Après avoir dit ces mots, la dame inconnue frappa avec une clef sur la grosse colonne du sanctuaire, et aussitôt une dalle de pierre grise, placée entre la colonne et la pierre tombale, se souleva comme la porte d'une trappe, et les deux femmes se mirent à descendre par un escalier étroit et tout obscur. Patrick les suivit, et ce ne fut qu'après une trentaine de degrés qu'une lueur, venant d'en bas, commença à blanchir l'obscurité de l'escalier souterrain.

## IV.

A cinquante pieds sous le sol de l'église supérieure s'étendait la crypte primitive qui, depuis bien des siècles, servait à la sépulture de plusieurs des plus notables familles du pays. Là, bien de nobles chevaliers et leurs dames châtelaines étaient couchés sur leurs lits de marbre, armés de toutes pièces, comme s'ils allaient se lever pour guerroyer encore.

Cette chapelle des morts avait été condamnée à ne plus servir depuis près d'un siècle, car sa voûte menaçait ruine; mais comme les architectes se trompent souvent, elle durait encore. Comme on n'y célébrait plus l'office divin, et que les fidèles n'y descendaient plus, elle était oubliée de tous, et les briseurs de croix et d'autels n'y avaient point pensé.

Quand les deux femmes et le jeune paysan y parvinrent, il y avait déjà un grand nombre de personnes pieuses qui y étaient agenouillées devant l'autel; le prêtre revêtu de son aube était au moment de commencer le saint sacrifice.

Il y avait danger de mort de venir ainsi adorer le Dieu de ses pères; et, chose digne d'être remarquée, le péril avait augmenté la foi et la piété. La ferveur des chrétiens se rallumait dans ces nouvelles catacombes au souffle de la persécution. Pour l'ancien choriste de l'abbaye de Jerpoint, c'était un bon sujet de méditations que cette messe de la crypte. Pour venir là, des vieillards, des hommes dans la force de l'âge, des femmes, des jeunes filles s'étaient levés dès avant le jour et s'étaient glissés à travers les ruines jusqu'à la demeure des morts, pour y venir adorer en liberté.

Une lampe de cuivre était appendue à la voûte basse et verdâtre, et versait sur l'assistance une lueur vacillante. Parfois, quand la clarté devenait plus vive, Patrick pouvait voir encore la touchante beauté de la jeune fille qui priait à côté de sa mère. Patrick priait aussi; mais il ne priait plus seulement pour son père et sa mère, pour lord William Grace et Éverard, pour le Père prieur et ses anciens amis; une autre existence lui était tout à coup devenue chère et précieuse, et dans ce qu'il ressentait il y avait tant de pureté, tant de chasteté qu'il disait dans sa prière : O mon Dieu! étendez votre main protectrice sur la jeune chrétienne qui vient vous adorer. Vous l'avez faite belle comme les anges; que les anges veillent sur elle comme sur une sœur.

C'était la première fois que la pensée d'une femme se prolongeait autant dans l'esprit du jeune paysan. Cette pensée, il la gardait, il ne la repoussait point, même en face des saints autels, car il était bien assuré que Dieu ne la trouvait pas criminelle.

Dans les splendides jardins des riches, sur le bord des longues allées, auprès des eaux jaillissantes, à côté des bassins et des vases de marbre, il croît de belles fleurs. Mais il en vient aussi dans les lieux retirés et que ne cultive pas la main des hommes. Il en pousse parmi les débris et tout à côté des tombeaux. L'amour qui était venu à Patrick ressemblait à un lys qui s'élève pur et majestueux au milieu des ruines.

Ces amours qui ne naissent point dans les fêtes, les amours qui se saisissent du cœur, quand il est ému de choses graves et que les grands événements le font battre, ont un caractère saint et pur qui le font ressembler à de la religion. Ces amours-là, les anges peuvent le regarder. Quand le prêtre fut à l'Évangile, toute l'assistance se leva, et quand le texte sacré eut été lu, le vieux serviteur de Dieu, s'appuyant sur l'autel, adressa quelques paroles d'exhortation aux fidèles, qui étaient venus assister au redoutable sacrifice.

Notre pays, dit le prêtre, était naguère appelé l'*Ile des Saints*, et comme dans notre verte Irlande nous n'avons ni aspics, ni vipères, ni reptiles vénéneux, nous n'avions point d'hérésie pour attrister notre terre aimée du ciel. Voilà que nos jours de paix de concorde et de bénédiction s'en sont allés ! Voilà que les jours d'épreuve sont venus. La volupté et l'orgueil ont aveuglé le monarque... Mes frères, prions Dieu de le ramener à des sentiments meilleurs ; il fut un temps où il avait mérité le beau titre de défenseur de la foi. Mes frères, prions pour lui !

Il y a eu un temps de prospérité et d'oubli, où l'on venait à la messe, avec des idées peu recueillies, on y venait presque comme à une chose profane. Aujourd'hui il n'en est plus de même, et vous tous qui êtes venus ici, vous y êtes venus comme nos devanciers dans la foi allaient aux catacombes ! Vous y êtes venus prêts à mourir pour votre religion, n'est-ce pas, mes frères ?

— Oui, répondit une voix jeune, ferme et assurée (peut-être celle de Patrick), et tous ceux qui étaient dans la chapelle, et les hommes et les femmes et les jeunes filles dirent :

— Oui, nous sommes prêts !

Les échos de la chapelle souterraine retentissaient encore de cette profession de foi, quand du tumulte, des cris, un bruit d'armes se firent entendre au-dessus de la crypte.

— Nous sommes découverts ! cria quelqu'un de l'assistance.

— Achevons le sacrifice, dit tranquillement le prêtre et tous se remirent à genoux... quelques hommes, et Patrick était du nombre, allèrent s'agenouiller auprès de la porte, au bas de l'escalier. Quelques-uns avaient des armes, des dagues, des poignards. Le jeune paysan prit une barre de bois qui avait servi autrefois à placer les cercueils sur leurs tréteaux de fer; et en passant devant la jeune fille, son regard disait : Je suis prêt à mourir pour ma foi et pour vous.

Cependant le bruit augmentait dans l'église supérieure; les pioches et les piques frappaient le marbre et la pierre ; ceux qui travaillaient ainsi ne savaient pas le secret qui faisait lever l'ouverture de la trappe... Les coups allaient toujours retentissant, et, au-dessous de ces ouvriers , au-dessous de la mort qui s'apprête à frapper, s'il y a de la frayeur, elle se tait, elle prie, elle ne se montre pas. La foi, la ferveur couvrent tout... Le prêtre a consommé les saintes espèces, et quand il a élevé le calice, au lieu du chant harmonieux de l'*O salutaris hostia*, ç'a été les cris, les vociférations des hérétiques, s'irritant de la lenteur des ouvriers, que l'on a entendus !

Une issue pour sortir de ces souterrains, il n'y en avait pas, pas d'autre que l'escalier qui montait à l'église supérieure... Oh ! les voilà, ils ont enfin trouvé le passage. Un hurlement sauvage, un cri de joie, un cri pareil à celui des cannibales a éclaté terrible. Par un mouvement subit, toutes les femmes avec leurs filles, les sœurs avec leurs sœurs sont remontées jusqu'auprès de l'autel ; on dirait des colombes effrayées se réfugiant sous un chêne protecteur, quand l'orage gronde au ciel.

A présent, voilà les abatteurs de croix, les briseurs de tabernacles, les voleurs de calices qui se sont précipités dans l'étroit escalier; ils ont faim, ils ont soif de nouvelles profanations, de nouveaux sacrilèges... leurs pas retentissent maintenant sur les marches de pierre... Une seule chose les sépare encore des fidèles qui attendent en priant, une porte épaisse en bois de chêne, bosselée de grosses têtes de clous; elle avait été mise là pour se refermer sur les morts, pour garder les cercueils de plomb et les restes des grands et des riches de la paroisse, et voilà maintenant qu'elle va peut-être sauver des vivants.

L'escalier, par son peu de largeur, ne permettait qu'à deux ou trois hommes de travailler ensemble à ébranler la porte; et ces hommes étaient encore gênés dans leurs mouvements par la foule qui s'engouffrait derrière eux. Dans l'intérieur de la chapelle, il y avait plus d'aisance pour défendre la porte; tous les hommes s'y étaient portés et y avaient roulé des pierres et des fragments de tombes; cette barricade intérieure pouvait retarder de quelques heures l'irruption du torrent populaire. Se sauver de la mort semblait impossible à la plupart de ceux que renfermait l'oratoire souterrain; mais en retardant l'entrée des assassins, ils avaient le temps de se préparer à comparaître devant le souverain juge. Le prêtre, assis devant l'autel, écoutait la confession de chacun et absolvait ceux qui allaient mourir. Comme les vieillards avec leurs cheveux blancs, comme les femmes avec leurs voiles, Patrick était allé incliner sa jeune et blonde tête sous les mains du ministre de Dieu. Et en redescendant les marches de l'autel pour retourner travailler à la défense de la porte, il s'était écrié d'une voix forte et toute pleine d'encouragement :

Le Seigneur est avec nous, qui donc nous fera trembler ?

Est-ce parce que nos ennemis sont nombreux que nous désespèrerons ? Mais Dieu vaut mieux que le nombre.

Leurs bras sont forts, leurs lances, leurs glaives sont aiguisés, mais si le Seigneur étend son bouclier sur nous, leurs traits seront impuissants. Courage donc, chrétiens! courage! Si nous repoussons l'ennemi de notre foi, nous aurons de la gloire; si nous sommes vaincus, nous aurons la palme du martyre. Courage donc, chrétiens ! courage !

Pendant que, cédant à son inspiration, Patrick avait parlé ainsi, Maria, la jeune fille qui, quelques heures auparavant, l'avait fait descendre à la chapelle, le regardait avec amour. Il est vrai qu'alors sa beauté avait pris un caractère de sainte exaltation ; ses yeux brillants d'enthousiasme et de confiance en Dieu avaient un éclat irrésistible ; il avait sur ses traits l'expression du céleste courage, que Raphaël a donné à l'archange Michel.

En passant à côté de Maria et de sa mère, il leur dit : Vous prierez pendant que nous combattrons ; entourez le prêtre et soutenez ses bras quand, ainsi qu'un autre Moïse, il les élèvera vers le Dieu des armées.

— Jeune homme, dit la mère, vous devez nous en vouloir, c'est nous qui vous avons fait descendre ici !

— Vous en vouloir !.. Vous m'avez mis sur le chemin du Ciel !

— C'est moi qui ai dit à ma mère de n'avoir pas défiance de vous.

— Oh ! soyez bénie de cette parole !

— Mais elle vous a conduit ici... à la mort !

— Si je meurs ce sera pour Dieu et pour vous.

En cet instant la porte retentit de coups plus forts, et de l'intérieur on la vit s'ébranler. Patrick bondit alors de l'endroit où il s'était arrêté auprès de Maria, et, prompt comme l'éclair, se rendit là où il y avait le plus de danger.

Le Seigneur, qui avait sauvé le jeune Daniel de la fosse aux lions, et qui avait délivré les jeunes Hébreux de la fournaise ardente, dans ses impénétrables desseins, ne donna point la victoire à ceux qui combattaient pour sa cause. Le torrent, qui grossissait toujours dans l'escalier, finit par renverser la digue; la porte tomba avec ses gonds, que les assaillants étaient parvenus à détacher du mur ; les hérétiques firent irruption dans le saint lieu, la mêlée y fut horrible. Elle eût duré plus longtemps si les deux partis avaient été également armés, mais les catholiques, qui étaient descendus pour prier dans la chapelle, n'avaient que quelques armes de défense, quelques dagues et poignards, tandis que les assaillants étaient venus avec des piques, des hallebardes, de longues épées et des pertuisanes. Au moment où les hérétiques avaient renversé la lourde porte, la lampe qui éclairait la crypte avait été éteinte, les cierges de l'autel l'avaient été également, peut-être par quelques femmes qui avaient espéré qu'une complète obscurité les sauverait. Alors pointe à pointe, main à main, poitrine à poitrine, on s'attaque, on se frappe, on se blesse, on se presse, on s'étouffe, on se tue et l'on ne se voit pas.

C'est une horrible guerre, une mêlée d'aveugles dans un tombeau ! Dans cet étroit espace, les morts auraient encore l'air de vivants si l'on pouvait les voir, car ils restent debout; il n'y a pas place pour qu'ils tombent !....

Enfin des torches furent apportées, et, à la lueur rougeâtre qu'elles répandirent dans la chapelle, on put voir combien le fer avait frappé. En face de l'autel, s'étendait d'un mur à l'autre une balustrade de pierre. Derrière elle s'étaient réfugiées les femmes. A droite et à gauche de ce petit sanctuaire, deux tombes de marbre étaient élevées, surmontées de statues couchées; cachées par ces tombeaux, des femmes en assez grand nombre n'avaient pas été atteintes par la pointe des piques et des hallebardes ; et quand le flot des assaillants avait fait irruption dans la crypte, les hommes qui l'avaient défendue longtemps avaient reculé de la porte jusqu'à la balustrade du sanctuaire, et s'y adossant, avaient avec leurs corps formé une triste et quadruple muraille entre l'autel et les soldats de l'hérésie... Derrière cette muraille vivante se trouvaient des femmes ; sept d'entre elles avaient péri dans l'horrible mêlée. Quant aux hommes catholiques, la plupart étaient grièvement blessés, et l'on en comptait une vingtaine de morts. Mais ceux du parti de l'hérésie, qui, avec leurs flambeaux, voulaient savoir combien des leurs avaient péri, n'eurent pas à se réjouir, car plus de soixante avaient été tués; dans l'obscurité, leur propre fer leur avait été funeste; ils s'étaient déchirés entre eux.

En avant de la balustrade, un tout jeune homme gisait à terre, auprès d'un vieux prêtre mort... Le ministre de Dieu tenait encore dans sa main raidie un crucifix. Alors que les soldats d'Amortown étaient entrés dans la chapelle, le saint prêtre, encore revêtu de son aube et de sa chasuble, était descendu de l'autel, et, allant au-devant des ennemis de la foi, s'était écrié : « Au nom de notre Dieu, au nom du Dieu de nos pères, ne portez pas la main sur mon troupeau; s'il vous faut du sang catholique, prenez celui du pasteur, mais ne touchez ni à ces femmes, ni à ces vieillards, ni à ces jeunes hommes, ils sont venus ici pour prier! »

Il parlait encore, quand un coup de pique lui traversa la poitrine... Patrick était alors à ses côtés; lui, tomba aussi, atteint par un coup de pertuisane.

Quand on releva les morts, on vint aussi pour emporter le corps du jeune paysan; les femmes, que l'on avait fait sortir de derrière les deux tombes, se tenaient debout le long du sanctuaire, pâles, muettes, immobiles, et regardaient trier les morts et les blessés... Quand deux des soldats hérétiques furent arrivés au corps du prêtre, ils le soulevèrent en mêlant de grossières plaisanteries à d'horribles blasphèmes... Puis ils vinrent à celui de Patrick. Alors, dans le sanctuaire, il y eut une femme qui se pencha en avant pour regarder... C'était Maria...

« Il n'est pas mort, le jeune garçon, dit un des soldats, il fait semblant pour éviter la prison. »

A ce propos de l'hérétique, un cri de joie retentit dans la chapelle funèbre. Etait-ce à Maria qu'il était échappé?.. Personne n'a pu le dire.

## V.

Le lendemain, les morts enlevés de la chapelle avaient été jetés dans une fosse commune, et la terre s'était refermée sur eux. Pour eux, les épreuves de ce monde étaient terminées, et chacun avait sa part des récompenses et des punitions de l'autre vie.

Ceux des catholiques qui n'avaient pas succombé dans la mêlée de la crypte avaient été amenés avec les femmes et les jeunes filles au monastère de Saint-Dunstan, dont les nouveaux administrateurs de Waterford avaient fait une prison. Les révolutionnaires en agissent presque toujours ainsi; des maisons de retraite, de méditation et de prière, des asiles où l'âme s'était dégagée des chaînes du monde, ils font des lieux de détention, ils aiment à transformer la cellule en cachot, et le cloître en préau de captifs...

Patrick O'Bryen avait été amené à Saint-Dunstan avec les autres prisonniers. Il y avait retrouvé le Père prieur de Jerpoint; et Maria et sa mère, arrêtées en même temps que lui, y avaient aussi été écrouées: c'étaient là deux grandes joies de sa captivité.

Certes, l'amour a mille délices dans le bonheur, les plaisirs, les fêtes lui vont bien, et le soleil de la prospérité ne fait qu'ajouter à ses enivrements... Mais n'allez pas croire qu'il n'y ait d'amour que pour ceux auxquels la fortune sourit. Non, non, l'adversité a son amour pur et saint, son amour qui y croît, qui y grandit, comme un beau lys au milieu des épines. De temps en temps Patrick pouvait apercevoir Maria... Maria connaissait la fenêtre de la chambre où le jeune homme de Lismore était enfermé avec le Père prieur de Jerpoint et plusieurs autres captifs. Du cloître où l'on permettait aux prisonniers de se promener, elle regardait cette fenêtre, et jamais Patrick ne manquait d'y être. Le troisième jour elle vit le Père prieur debout auprès du jeune paysan; le soleil couchant les éclairait tous deux; on eût dit un chérubin à côté d'un saint, un ange consolateur auprès d'un confesseur de la foi. Pendant que Maria et sa mère contemplaient ce gracieux tableau, elles s'aperçurent que Patrick les montrait toutes deux au vieux religieux, et Maria devina qu'il lui racontait son amour pour elle.

Le lendemain, à la même heure, elles revinrent au cloître, et les yeux de la mère et de la fille se tournèrent encore du même côté, se fixèrent sur la même fenêtre. Peu d'instants après la fenêtre ne fut plus vide : elles virent le Père prieur poser une de ses mains sur la tête de l'ancien enfant de chœur et étendre l'autre du côté de Maria... Ma mère, dit la jeune fille, le révérend religieux approuve et bénit notre amour.

— Mon enfant, que le Dieu tout-puissant confirme cette bénédiction, et ta mère sera heureuse.

Pendant que tout ce qu'il y avait de plus marquant parmi les catholiques de Waterford, de Kilkenny et des campagnes environnantes était détenu dans les nouvelles prisons du pouvoir hérétique, la fidèle armée de lord William Grace se resserrait de plus en plus autour de Waterford. Le cri des soldats de lord William était : *Délivrance des prisonniers ! Délivrance de nos frères !*

Ce cri, les bourgeois de Waterford l'avaient entendu, et les plus mauvais d'entre eux, avaient dit dans leurs assemblées : « Ils veulent délivrer leurs frères, eh bien ! devançons leur désir et délivrons les prisonniers de la vie ; puis quand notre justice aura accompli son œuvre, quand les soldats papistes de William Grace viendront au pied de nos murailles demander qu'on leur rende leurs frères... du haut de nos remparts nous leur jetterons les cadavres catholiques avec leurs *Agnus Dei*, leurs médailles bénites et leurs scapulaires. »

Ce cri de cruauté avait retenti jusque dans les prisons. A celle de Dunstan, il y avait un homme chargé de la direction de la maison, qui n'était pas essentiellement méchant, observateur froid du cœur humain. Il avait sollicité du nouveau pouvoir d'être nommé directeur d'un dépôt de détenus ; là, il pourrait, tout à son aise, étudier les émotions de ceux que l'on y amènerait et de ceux qui en sortiraient, soit pour retourner chez eux, soit pour aller à l'échafaud.

John Jeffers aimait donc à parcourir les salles où se trouvaient entassés les prisonniers catholiques ; et un jour, il était entré dans un ancien réfectoire, au moment où Patrick O'Bryen cherchait à rendre le courage à des hommes qui avaient été arrêtés la veille et qui venaient d'être amenés à la geôle.

« Eh! leur disait-il avec son air inspiré, ne croyez pas qu'ici nous soyons sans joie et sans consolation ! L'esprit du Seigneur, qui anime l'espace, qui agite la cime de la forêt, et qui bruit sous son ombre, le souffle qui fait sortir la mer de son calme et qui soulève ses flots, cette âme de la nature qui balance les moissons et qui donne du parfum aux fleurs, nous l'avons derrière nos guichets et nos verroux.

» Si les hommes écrivent au-dessus des portes de nos cachots :

» *Ici plus d'espérance! Ici plus de liberté!*

» Ils mentent! Malgré eux, malgré leurs portes ferrées et leurs épaisses murailles, l'espérance parvient jusqu'à nous! Comme les chérubins, l'espérance a des ailes, elle nous descend d'en-haut.

» Et la liberté! si nous n'avons plus celle qui vient des hommes, nous avons celle qui vient de Dieu! Les cachots, les chaînes, les entraves ne retiennent que le corps, il n'y a pas d'étreintes de bourreaux qui puissent saisir l'âme, la fille du ciel échappe aux tenailles des tortionnaires, et par dessus les plus hauts murs, s'élance vers le Dieu qui a consolé Joseph dans sa prison.

» Et puis, croyez-vous que ce ne nous soit pas un orgueil et une joie, que d'être, dès ce monde, séparés d'avec les impies. Ici nous prions Dieu, au-dehors on l'insulte ; ici nous l'adorons, au-dehors on l'outrage. Écoutez, c'est le pic des ouvriers qui frappe la pierre consacrée des églises... Cette poussière qui obscurcit le jour, c'est celle des statues des anges et des saints, des tabernacles et des autels...

» Remercions donc Dieu de notre captivité, elle vaut mieux que la liberté des méchants. »

Pendant que le petit paysan, encore pâle de sa blessure, avait parlé de la sorte, John Jeffers était resté immobile en face de lui : pour le froid et méthodique observateur, ç'avait été quelque chose de neuf, que ce saint enthousiasme d'un jeune cœur... Et subitement il se dit à lui-même : Si je reçois ordre d'augmenter de rigueur envers les prisonniers, ce ne sera pas sur ce jeune homme que je ferai peser la sévérité qui pourra m'être commandée, car il y a vraiment du surnaturel en lui.

Dans toute la maison de Saint-Dustan, on s'était pris à aimer Patrick; les détenus l'avaient surnommé le *consolateur*.

Un matin, bien avant le lever du soleil, les cloches de la ville donnèrent l'alarme ; à leurs lugubres battements, les habitants s'éveillèrent. Bientôt les rues furent pleines de foule. *Aux armes! aux armes!* criait-on de toutes parts. *La ville est menacée par les partisans de Rome et du pape! A bas! à bas les papistes! Vive Henri VIII! Vive l'Église d'Angleterre!*

En toutes circonstances, le séjour d'une prison est pénible. Mais les tourments du captif redoublent, quand un événement politique se passe au-dehors; à travers mille choses vagues, vous savez que vos amis, que ceux qui ont épousé la même cause que vous, déploient le drapeau du parti, et vous ne pouvez aller vous joindre à eux, partager leurs dangers, leurs succès ou leurs revers... Oh! alors, les murs qui vous enserrent et vous retiennent, vous étouffent.

Patrick, en entendant le cri : *Aux armes! aux armes!..* disait : Oh! je voudrais être Samson pour secouer et faire tomber les portes de notre prison. Je voudrais pouvoir ébranler ces murailles, et aller rejoindre mon père, qui doit être à présent avec lord Grace, en face des remparts de la ville...

Mais toutes les certitudes manquaient aux prisonniers; des rapports vagues et confus étaient les seuls qui leur parvinssent. Enfin un autre bruit que celui des clameurs du peuple leur arriva, et ils ne purent plus douter que l'attaque des murailles ne fût commencée.

Mais dès cet instant, la surveillance intérieure de la prison redoubla; il fut défendu aux détenus de descendre au cloître, et chaque chambrée fut consignée vers midi; des juges, tels que ceux qu'imposent les temps de discordes civiles, vinrent tenir leurs assises à Saint-

Dunstan. La peur rend presque toujours ombrageux et cruel ; plusieurs des prisonniers, accusés d'avoir entretenu des intelligences avec lord Grace, furent mandés devant le nouveau tribunal installé dans l'église. Dans ces accusations vagues, inventées par la rancune, l'envie et la haine, étaient compris plusieurs catholiques arrêtés dans la chapelle souterraine quelques semaines auparavant. La veuve Mac-Dermott, mère de Maria, n'avait point échappé aux dénonciations (elle était riche), et on l'avait désignée comme entretenant une correspondance avec le capitaine Mac-Dermott, un des chefs les plus actifs et les plus intrépides de l'armée catholique,

Le Père prieur de Jerpoint était le premier sur la liste des dénoncés, il y était noté comme le conseil et l'âme du parti, dangereux par son influence sur les gens de campagne, homme dont il fallait se défaire à tout prix.

Sur la liste, le nom de Patrick O'Bryen avait également été porté ; mais une main, on croit que ce fut celle de John Jeffers, avait fait retarder sa mise en jugement à cause de son âge. La même note avait été écrite auprès du nom de Maria Mac-Dermott, âgée de seize ans.

Les nouveaux juges étaient déjà rendus à leur tribunal, et c'était vraiment un désolant spectacle que cette saturnale de la justice. Des hommes avec toutes les passions, toutes les haines de l'esprit de parti, siégeaient à l'endroit même où avait été l'autel du Dieu de justice, du Dieu qui juge les juges de la terre !

Comme le plus marquant parmi les accusés, le révérend Père prieur de Jerpoint fut cité le premier à la barre. Calme, impassible, majestueux d'innocence, de bonnes œuvres et de vertus, il s'avança avec ce même recueillement et cette même sénérité qu'on lui voyait, alors qu'il traversait le sanctuaire pour monter à l'autel.

— Votre nom ? lui demanda le président.

— Antoine-William-Joseph.

— Votre âge ?

— Soixante-dix-huit ans.

— Votre profession ?

— Religieux de l'ordre de Saint-Bernard, prieur de l'abbaye de Jerpoint.

— Il n'y a plus de religieux, plus d'ordre de Saint-Bernard, plus d'abbaye de Jerpoint

— Cela peut être ainsi à vos yeux... mais aux miens il n'en est pas, il ne doit pas en être ainsi. Je suis ce que j'ai été... mon caractère de prêtre et de religieux me reste; il ne peut être détaché de moi, ni moi de lui.

— Il vous conduira à la mort.

— Je n'en bénirai pas moins Dieu de me l'avoir imposé.

— Vous êtes accusé de bien des crimes.

— Je sais, je sais ses crimes, s'écria une voix sonore et retentissante (celle de Patrick), et je vais vous les dénoncer.

Disant ces mots, le jeune paysan avait franchi une espèce de balustrade qui séparait le tribunal de la partie de l'église occupée par les prisonniers et toute cette lie du peuple qui n'était point allée sur les remparts pour aider à la défense de la ville.

— Que veut ce jeune garçon? demanda le président.

— Je veux, répondit Patrick avec exaltation, je veux que les pauvres aient du pain, que les faibles aient un protecteur, que les orphelins aient un père, que le sanctuaire ait un modèle, et que le monde si dégénéré ait un juste pour détourner de lui la foudre du ciel. Je veux (si le sang catholique que vous avez ordre de verser est mesuré d'avance) que vous versiez le mien, et que vous ne répandiez pas une goutte de celui de ce saint homme.

Après avoir dit avec chaleur ces nobles paroles, Patrick avait trouvé le moyen de s'élancer, de se glisser à travers la garde qui protégeait les juges. Il était venu entourer de ses bras le vénérable vieillard... Oh! alors, il aurait fallu voir l'enfant de chœur; ses yeux lançaient des éclairs, ses joues étaient rouges, son front resplendissant, sa poitrine gonflée, palpitante, son geste impérieux, sa voix forte, pénétrante et allant remuer les cœurs les plus froids.

Malgré cette éloquence, malgré l'inspiration d'en-haut, qui rayonnait sur le jeune orateur, le vénérable prieur fut condamné à être exécuté dans les vingt-quatre heures, avec trois autres de ses religieux, dont le tribunal prétendait avoir intercepté des lettres. Ces condamnations furent suivies de celle de Jeanne Mac-Dermott.

Quand cette sentence fut prononcée, Patrick voulut

parler ; mais sa poitrine avait été trop violemment agitée ; la blessure qu'il avait reçue se rouvrit, le sang en jaillit, et le pauvre enfant tomba évanoui sur les dalles de pierre.

---

Dès qu'il eut repris connaissance, sa première demande fut d'être conduit auprès du Père prieur...., auprès de Maria..... Auprès du religieux pour être béni de lui...., auprès de Maria pour pleurer avec elle.

Cette double demande fut refusée, et le guichetier chargé du refus, lui dit : On ne peut vous accorder ce que vous demandez ; mais sir John Jeffers vous mande auprès de lui.

Un rayon d'espoir vint alors traverser l'âme de Patrick. J'obtiendrai peut-être leur grâce, se dit-il, et tout palpitant, il se hâta vers la chambre du directeur de la prison.

Quand il y entra, il trouva l'observateur et le gardien des douleurs humaines, assis à son bureau, entouré de livres et de manuscrits. On se battait toujours sous les murs de la ville. Sous le même toit que lui, des sentences de mort venaient d'être portées, des larmes, des gémissements éclataient dans les salles au-dessous de sa chambre, et il demeurait comme les autres jours, tranquillement assis à sa table de travail... Oh ! qu'il y a d'hommes comme Jeffers, et que j'en ai vu, de ces hommes qui se sont faits de marbre au milieu des souffrances, et qui ont jeté quelque chose d'imperméable sur leur cœur, pour que les larmes répandues autour d'eux glissent dessus leur âme et n'y pénétrent pas !

— Asseyez-vous, Patrick, dit le froid Jeffers au jeune paysan. Je veux vous apprendre ce que j'ai fait pour vous ; car j'ai reconnu en vous un esprit élevé, une âme peu commune ; l'étude pourra vous conduire loin... et je n'ai pas voulu que tout ce que vous portiez en vous fût détruit par la hache du bourreau... Je vous ai donc sauvé de la mort, en faisant valoir votre grande jeunesse.

— Messire, je vous remercie, mais mieux aurait valu faire valoir les vertus, le grand âge du Père prieur de Jerpoint.

— Sa mort était résolue, on ne m'aurait point écouté au conseil.

— Mieux aurait valu obtenir la grâce de la mère de Maria... Que va devenir sa fille ?

— Jeanne Mac-Dermott était trop compromise, nous avons une lettre d'elle, dans laquelle elle donne à son frère, capitaine des rebelles, des renseignements sur l'état de la ville, et lui indique les points qu'il faut attaquer.

— Mais moi, messire, je suis plus coupable que tous ceux que les juges ont frappés de leurs sentences. Moi, j'ai été soldat à l'armée de lord William Grace ; moi, dans la mêlée, j'ai répandu le sang des vôtres ; moi, j'ai porté les armes, j'ai appelé aux armes contre le tyran Henri VIII...

— Silence! silence! jeune homme. Ne rendez pas votre salut impossible. Vous vivrez.

— Et que me fait la vie!

— Maria n'est pas condamnée, elle, et vous l'aimez.

— Mais son cœur va se briser de douleur.

— Si vous sauvez sa mère...

— Que voulez-vous dire?

— Vous pouvez l'arracher à la mort!

— Expliquez-vous!

— Le révérend prieur de Jerpoint, celui que vous avez chaleureussment et éloquemment défendu, celui que vous avez appelé votre bienfaiteur, votre père, est condamné et sera exécuté demain.

— Ah! sa mort vous couvrira tous d'infamie.

— Silence! silence, jeune homme! Soyez calme, car je vais vous donner une délivrance à choisir. Le Père prieur a entendu le verdict porté contre lui; Jeanne Mac-Dermott est aussi sous la main du bourreau.

— Horrible image! Un prêtre! une femme!

— Soyez calme, Patrick.

— Calme quand vous me torturez plus que les valets de l'exécuteur ne peuvent faire aux victimes qu'on leur abandonne!

— Il faut du sang-froid pour choisir... Écoutez! Qui voulez-vous que je vous sauve aujourd'hui, votre vieux prêtre... ou la mère de Maria?

— Mon Dieu! mon Dieu!

— Patrick, on dit que vous entendez des voix

d'en-haut qui vous inspirent ; allez les écouter.

— Mon choix est fait.

— Je ne veux pas l'entendre en ce moment, dans une heure vous reviendrez. Guichetiers, emmenez ce jeune homme au cachot du secret...

## VI.

L'épreuve était cruelle. Mais Patrick n'avait point hésité. Conserver une mère à une jeune fille qui allait être entièrement délaissée, quand la mort lui aurait enlevé son premier et son meilleur appui, s'emparer de l'amour, de la reconnaissance de Maria, en sauvant sa mère, avait de quoi tenter un cœur comme celui du jeune O'Bryen; mais, avant d'avoir connu Maria et sa mère, avant d'avoir ressenti une tendre passion au fond de son âme, Patrick avait connu, avait aimé comme un père le vénérable prieur de Jerpoint; ç'avait été pour le sauver qu'il avait quitté le camp ; et à présent qu'une chance inespérée le mettait à même de prononcer sur deux existences, ce serait celle de son premier bienfaiteur qu'il sacrifierait?... Oh! non, jamais pareille ingratitude! L'Irlande, livrée aux scandales, aux dangers de l'hérésie, avait besoin de saints pour lui servir de jalons et de modèles; l'exemple du Père prieur lui était utile et salutaire; il fallait donc, avant tout, qu'il ne pérît pas.

Avant tout! Cependant Maria, sans sa mère, qu'allait-elle devenir? Lui, du même âge qu'elle, ne pourrait lui servir de protecteur. Le Père prieur, par ses vertus, par son grand âge, touchait au ciel, lui ; il avait parcouru sa carrière, et fatigué de sa longue lutte, il aspirait au repos, tandis que Maria n'avait encore fait que peu de pas dans la vie. Le vieux chêne était couronné, la jeune plante était toute vivace, toute pleine d'avenir. Oh! quand cette pensée venait traverser l'esprit de Patrick, il la chassait, il la renvoyait comme une inspiration du génie du mal.

— Mon Dieu! mon Dieu! s'écriait-il, je suis décidé, c'est votre vénérable serviteur que je sauverai; ma résolution est prise. Faites donc, ô Seigneur! que d'autres pensées ne viennent pas amollir mon cœur!... Pourquoi Jeffers n'a-t-il pas voulu tout de suite que je lui dise le choix que j'avais fait, car je vous prends à témoin, vous qui lisez au fond des âmes, n'est-ce pas le saint prêtre que j'ai tout de suite voulu sauver?... Je le sais, d'autres pensées me sont venues depuis... elles me reviennent encore... mais je veux rester dans ma première résolution. Dieu, qui tenez les minutes, les heures, les siècles dans vos mains, faites donc marcher cette éternelle heure !

Parlant ainsi, Patrick se promenait à grands pas dans la cellule qui lui servait de cachot, quand le guichetier vint l'appeler pour le conduire auprès de Jeffers... « Enfin, s'écria-t-il, Seigneur, soyez avec moi ! »

Dans la chambre qui précédait celle du directeur de la prison, pièce qu'il lui fallait traverser, il vit quelqu'un qui s'avançait vers lui..... c'était Maria !

Si quelques heures auparavant on lui avait dit : Vous allez voir Maria, et à sa vue vous reculerez, vos membres trembleront, vos yeux resteront hagards, vos cheveux se hérisseront, et une sueur froide inondera votre visage, il aurait répondu avec colère : Vous mentez ! Maria, c'est la joie, la lumière, l'espérance, le bonheur de ma vie ! Du plus loin que je l'aperçois, je tressaille de plaisir.

Et cependant, à cette heure, hors son devoir, il donnerait tout ce qu'il a au monde pour ne l'avoir pas rencontrée sur son chemin.

— Oh ! c'est Dieu qui vous envoie, s'était écriée Maria en voyant venir Patrick ; vous allez sauver ma mère.

— Patrick, immobile, haletant, la regardait et ne répondait pas.

— On nous a assuré que vous aviez trouvé grâce auprès de sir John Jeffers... Allez... oh ! allez, je vous en supplie... je vous en conjure, lui demander la grâce de ma mère; et, priant ainsi, elle lui mouillait les mains de ses larmes. Patrick restait muet.

— Patrick! qu'avez-vous, vous me regardez sans me répondre... Je vois de la terreur dans vos regards, je n'y trouve plus d'amour...

— Maria! j'ai écouté mes voix.

— Et vous restez sourd à la mienne.

— Ta voix, Maria... oh! tais-toi... elle va me faire oublier celles d'en-haut.

— Les voix que tu entends, ne te disent-elles pas que j'ai besoin de ma mère.

— Oh oui! oh oui! elles me le disent.

— Ne te disent-elles pas que si je la perds..... faible roseau, sans appui, je serai brisée par la tourmente?

— Oui... alors vous n'auriez que moi... et vous ne voudriez plus...

— Patrick, le temps marche; les juges ont porté leur cruelle sentence. Jeffers vous attend, allez lui demander la vie de ma mère.

— Oh! je donnerais ma vie à moi pour sauver la sienne! Mais puis-je demander la mort...

— Votre raison s'égare; c'est une grâce que je veux que vous demandiez.

— Mais la grâce que vous voulez... que je voudrais obtenir aux dépends de mes propres jours, c'est la condamnation...

— De qui?

— Oh! mon Dieu! mon Dieu!... je ne puis me résoudre à lui briser le cœur.

— Ami, vous me voyez à vos genoux. Parlez, j'aurai de la force pour vous entendre.

— Moi, je n'en ai plus pour accomplir un trop cruel devoir.

— Ton devoir est de conserver une mère à sa fille, dit en survenant tout à coup le prieur de Jerpoint. Patrick, je sais pourquoi tu hésites, et, tout en te remerciant de ton amour filial, je te blâme, moi, mon enfant, j'ai fait mon temps ici-bas. Parce que l'arbre perdra un de ses vieux rameaux, il ne périra pas. L'église d'Irlande fleurira sans moi; mais cette jeune fille ne peut vivre à présent sans sa mère. Il lui faut un soutien. Le geôlier m'a tout dit; je sais le choix que Jeffers te laisse. Va, laisse-moi mourir et sauve la mère de cette enfant.

— Mais vous avez été mon père... mon premier bienfaiteur...

— Patrick, je ne vous supplie plus...

— Non, non, Maria, ne cessez pas vos supplications. Joignez-vous à moi, prions, prions pour votre mère...

Patrick était resté debout..., la sueur découlait à grosses gouttes de son front... sa poitrine haletait sous une violente émotion... on entendait les battements de son cœur... il retire ses mains de celles du vieux prêtre et de la jeune fille, et se précipite dans la chambre de Jeffers.

Jeffers avait tout vu, tout entendu, tout observé... Épier les sentiments, compter les larmes du malheur, compter les soupirs du chagrin, les sanglots du désespoir, c'était là sa plus grande jouissance, et, de sa chambre, il voyait et entendait tout.

— Patrick, vous vous êtes fait attendre, dit-il au jeune garçon.

— Messire, mon épreuve était cruelle.

— N'aviez-vous pas vos voix pour vous dicter le choix que vous deviez faire ?

— Oui, Dieu a daigné me les faire entendre.

— Vous venez d'en écouter d'autres... Maria et le prieur vous parlaient tout à l'heure?

— Oui.

— Il ajoutait que l'église d'Irlande fleurirait sans lui... mais que la jeune fille ne pouvait se passer de sa mère.

— Oui...

— Et vous allez lui obéir ?

— Non...

— Voulez-vous que ce soit la mère de Maria qui meure ?

— Oh non! oh non! mais la grâce que je vous demande, c'est celle du révérend Père prieur.

— Écoutez, Patrick, vous entendez des ouvriers dans la cour, ce sont les préparatifs de l'exécution, l'échafaud que l'on dresse.

— Écoutez, sir John, vous entendez des cris; ce sont ceux des soldats de lord Grace. Écoutez les chants de triomphe... Votre ville est tombée au pouvoir des nôtres...

— Je vais presser la marche de la justice..

— Non, vous ne bougerez pas d'ici. Non! non!

vous avez ri de mes voix, eh bien ! j'en entends une à ce moment ; elle me crie de vous faire mon prisonnier et de mettre en liberté mes frères catholiques.

Disant ces paroles, Patrick O'Bryen s'est élancé sur les armes de John Jeffers, a ouvert la porte de la chambre et en est sorti en criant :

— Triomphe! triomphe à la bonne cause !

## VII.

Le Père prieur a pris une lance, Maria une bannière; les geôliers, les guichetiers, instruits de la prise de la ville, et entendant les cris du dehors, n'obéissent plus à John Jeffers... Le prieur et Patrick sont écoutés et se font obéir; toutes les cellules, toutes les salles sont ouvertes... et ceux et celles qui y étaient détenus, ivres de bonheur et de joie, s'embrassent et se répandent dans les cours, en répétant : *Honneur! Reconnaissance à nos libérateurs! Triomphe à la bonne cause!*

Pendant que ce joyeux tumulte avait lieu dans l'intérieur du couvent de Saint-Dunstan, aux portes extérieures, c'était bien un autre bruit. Le capitaine Mac-

Dermott et le fermier O'Bryen cherchaient à enfoncer les portes, à faire des brèches dans les murailles de clôture pour délivrer les prisonniers..... Ils en avaient la liste, ils avaient aussi celle des condamnés par le tribunal inique. Ils avaient hâte de les délivrer. Bientôt les épaisses portes furent brisées, bientôt Patrick fut dans les bras de son père, et Jeanne Mac-Dermott et sa fille dans ceux du vaillant chef catholique.

— Des armes! des armes! à ceux qui sont maintenant libres, dit Mac-Dermott, il faut achever notre victoire... Lord William Grace m'a donné rendez-vous à la Maison-Dorée (l'Hôtel-de-Ville), il faut l'y aller rejoindre; les serviteurs de Dieu sont dans Waterford, il faut que les hérétiques, briseurs de croix et démolisseurs d'églises, n'y couchent pas cette nuit. *Hurrah! hurrah!* répond la foule. *A la Maison-Dorée! à la Maison-Dorée!*

Oh! alors quelle joie, quel délire, quelles grandes rumeurs! Les cris du peuple montent se mêler au bruit des cloches, aux coups de pertuisanes, au cliquetis du fer; le flot populaire coule à pleins bords dans les rues... Ceux qui triomphaient hier, pleurent aujourd'hui, ceux qui étaient vaincus sont vainqueurs. Dieu a soufflé sur le bonheur des méchants, et il n'est déjà plus.

La place qui étend son espace irrégulier en face du vieil Hôtel-de-Ville, s'emplit comme un lac, dans lequel s'épanchent plusieurs fleuves; de toutes les rues la multitude y afflue... Là, revêtu de sa cuirasse d'argent incrustée d'or, le casque en tête et le panache flottant, se montre, sur un blanc palefroi, lord William

Grace, le héros de la journée... Éverard est auprès de lui, et sa bannière déchirée dans la bataille, paraît plus belle de ses lambeaux. Tobin, Power, Dillon, Brenagh, Sullivan, Preston, Nugent, Galwey O'Gorman, le seigneur de Carrickmain et le sire de Ballincooly sont à ses côtés; et la poussière, et leurs armures bosselées, et leurs balafres redisent glorieusement la part qu'ils ont prise au combat.

Mais pourquoi ce redoublement de cris de joie? pourquoi les têtes de la foule se tournent-elles toutes du côté de la grande rue? C'est que les libérés des prisons arrivent conduits en triomphe par le peuple; tranchant sur les masses par sa robe de laine et son scapulaire noir, voici le Père prieur de Jerpoint avec cinq de ses religieux; puis cette jeune fille si belle, si gracieuse, marchant entre un homme armé et une femme pleurant de joie, c'est Maria. Patrick est à côté de son père, non loin du religieux qu'il a sauvé, non loin de celle qu'il aime et qu'il a aidé à délivrer.

Quand le Père prieur fut arrivé avec ses anciens compagnons de captivité au perron de la Maison-Dorée, lord William Grace, son frère et les autres officiers mirent pied à terre, et le général catholique dit au saint religieux :

— Mon Père, avant de célébrer notre victoire par des réjouissances publiques, allons la mettre sous la sauve-garde de Dieu; trouvons une église non profanée, et venez chanter le *Te Deum* d'actions de grâce.

Puis reconnaissant auprès du Père prieur le petit soldat qu'il avait vu au camp de Killarney, il lui tendit la main en lui disant : Je parie que tu as fait ton devoir?

— Oui! oui! crièrent les prisonniers de Saint-Dunstan; c'est lui qui nous a délivrés!

— Oh! que votre bannière est belle ainsi toute déchirée, messire, dit Patrick à son frère d'armes Éverard.

— Elle a été dans une bonne voie, puisqu'elle est venue vous sauver de prison, répondit le jeune porte-étendard.

— Allons remercier le Seigneur Dieu des armées, ajouta le saint religieux.

Et tous les hommes vêtus de fer, les bourgeois avec leurs habits de drap, les artisans, les femmes, les enfants, toute la bonne population de Waterford se mirent à suivre le Père prieur, qui marchait au milieu des officiers catholiques... Où étaient les ennemis? on ne les voyait plus; les mécontents? on n'en rencontrait nulle part. La sagesse des chefs ne s'endormit pas cependant sur ces flatteuses apparences, et tout en ayant l'air de croire à la joie générale, lord William Grace fit tout surveiller. La prise de Waterford fut le brillant début d'une campagne toute en faveur du parti catholique; Limerick même fut bientôt enlevé aux novateurs, et Henri VIII, avec la haine de renégat qu'il nourrissait au fond de l'âme contre tous ceux qui étaient restés fidèles à la foi romaine, fut obligé de faire des concessions à la pieuse et fidèle Irlande. L'abbaye de Jerpoint fut rouverte aux religieux; et le Père prieur eut la joie d'y rentrer: joie mêlée de tristesse, car l'hérésie, en y passant, en y séjournant quelques jours, avait eu le temps d'y faire de grands dommages. La *désolation de l'abomination* avait attristé son sanctuaire, les ronces et les orties avaient poussé entre les dalles de la nef, et les iconoclastes aux ordres d'Amortown s'étaient amusés à décapiter les statues des anges, des vierges et des saints.

Malgré tous ces dégâts, toutes ces ruines, ce fut une grande allégresse pour les pieux cénobites de revenir à la maison de Dieu, où ils avaient vécu longtemps en paix sous l'aile du Seigneur. Ils y rentrèrent comme des enfants rentrent dans la maison paternelle.

---

Six mois après cette reprise de possession, les cloches de l'abbaye de Jerpoint lançaient de joyeuses sonneries dans les airs. Des fiançailles devaient y être célébrées dans l'église, toute parée de fleurs, tout étincelante de la lueur des cierges. Jerpoint avait caché ses ruines pour cette solennité.

Éverard Grace, reçu chevalier depuis la prise de Waterford, amenait à l'autel Patrick O'Bryen, et le général Mac-Dermott y conduisait sa nièce, la belle et douce Maria.

Le fermier de Lismore, Brigitte, sa femme, et Jeanne Mac-Dermott étaient rayonnants de joie; leurs enfants allaient être fiancés, et lord William Grace les dotait tous les deux; le Père prieur n'avait point manqué de force quand il avait été livré à la rude autorité des geôliers et des guichetiers de la prison de Saint-Dunstan, il avait entendu sans pâlir la sentence de mort prononcée contre lui, et voilà maintenant qu'en montant les marches de l'autel, il défaille! Ses jambes tremblent et fléchissent, ses yeux se voilent de nuages: c'est le bonheur, c'est la joie qui le font ainsi chanceler. Deux religieux le soutiennent, et il arrive ainsi en face du tabernacle. Il va célébrer la messe des fiançailles; il va bénir l'union de deux êtres qui ont souffert avec lui. L'orgue verse majestueusement ses saisissantes harmonies; l'encens fume dans les urnes flottantes qui s'élèvent et s'abaissent en face de l'autel. Alors des délices ineffables, de ces saintes voluptés que Dieu doit aux hommes qui ont confessé la foi sous les voûtes abaissées des prisons et en face de l'échafaud, inondent son âme! Patrick est également payé au centuple de toutes ses souffrances, et son esprit s'abîme dans la reconnaissance et l'adoration.

La cérémonie religieuse achevée, il y eut banquet au réfectoire. Lord William Grace et le Père prieur étaient à la partie la plus élevée de la longue table qui s'allongeait dans l'immense salle. Maria était assise auprès du général catholique, et Patrick entre le prieur et sa mère. Si alors une reine avait voulu échanger son sort avec celui de Brigitte, l'heureuse fermière aurait répondu : J'aime mieux mon bonheur que le vôtre.

Le fermier de Lismore avait mérité par sa bravoure d'être distingué par ses chefs, et le grade d'officier lui avait été donné par lord William, qui, en lui annonçant sa promotion, lui remit une belle épée.

— Je l'accepte, avait dit Patrick O'Bryen, et je m'en servirai de mon mieux, tant qu'il y aura à guerroyer contre les hérétiques ; mais quand les jours tranquilles seront revenus, je retournerai à ma charrue, j'appendrai cette épée à mon foyer, et je la lèguerai à mon fils.

— Ton fils, avait répondu le général, a aussi gagné ses armes, il les recevra de moi.

---

Le banquet était nombreux et présentait un singulier aspect ; des chevaliers et des moines, des hommes d'armes et des laboureurs, et au milieu de tout ce nombre, trois femmes seulement : Jeanne Mac-Dermott, sa fille Maria et Brigitte, la mère du fiancé. Pendant que l'abondance chassait la faim, et que l'hypocras et l'hydromel égayaient les convives, on distinguait une joie qui ne se confondait point avec les joies des autres : c'était celle du Père prieur et de l'ancien enfant de chœur de Jerpoint ; le présent ne leur faisait point oublier le passé, et tous les deux, le vieillard et l'adolescent, prenaient plaisir à se le rappeler.

Comme le banquet tirait à sa fin, lord William dit à haute voix : Shieldy, vieux barde du clan des Grace et des Sheffield, prends ta harpe et chante-nous la journée que Dieu nous a faite aujourd'hui.

À ces mots, un vieillard à longue barbe blanche, et dont le siége, à table, avait été parmi les places d'honneur, se leva, alla prendre à la muraille sa harpe galloise qu'il y avait appendue, et revint se mettre en face des fiancés ; puis, inclinant sa belle tête blanchie sur sa harpe, il garda un instant le silence... Il se recueillait; on eût dit qu'il consultait la compagne de ses jours, et qu'il lui demandait ce qu'il devait chanter.

« Verte et belle Irlande, couronne tes cheveux blonds et chante tes plus beaux airs, car tes enfants n'ont pas voulu de la honte de l'apostasie. Ils se sont souvenu de leurs pères, ils n'ont point dérogé, et quand le jour de se lever, de s'armer, de se battre, est arrivé, ils ont redit notre vieille devise :

» *Erin go bragh* (Irlande, pour toujours) !

» Les impies avaient l'or, la puissance et le trône ; les bons n'avaient que leur foi et du fer, et cependant ils ne sont point restés assis à l'ombre comme de faibles femmes. Quand le jour du danger s'est levé, ils l'ont salué comme un libérateur, ils l'ont salué en criant : *Erin go bragh!*

» Et tous ceux que je vois aujourd'hui dans la grande salle de Jerpoint, je les ai vus sur le champ de bataille, et là il y avait de la fraternité comme ici; et là les mains blanches des seigneurs serraient les mains rudes et brunies des paysans ; leurs cœurs battaient ensemble, et tous répétaient : *Erin go bragh! Erin go bragh!*

» La poussière de la bataille s'est abaissée sous la rosée de la nuit. La bannière portée par Éverard Grace, après avoir été déchirée dans le combat, a été plantée sur la plus haute tour de Waterford... Voyez les nobles lambeaux de notre bel étendard, ils laissent tomber de leur gloire sur la tête du fiancé. Jeunes filles, regardez-le, il est digne de vous ; car lui, tout enfant, a marché pour la bonne cause, lui aussi a crié : *Erin go bragh*! »

Après ce chant improvisé par le vieillard, la salle retentit d'applaudissements; on s'était levé de table, on entourait le vieux barde, on le félicitait; lord William Grace était venu lui serrer la main, et de nouveau, sur un geste du chef, le silence revint régner dans le long réfectoire. Alors Éverard et Patrick furent appelés à haute voix par le général. Tous deux s'avancèrent vers le haut siége sur lequel lord William était assis. Éverard Grace, dit le chef catholique, l'épée que tu portes, tu la tiens de moi. Donne-là à Patrick O'Bryen. Et moi je te donne la mienne, à présent je me crois digne de celle de notre père, je la prendrai à notre arsenal de famille.

Patrick O'Bryen, Éverard Grace, vous êtes frères, donnez-vous l'accolade. Puis, allez à Maria Mac-Dermott, elle vous passera au cou l'écharpe d'écuyer.

Comme il leur avait commandé, les deux frères d'armes, se tenant par la main, allèrent, beaux de jeunesse, de gloire et de modestie, mettre un genou en terre devant Maria Mac-Dermott qui leur remit, avec une grâce charmante, les insignes d'écuyer.

Ainsi paré, Patrick vint embrasser sa mère et son père, et le Père prieur le serra aussi dans ses bras.

— Patrick, dit lord William à l'ancien enfant de chœur de Jerpoint, quand tu étais ici chantant, en servant dans le sanctuaire, quand tu parais l'autel, et que tu balançais l'encensoir, tu nous as dit que souvent dans la solitude et le silence tu entendais des voix... Dis-moi, parmi les voix qui ont parlé à ton âme, y en a-t-il eu une qui t'ait prédit ce qui t'arrive aujourd'hui?

— Messire, répondit Patrick, les voix qui me parlaient et qui me venaient d'en-haut, me disaient : Fais ce que tu dois, et Dieu fera le reste... Deux chemins s'ouvrent devant tout homme qui prend de l'âge, le chemin du plaisir, et celui des sacrifices et des dévouements... Ne crains pas de marcher dans ce dernier sentier ; il est rude et difficile... tes pieds y saigneront peut-être... mais c'est égal, poursuis ta route, et Dieu te guérira... Messire, j'ai obéi à ces voix, et vous voyez que, vous aidant, elles ne m'ont pas trompé.

---

De la sévère et mélancolique patrie des Stuarts, nous étions venus au riant pays de Guillaume-le-Conquérant, à la verte et riche Normandie, et c'est dans les environs de Cherbourg que fut racontée par M. O'Tool, l'histoire de la *Folle de la Pernelle;* il venait de l'apprendre d'un négociant de Barfleur.

*La Côte des deux amants* et *la Fabrique*, nous furent dites avec un charme tout particulier par madame Warnery, née en Suisse et devenue habitante de Rouen, qui recevait souvent chez elle la colonie voyageuse.

## LA FOLLE DE LA PERNELLE.

La petite montagne de la Pernelle est un des points les plus élevés de la Normandie, à trois lieues de Barfleur, à sept de Cherbourg. Les *touristes* qui veulent avoir un grand et vaste aspect du pays et de la côte ne manquent pas de monter au plateau de la Pernelle, d'où un immense panorama se déroule autour et au-dessous de l'explorateur.

Une petite église d'un bon style est assise toute solitaire sur la montagne ; un cimetière l'entoure de son terrain bosselé et de ses hautes herbes. Quand je fus arrivé sur le plateau, une épaisse brume formait de tous côtés un rideau grisâtre qui cachait tout ce grand paysage que j'étais venu voir. Un autre peut-être se serait désolé, mais moi, à force de désappointements, je me suis fait de la philosophie et je me dis : « Puisque je ne puis jouir de la vue que l'on m'avait promise, entrons dans cette vieille église. Une église sur laquelle bien des siècles ont passé a toujours quelque chose à raconter à celui qui interroge ses murailles. » Je pris donc le sentier frayé à travers le cimetière, et tout d'abord je fus arrêté par trois tombes sur lesquelles je crus voir des écussons. J'approchai pour savoir quelle famille gisait là ; je pensais que ce pouvait être quelques membres de la très noble maison d'Héricy, de qui relève la paroisse de la Pernelle ; mais non, c'était une autre poussière, celle d'un humble juge de paix du nom de Massieu, qui dort là entre sa femme et sa mère. Ce que, d'un peu loin, j'avais pris pour des armoiries était ce qui convient à toute tombe ; dans l'encadrement d'un écusson, un tailleur de pierres de village avait sculpté une tête mort, deux os en croix et une faux. Ce sont là *les armes parlantes* de tout habitant du cercueil. Après avoir lu les trois épitaphes (car je lis toujours ces pages de marbre ou de granit que les vivants consacrent aux trépassés), j'arrivai au grand portail de l'église : il était fermé ; j'allai à deux petites portes latérales : fermées aussi. Monté sur les degrés de pierre de la croix du champ de la résurrection, je regardai de tous côtés, espérant que mes yeux rencontreraient quelqu'un qui pût m'ouvrir le petit temple rustique ; mais ce fut en vain. J'ai parlé tout à l'heure de ma philosophie, cependant je commençais à me sentir un peu d'humeur ; j'étais venu pour jouir d'une magnifique vue, et le voile épais du brouillard ne se déchirait nulle part; j'étais à côté d'un vieil édifice dont l'intérieur aurait pu m'offrir quelque intérêt, et la porte en était fermée, et pas un être vivant ne se présentait à moi pour me l'ouvrir! Ainsi il me faudrait redescendre sans avoir rien vu, sans avoir rien ressenti, sans un aperçu pour mes yeux, sans une émotion pour mon âme!... Enfin les nuages s'entr'ouvrirent un peu, et quelques pâles rayons de soleil tombèrent sur la mer qui se mit à briller faiblement comme de l'étain.

Alors j'aperçus des îles qui se détachaient en noir sur ce fond luisant. Dans l'une d'elles je vis une tour, un lazaret, une église; et puis la brume redevenant épaisse, cette courte vision s'effaça, et il ne m'en resta qu'un vague souvenir... Je m'étais assis sur les marches du cimetière, espérant toujours que le soleil du midi finirait par vaincre et dissiper le brouillard et que je pourrais enfin admirer ce pays vanté qui montre des travaux entrepris par le génie de Vauban pour repousser les empiètements de la mer. Pendant que j'attendais, quelque chose bruit à côté de moi; c'était une femme dont les sabots faisaient crier le gravier du chemin qui traverse le plateau.

Ah! pensai-je alors, je ne redescendrai pas sans avoir rien vu; cette femme va m'indiquer où je trouverai la clef de l'église... Je le lui demandai.

— Chez le *custos*, monsieur, me répondit la paysanne qui filait sa quenouille en marchant.

— Le custos! où demeure-t-il?

— Là, en bas, à ce groupe de maisons d'où vous voyez s'élever de la fumée. Si monsieur le veut, j'irai le chercher.

— L'église est donc toujours fermée?

— Oui, monsieur, depuis qu'elle a été volée, et je vous assure que c'est bien gênant pour nous autres de la campagne, de ne plus pouvoir entrer dans l'église... Un peu de prière, ça nous reposait.

— Comment des voleurs se sont-ils avisés de venir dans cette pauvre église isolée?

— Oh! ce ne sont point des voleurs... C'est une jeune fille, Renaudine l'insensée.

— Quoi! une folle!

— Eh! mon Dieu, oui, monsieur. S'il faisait aujourd'hui bien mauvais, si le vent soufflait bien fort, si la pluie tombait à verse, si le tonnerre grondait à l'heure où je vous parle, vous l'entendriez chanter les litanies de la Sainte Vierge. Quand il fait beau, la pauvre folle reste chez elle, et quand la tourmente est si forte que personne n'ose sortir, elle vient sur la montagne et passe cinq à six heures à se promener autour de la croix du cimetière.... Un soir, j'étais chez ma cousine qui demeure là-bas dans la plaine, et vers minuit, le vent s'étant un peu apaisé, nous entendîmes une voix.... Ma cousine me dit: « C'est la folle qui chante, » et vraiment c'était elle.

— Mais vous m'avez parlé d'un vol...

— Oui, commis par elle.

— Et qu'a-t-elle dérobé... des vases sacrés?...

— Miséricorde! monsieur, rien de pareil, Dieu

merci ! Elle a emporté, elle a volé, comme ils disent, toutes les fleurs, tous les beaux bouquets de l'autel de la Sainte Vierge ! Elle n'en a pas laissé un.

— Quel singulier vol !

— Ça tient à une longue histoire.

— Tout en filant votre quenouille, asseyez-vous là et racontez-la moi.

— Pour un monsieur comme vous je ne saurai pas bien dire...

— Dites-la moi comme on la dit dans votre village.

Alors, à mon invitation, la paysanne prit place sur la marche où je venais de m'asseoir, et me raconta ainsi l'histoire de Renaudine :

---

« Renaudine passait dans le pays pour être la plus belle fille de dix lieues à la ronde; tout le monde le disait et le répétait, mais elle, elle avait l'air de ne rien entendre. On prétend cependant que les femmes ont l'oreille fine pour les compliments, et que les sourdes même entendraient si on ne leur disait jamais que des louanges. Que Renaudine ait ou qu'elle n'ait pas écouté tous les éloges que l'on faisait d'elle, en vérité, je ne sais; mais ce que je puis assurer, c'est qu'elle était restée simple et modeste comme la dernière d'entre nous.

» Vous voyez, monsieur, combien la montagne de

la Pernelle est solitaire et tranquille aujourd'hui ? Eh bien ! il y a un jour dans l'année, le premier juin , où tout ce plateau , ces chemins qui y conduisent, et le cimetière même , sont tout couverts de monde, de jeunes garçons et de jeunes filles qui viennent à *l'assemblée*. Ce sont ceux et celles qui veulent servir et qui ne sont point assez riches pour rester chez leurs parents, dans la maison , dans la ferme où ils sont nés ; les *bourgeois* y viennent de loin pour gager des garçons de service et des servantes. Ici, près de l'église, ils donnent le *denier-à-Dieu* au jeune homme ou à la jeune fille qu'ils ont choisie, et alors le marché est passé et l'on ne peut plus se dédire. Pour la Pernelle c'est une belle journée que celle-là ; il y vient plus de deux mille personnes, et toutes, je puis vous le garantir, dans leurs plus beaux atours ; car tout le monde a intérêt à plaire pour entrer en condition, le garçon de labour comme la servante de ferme. Oh ! si vous voyiez comme toutes nos filles de campagne se font belles ! Quels beaux bonnets elles ont pris pour ce jour-là ! Comme la forme en est haute, et comme le fond de papier bleu de ciel paraît bien à travers la fine mousseline et la dentelle qui garnissent les barbes relevées ! Comme les cheveux en chignon sont lisses et bien peignés, et comme ils laissent voir la blancheur et la rondeur du cou, qu'entoure la chemisette plissée et brodée !

» Le jour du premier juin (il y a un peu plus de deux ans), Renaudine était venue à l'assemblée, et un marchand de Barfleur lui donna le *denier-à-Dieu* et la gagea pour avoir soin de deux petites filles jumelles de trois ans qui venaient de perdre leur mère.

» Six semaines après elle quitta la petite cabane de son père, et, le cœur bien gros, partit pour Barfleur, accompagnée de sa tante qui lui répéta bien des fois sur le chemin : Renaudine, ta mère était bonne et pieuse; à présent que Dieu l'a appelée à lui, à présent que tu vas être loin de nous tous, pense à elle et prie la Sainte Vierge de veiller sur toi. A Barfleur bien des gens te regarderont, bien des jeunes hommes te diront que tu es belle, mais ne fais aucun cas de leurs paroles.

— Soyez tranquille, répondit Renaudine; je me souviendrai toujours de ma mère et de vous, et je n'oublierai pas vos bons conseils.

» Le marchand chez lequel s'était gagée Renaudine était droguiste, mi-épicier et mi-pharmacien. Le soir, quand les deux petites sœurs jumelles, dont elle était la bonne, étaient couchées et que son maître était allé faire sa partie de dominos ou de piquet dans une maison voisine, elle était chargée par lui de s'asseoir au comptoir et de répondre aux pratiques qui pourraient se présenter.

» Un soir, Renaudine était assise derrière une petite cloison vitrée; car à Barfleur les boutiques ne sont pas belles comme celles que j'ai vues à Rouen; un jeune matelot entra et demanda des herbes fortifiantes, du thym, du romarin et des roses séchées.

— En voulez-vous beaucoup? lui dit Renaudine.

— C'est pour mettre sur le bras paralysé d'un vieillard, répondit le jeune marin.

— Oh! alors, je sais ce qu'il vous en faut!

— Donnez-le-moi bien vite, mademoiselle, car c'est pour mon père. O mon Dieu! faut-il qu'à mon retour je trouve cette peine-là?

— Tenez, monsieur.

» Le matelot prit le petit paquet que la servante de l'herboriste venait de préparer, paya et sortit.

» Renaudine, restée seule, se dit : « Voilà un fils qui aime son vieux père. J'ai vu de l'impatience dans ses yeux pendant que je pesais les herbes qu'il m'avait demandées. » Le lendemain le matelot ne revint pas, et la servante du marchand de Barfleur en fut presque triste; elle aurait voulu savoir si les herbes qu'elle avait vendues la veille avaient fait du bien au vieillard.

» Trois jours se passèrent sans que Renaudine revît le jeune matelot. Un matin, comme elle promenait les petites filles de son maître, elle entendit la cloche de l'église sonner, et elle en prit le chemin. Se souvenant des conseils de sa tante elle se dit au-dedans d'elle: « Je m'en vais aller prier Notre-Dame-de-Bon-Secours, lui demander de veiller sur moi. » Avec cette pieuse pensée elle alla droit à l'autel de la Sainte Vierge, devant lequel les gens de mer échappés au naufrage vont remplir les vœux qu'ils ont fait pendant la tempête, et où l'on voit de petits vaisseaux suspendus à la voûte en signe de délivrance.

» Comme Renaudine s'agenouillait avec les petites filles, elle aperçut un matelot qui plaçait un cierge dans un chandelier de fer en face de l'image miraculeuse de l'*Étoile des mers*; ce matelot avait les cheveux et la taille d'un jeune homme, et quand il se retourna elle reconnut celui qui était venu lui acheter des herbes fortifiantes. En passant près d'elle il la regarda et elle crut voir dans ses yeux moins de tristesse que lorsqu'il était venu le soir chez son maître.

» Ce soir-là, je vis qu'il aimait son père, aujourd'hui je vois qu'il aime Dieu ; ce doit être un bon jeune homme pensa Renaudine. Et, à la tombée de la nuit, elle ne manqua pas de dire à son maître que son voisin était venu l'inviter à aller passer la soirée chez lui, que M. le curé y viendrait et qu'il y aurait une partie de boston. Quand elle fut seule, assise à travailler derrière la cloison vitrée du magasin, elle aurait voulu pouvoir songer à autre chose qu'au jeune matelot; elle appelait à elle les pensées de son maître; mais elle avait beau faire, il ne s'en allait pas de son souvenir.

» Il paraît que ce qui arrivait à Renaudine, le marinier l'éprouvait aussi; car, vers huit heures, elle le vit entrer dans la boutique. Se sentant émue, elle se leva, avança le bras vers le rayon où se trouvaient les herbes aromatiques, et lui demanda s'il en voulait encore pour son père.

— Non, mademoiselle, répondit le jeune homme, je vous remercie; mon père est guéri.

— Oh! tant mieux!

Et, disant ces mots, Renaudine était devenue toute rouge.

— Vous vous intéressez donc à mon vieux père? demanda Guillaume le marin.

— Qui ne s'intéresse à un vieillard malade? moi aussi, j'ai un père bien âgé.

— Que Dieu vous le conserve comme il vient de me conserver le mien !

— C'était un cierge de joie que vous offriez ce matin à Notre-Dame-de-Bon-Secours ?

— Oui; ma mère, ma sœur et moi avions fait vœu à la Vierge, patronne des mariniers.

— Et à présent que votre père est guéri, vous allez probablement vous embarquer pour de nouveaux voyages ?

— Je n'en ai plus le désir.

— Cependant.... les marins, à ce que l'on dit, sont mal à l'aise à terre.

— J'avais pensé cela... je ne le pense plus.

» Je ne vous répéterai pas, monsieur, ajouta la paysanne, tout ce que se dirent Renaudine et Guillaume ; ce que je vous ai raconté suffit pour vous montrer qu'ils s'aimaient. Oui, les chers enfants, ils s'aimaient d'un amour bien pur et bien tendre ! Je vous ai dit comment cet amour était venu, et je croyais que le bon Dieu l'aurait béni ; mais non... vous allez voir.

» Au bout de quelque temps Guillaume fut obligé de s'embarquer ; Renaudine pleura beaucoup, pria beaucoup Notre-Dame qui règne sur les mers, et se répétant souvent les promesses qu'il lui avait faites au pied de la croix de la jetée, elle se résignait. Pauvre Renaudine ! elle faisait bien d'ouvrir son âme à la résignation, car elle n'était pas au bout de ses malheurs. Tout à coup elle apprit que son vieux père était mourant ; elle partit aussitôt pour aller le soigner et elle n'arriva que pour lui fermer les yeux. La voilà orpheline ! Cependant sa tante, qui était presque une mère, lui demeurait encore. Quelque peu d'argent restait à cette vieille femme; une nuit, des voleurs entrèrent chez elle, enfoncèrent son armoire et lui enlevèrent tout ce qu'elle possédait; alors sa misère fut complète et la douleur de Renaudine fut presque du désespoir; car avec ses faibles gages, comment pourrait-elle faire soigner sa tante que le chagrin venait de rendre malade?

» A cette époque passèrent dans le pays des hommes qui font un commerce que probablement vous ne connaissez pas, un commerce qui fait pleurer et sourire bien des jeunes filles de campagne. On dit que chez nous, de ce côté-ci de la Normandie, ce commerce se fait plus qu'ailleurs. Or, vous saurez donc, monsieur, que chaque année, quand le printemps revient et que chacune de nous a envie d'être aussi belle que les fleurs qu'elle voit s'épanouir autour d'elle, il arrive dans nos villages des *voyageurs* de Paris ; ils portent avec eux des fichus de soie de couleurs bien voyantes, des bijoux d'or, des croix à la Jeannette, des cœurs avec des rubans de velours noir, et des boucles d'oreilles; et, après avoir étalé toutes ces tentations, ils persuadent aux pauvres filles de campagne qu'elles aient à se laisser couper leurs longs cheveux. A celles qui hésitent à se défaire de cette parure qu'elles tiennent de Dieu et de leurs mères, ces brocanteurs disent en les cajolant : « A quoi bon ces longs cheveux, jeune fille, et que faites-vous de cette chevelure inutile qui charge votre tête, qui tombe sur vos épaules et jusqu'à vos pieds? vendez-la moi; je vous donnerai en échange ces sept aunes de dentelle pour border votre belle coiffe, je suspendrai à vos oreilles ces deux coques d'or, je mettrai ce velours et cette croix à votre cou. » Et les voilà, ces simples et naïves filles, qui baissent la tête et qui abandonnent pour moins que rien ce qui les rendait belles et ce qui avait fait l'orgueil de leur mère.

» Renaudine courba sa belle tête sous les ciseaux de ces Parisiens, mais ce ne fut ni pour de la dentelle ni pour des bijoux d'or qu'elle vendit sa longue et blonde chevelure... Sa vieille tante était tombée en paralysie, il fallait cinquante écus pour la faire entrer dans un hospice, et Renaudine, à laquelle les marchands de Paris avaient fait de beaux compliments sur ses cheveux, lui disant qu'une reine, qu'une impératrice en seraient fières, leur dit : « J'ai besoin de cent cinquante francs ; donnez-les moi, et ce que vous trouvez si beau est à vous. »

» Comme elle parlait ainsi, je vins à elle, et, la tirant à l'écart, je lui dis : « Renaudine, ce que Guillaume admire le plus en toi, il me l'a répété si souvent, ce sont tes cheveux.

» A ces mots Renaudine devint soucieuse ; un instant je crus qu'elle allait changer d'idée... qu'elle ne vendrait plus ses beaux cheveux... Mais tout à coup elle me dit : « Jeanne, c'est mal à toi de vouloir me détourner de mon devoir... Si je ne les vends pas, qui fera entrer la sœur de mon père à l'hospice? » Puis, allant droit aux marchands, elle ajouta : « Comptez-moi l'argent que je vous demande, et prenez mes cheveux. »

» Le marché passé fut aussitôt exécuté; quelques coups de ciseaux firent tomber sur le carreau cette magnifique chevelure que nous appelions dans le village la chevelure d'ange... Quand Renaudine, privée de sa chevelure, releva la tête, en vérité elle n'était plus la même... Elle venait de faire une bonne action, et cependant elle était pâle, elle tremblait comme si elle avait commis le mal... Elle m'a souvent dit depuis que le froid des ciseaux lui avait glacé tout le sang, et qu'elle avait frémi dans tout son corps comme si elle avait été en face d'un malheur.

» Quand les marchands eurent en leur possession ce qu'ils avaient tant envié, quand ils étendaient ces beaux cheveux d'or dans du papier de soie pour les renfermer dans un carton, Renaudine leur dit : « Laissez-m'en une seule mèche... » Et se tournant vers moi elle ajouta : « Ce sera pour lui, puisque tu me dis qu'il les aimait. »

» Il y a de cela déjà plus de deux ans, et je me souviens de tout comme si c'était d'hier... Quand Guillaume s'était embarqué, j'avais désiré pour le bonheur de Renaudine que son voyage ne durât pas longtemps. Eh! mon Dieu! il revint trop tôt! Qui pourrait croire que l'amour tient à si peu de chose! Quand le jeune matelot la vit sans ses longs cheveux, il la trouva bien moins belle... Je m'en aperçus et je lui dis : « Guillaume, si elle est moins jolie, elle vous a prouvé combien elle était bonne. » Et je lui racontai pourquoi elle avait vendu sa longue chevelure blonde. Le marin m'écouta froidement; en si peu de temps son cœur avait complètement changé, et celui de ma pauvre amie allait se briser. Oh! les hommes! A leur gré, une sainte action ne vaut donc pas un fragile ornement, et pour eux la beauté de l'âme n'est donc rien ?

» Renaudine s'était aperçue avant moi du changement de son fiancé, et, dans son chagrin, elle me disait : « Comme je m'étais trompée! je le croyais meilleur... Mes cheveux repousseront, mais son amour ne reviendra plus. »

» Trois mois après le retour de Guillaume, la plus belle fille du pays normand n'avait plus de fraîcheur, plus d'éclat dans les yeux, plus de sourire sur les lèvres... Cependant parfois son regard redevenait vif, ses joues rouges, sa parole animée, et son front brûlait; alors on la voyait porter ses mains amaigries à sa tête et passer ses doigts effilés dans ses cheveux renaissants.

» Elle quitta la maison de Barfleur et vint s'établir seule dans la pauvre cabane de son père. J'allai demeurer avec elle, mais quelques semaines après mon arrivée la malheureuse ne me reconnaissait plus. L'amour trompé lui avait ôté l'esprit; il ne restait dans sa tête que des souvenirs vagues, en désordre, et dans son cœur que des regrets. Un jour, une noce se rendant dans l'église de la Pernelle passa devant notre chaumière; elle entendit le violon du ménétrier et les chansons des conviés; et s'élançant sur le chemin, elle courut droit à la mariée et lui arracha son bouquet en criant : « C'est à moi que Guillaume devait le donner; tu ne porteras pas ces fleurs qui devaient m'appartenir ! »

» Disant ces mots, elle avait jeté le bouquet par terre et piétinait dessus.

» L'homme qui allait se marier, voyant une inconnue porter la main sur sa fiancée, l'avait rudement repoussée et presque fait tomber sur la route. Mais un cri s'éleva :

« C'est Renaudine, Renaudine la folle, ne lui faites pas de mal! La pauvre insensée, elle ne sait ce qu'elle fait. »

» A ce cri, à ce nom de Renaudine, on vit un jeune matelot quitter le cortége dans lequel se trouvaient plusieurs marins, et ils eurent beau le rappeler et courir après lui, il ne revint point à la noce... Je ne l'ai pas bien vu, mais je crois que c'était Guillaume.

» Depuis ce jour le mal de Renaudine n'a fait qu'empirer... Maintenant elle n'a plus un instant de raison, mais Dieu a eu pitié de toutes les larmes qu'elle a répandues jour et nuit pendant six mois. A présent on dirait que cette fontaine de douleur est tarie... Dans sa pauvre tête il est venu tout à coup de l'espérance; elle dit qu'elle a reçu une lettre qui lui annonce que Guillaume l'aime toujours et qu'il va revenir. « Il veut que je sois belle, ajoute-t-elle en souriant, il veut que j'aie de beaux habits et des fleurs sur ma tête, à mon côté et sur ma robe. »

» Quand cette idée fixe lui vint, nous étions au plus fort de l'hiver; la neige s'étendait partout, et pas le plus petit bouton de fleur, pas le plus mince brin de verdure ne paraissait, tant la saison était rude.

— Cependant, répétait la folle, il me faut une couronne et un bouquet de roses blanches; il veut que je sois belle, il m'attend.

— Demain, lui disais-je, le soleil paraîtra peut-être;

ses rayons feront fondre la neige et nous trouverons des primevères.

— Des primevères ! des primevères ! je n'en veux pas ; ce sont des roses qu'il me faut... Et puis, Jeanne, tu me dis toujours : Demain, demain... mais ce n'est pas demain, c'est aujourd'hui qu'il m'attend ! »

» Parlant ainsi, Renaudine me quitta.... J'étais accoutumée à la voir sortir et rentrer, je la laissai s'éloigner sans inquiétude ; mais l'heure du dîner était venue, et je l'attendais en vain. A trois heures de l'après-midi elle n'était point encore de retour ; alors, le cœur bien inquiet, je me mis à sa recherche ; un enfant me dit qu'il l'avait vue monter à l'église... J'y allai ; il n'y avait personne... Du haut de la montagne j'appelai : Renaudine ! Renaudine ! mais elle ne répondit pas. Des hommes et des femmes entendant mes cris vinrent me dire qu'ils allaient la chercher avec moi ; car voyez-vous, monsieur, elle a beau être folle, tout le monde l'aime toujours. « Sa bonne tête est partie, mais son bon cœur est resté, » disent les pauvres, et ils se mirent en quête pour la retrouver. Nous passâmes tous une nuit affreuse et nous ne trouvâmes rien... C'est au bon Dieu qu'il faut avoir recours, dis-je à mes compagnons de recherche ; allons trouver monsieur le curé et prions-le de dire une messe à l'autel de la Sainte-Vierge, pour que Renaudine nous soit rendue.

— Jeanne a raison, s'écria tout le monde, montons à l'église. »

» Quand nous y arrivâmes, nous vîmes le curé et le sacristain sur le seuil de l'église ; tous les deux semblaient consternés et parlaient de sacrilége... Un vol venait d'être commis dans le sanctuaire, l'autel de la Vierge venait d'être dépouillé de toutes ses fleurs et de toutes ses belles perles de verre et de clinquant...

» Au mot *fleurs*, je tremblai de tout mon corps, et je crus deviner qui avait emporté les bouquets de l'autel ; mais je ne dis rien de mes craintes, et je priai le prêtre de dire la messe pour que nous retrouvions Renaudine. « Oh ! bien volontiers, répondit le curé ; la pauvre insensée est toujours restée une de mes chères brebis, et quand j'aurai offert le saint sacrifice, je me souviendrai de l'exemple du bon Pasteur, et j'irai la chercher avec vous. En attendant, chantons le *Parce Domine, parce populo tuo,* et le *Miserere*, pour demander pardon du vol sacrilége qui vient d'être commis dans notre modeste église. »

» Pendant que nous étions tous à prier dans l'église de la Pernelle, deux gendarmes qui conduisaient un marin déserteur à Cherbourg, virent au travers de la route quelque chose d'un peu élevé et ressemblant à une fosse de cimetière recouverte de neige. En approchant davantage, ils reconnurent que c'était une femme... cette femme, c'était Renaudine. La neige qui avait tombé toute la nuit et qui tombait encore à flocons épais la recouvrait presque en entier. Bien vite ils la relevèrent, secouèrent la neige qui avait durci sur elle, la portèrent dans une maison voisine, et là ils la firent revenir à la vie en la tirant du sommeil profond dans lequel elle était tombée et qui ressemblait déjà à celui de la mort.

» Monsieur, figurez-vous donc cette jeune et belle fille rouvrant les yeux ! N'est-ce pas qu'elle devait ressembler à la fille de la veuve de l'Évangile, quand Notre-Seigneur lui commanda de se lever de son cercueil? Renaudine avait quelque chose de plus frappant encore que la jeune ressuscitée de l'Écriture Sainte : c'était cette parure d'épousée que la pauvre insensée s'était faite avec les fleurs bénites qu'elle avait dérobées à l'autel de la sainte Vierge.

» Dans la paroisse il y a bien des gens qui disent que ce sont les fleurs bénites qu'elle avait sur elle qui l'ont empêchée de périr de froid : car, voyez-vous, ni Dieu ni la Sainte Vierge n'auraient voulu la punir de son vol. La malheureuse avait-elle su ce qu'elle faisait quand elle s'était parée de ces bouquets ?

» Elle fut ramenée au village, et quand elle nous vit autour d'elle, elle nous dit avec un sourire qui nous faisait tous pleurer : « Je retournerai demain, car il m'attend toujours. Je me suis endormie sur la route, voilà pourquoi je ne l'ai pas vu hier; mais demain! demain! ce sera mon beau jour! »

» De tout ce que nous lui disions, elle ne comprenait rien, et à moi, son amie, sa gardienne, elle répondait tout de travers comme aux autres. Le curé arriva, et quand elle entendit sa voix, il se passa quelque chose d'étrange en elle; elle porta ses deux mains sur son visage, tomba à genoux, et entre ses doigts nous voyions s'échapper de grosses larmes. Puis à travers ses sanglots elle cria : Bénissez-moi!... bénissez-moi!... J'ai besoin de la bénédiction de Dieu...

— Mon enfant...

— Oh! vous m'appelez votre enfant!... Vous n'êtes donc pas fâché!.. Et disant ces mots, elle ôta ses mains de dessus son visage ; et, les yeux encore mouillés de pleurs, elle regarda le prêtre avec une expression qu'un plus habile que moi, monsieur, ne pourrait bien vous rendre.

—Ma chère fille, répondit monsieur le curé, je suis le ministre du Dieu qui pardonne, et en venant auprès de vous ce sont des consolations que je vous apporte...

— Des consolations ! répéta la folle, des consolations. Puis, faisant le signe de la croix, elle regarda le ciel.

» Renaudine, ajouta le prêtre d'une voix paternelle, les passions humaines égarent... Il y a un amour qui n'égare pas, un amour qui donne la paix et le bonheur : c'est l'amour de Dieu.

—Mon père, je n'ai aimé Guillaume qu'après Dieu... et c'était pour lui plaire que j'ai pris les fleurs de la chapelle.

— Mon enfant, c'était une grande faute, et si votre tête n'avait pas été égarée, je vous dirais que c'était un sacrilége.

— Un sacrilége ! O mon Dieu ! un sacrilége !

— Si vous aviez eu votre raison, c'est ainsi qu'il faudrait appeler ce que vous avez fait. Pensez donc ! enlever à l'autel de la Sainte Vierge les dons consacrés des fidèles ! enlever les fleurs et les guirlandes à la reine des anges pour en faire une profane parure...

— Dieu va donc être courroucé contre moi ? il va donc faire tomber des vengeances sur ma tête et sur celle de Guillaume ?

— Non, car vous ne saviez ce que vous faisiez ; mais à présent qu'un rayon d'en-haut éclaire votre esprit, repentez-vous et demandez pardon à Dieu et à sa divine mère. Demain je dirai une messe d'expiation pour vous.

— J'irai, mon Dieu! j'irai! Et, parlant ainsi, Renaudine semblait avoir toute sa raison.

— Demain, à neuf heures, à l'autel de la Vierge, dit le curé; et il sortit après avoir béni celle qui n'avait péché que par folie.

» Quand le prêtre eut quitté notre cabane, je m'approchai de Renaudine qui était allée le reconduire jusque sur le seuil de la porte, et je lui adressai la parole; mais quelle fut ma douleur quand je vis à ses réponses que le nuage était revenu sur son esprit!... La voix de l'homme de Dieu, elle l'avait comprise... la mienne, elle ne la comprenait plus.

— Au bout de quelques instants d'immobilité et de silence, elle quitta le seuil de la porte, vint auprès de son armoire de bois de chêne, l'ouvrit, en tira une petite nappe que sa tante avait filée, l'étendit par terre; puis elle prit les fleurs qu'elle avait attachées à sa robe et la couronne de roses blanches qu'elle avait ajustée à son haut bonnet, et elle déposa tous ces bouquets dans le naperon étendu sur le plancher; après quoi elle noua les quatre coins de la nappe, et, le paquet étant fait, elle le plaça sur la table, s'assit à côté et se mit à fondre en larmes.

— Et que vas-tu faire à présent? lui demandai-je.

— Rendre à Dieu ce qui est à Dieu. »

» Cette réponse me fit croire que la raison lui revenait encore, mais je fus bientôt détrompée en l'écoutant se parler à elle-même. Elle disait : « C'est cependant grand dommage ; à présent que je n'aurai plus ces belles parures de fleurs, comment ferai-je pour lui plaire ?... »

» Le lendemain, elle était levée avant moi, et en m'éveillant, je la vis assise sur le pas de notre porte, occupée à laver ses jolis petits pieds avec de la neige. Elle était déjà habillée, et elle avait mis la robe de deuil qu'elle avait fait faire à la mort de son père.

» Je lui demandai pourquoi elle avait pris ce vêtement ; pour toute réponse elle mit son doigt sur ses lèvres, et de l'autre main me montra le crucifix attaché auprès de son lit, et me fit comprendre qu'elle avait fait vœu de ne pas parler.

» Quand la messe commença à sonner, elle me fit signe de monter à l'église et qu'elle allait me suivre ; j'insistai pour l'attendre, et elle s'impatienta comme un enfant que l'on contrarie. Je partis en lui répétant que la messe allait bientôt commencer.

» Le curé était à s'habiller dans la sacristie, les cierges de l'autel étaient allumés, tous les habitants du village à genoux dans la chapelle de Notre-Dame, quand nous entendîmes une belle voix, bien sonore et bien douce, qui chantait l'*Ave maris stella* : c'était celle de Renaudine. Oh ! la pauvre insensée ! comme elle nous parut belle et triste quand elle entra dans l'église ! Sa robe noire laissait voir ses pieds nus, et sur ses cheveux courts elle avait jeté un morceau de voile noir ; autour de son cou, blanc comme l'ivoire, elle avait noué une corde dont les bouts pendaient presque jusqu'à terre ; d'une main elle tenait les fleurs qu'elle venait restituer. En nous voyant tous, elle ne fut point intimidée; elle continua d'avancer, et comme à cet instant le curé sortait de la sacristie, elle vint se jeter à ses pieds en criant : « *Pardon! Pardon!* »

» Nous étions tous émus, et le vieux prêtre lui-même se sentait si attendri qu'il fut obligé de s'appuyer un instant sur une stalle avant de monter à l'autel. Renaudine lui remit toutes les fleurs, tous les bouquets, toutes les guirlandes; puis, après s'être frappé la poitrine, elle s'en alla s'agenouiller tout au bout de l'église, à côté de la porte, et là, prosternée sur la pierre, elle était belle comme Madeleine repentante, elle pleurait et priait comme elle.

» Depuis ce jour, la folie de ma pauvre amie a pris plus de calme; elle reste davantage chez nous; elle ne sort que lorsqu'il fait mauvais temps; car sa pensée est demeurée attachée à la mer, à cause du jeune matelot, et quand elle entend les vents et la tempête, alors, que ce soit le jour ou que ce soit la nuit, elle m'échappe; elle vient ici sur la montagne chanter les Litanies et prier Notre-Dame des matelots. Sa tête n'a plus d'intelligence, mais son cœur a toujours de l'espoir en Dieu et en Notre-Dame; la piété est restée sur elle comme un rayon de soleil sur une ruine. »

# LA FABRIQUE.

Quand les beaux jours arrivent, on ne voit pas sur le bleu du ciel toutes les blanches colombes voler du même côté et venir se poser sur le même arbre du vallon. Non, à elles tout l'espace ; elles peuvent choisir où bâtir leurs nids.

Il en est de même des jeunes personnes quand finissent les jours de leur éducation. Toutes ne sont pas destinées à devenir châtelaines. Sans doute parmi elles il y en a plusieurs qui mèneront cette douce vie de château, cette vie de noblesse et de bienfaisance, d'élégance et de bonnes œuvres. D'autres demeureront dans la cité et trouveront moyen d'édifier leur quartier en recommençant toutes les vertus maternelles. Quand elles passeront dans les rues étroites, quand elles entreront à l'église, elles seront bénies par les pauvres. D'autres jeunes personnes, en quittant la maison paternelle, devenues femmes de négociants et d'hommes industriels, auront pour habitation une de ces fabriques qui enrichissent le pays. Que celles-là ne se plaignent pas de leur destinée; elle est belle encore et peut être féconde en bien; il y a là tout un peuple à régir, et nulle part le pouvoir des bons exemples ne sera aussi grand.

Pour prouver à nos jeunes lectrices ce que j'avance ici, qu'il me soit permis de leur raconter ce que j'ai vu alors que j'explorais un pays fameux pour son industrie et ses usines.

Quand vous êtes dans la prairie et que vous regardez les hauteurs, vous aimez à les voir couronnées par un féodal château avec sa couleur grise, ses découpures gothiques, ses murs crénelés et ses toits aigus.

Et quand vous êtes sur le plateau des collines, vous aimez à plonger vos regards dans la verte vallée. Elle aussi est belle à regarder; et parmi les longues allées de peupliers qui la coupent en sens divers, il y a plaisir à voir la rose des murs de la fabrique et de l'usine, les nombreuses fenêtres dont les vitres resplendissent au soleil pendant le jour et semblent illuminées pendant la nuit... Et puis tous les canaux avec leurs ponts, leurs écluses, leurs chutes d'eau, animent le paysage et charment la vue. Ici la petite rivière, âme de tout ce mouvement, mobile de toute cette industrie, richesse de tout ce peuple d'ouvriers, brille comme de l'argent sous les rayons du jour. Là, elle coule sombre sous le feuillage des arbres qui bordent son cours ; le matin ses ondes sont limpides, et à mesure que le jour avance elles se troublent et se noircissent. C'est comme la vie : quand nous la commençons, elle coule claire pour nous ; mais à notre midi, comme elle se teint en noir de tous nos chagrins et de toutes nos peines ! Heureux si, vers le soir, elle retrouve un peu de sa pureté primitive.

Dans le vallon où l'industrie vient s'asseoir, elle rend le terrain si précieux qu'on en sacrifie peu à l'agrément. Cependant du haut de la colline je voyais, à l'entour de la jolie maison dont je venais visiter les hôtes, un enclos arrangé à l'anglaise et avec un goût exquis ; ce petit parc n'avait pas d'autre clôture que la rivière, et d'où j'étais, on eût dit une longue pièce de gaze argentée jetée à l'entour du domaine. Je voyais aussi les allées, avec leur sable jaune, coupant le gazon de la pelouse, passant et repassant entre des massifs d'arbres et des corbeilles de dahlias.

La maison du fabricant, pour lequel j'avais une lettre de recommandation, n'était séparée du grand corps de la manufacture que par très peu de distance ; une galerie à arcades vitrées, servant de serre et d'orangerie, liait ensemble l'habitation et l'usine ; de l'autre côté, une chapelle bâtie en pierres de taille et en briques élevait son clocher en coupole, surmonté d'une croix de fer doré.

Quand j'arrivai au seuil de cette confortable demeure, à laquelle les murs rosés, les barrières si blanches et les persiennes si vertes donnaient un aspect *tout neuf*, je trouvai quelque chose d'*antique*, quelque chose du bon vieux temps: ce fut l'hospitalité. Une jeune femme, entourée de jolis enfants et assise auprès d'une jardinière toute remplie de fleurs rares, fut la première à me recevoir. Vous avez vu de ces gravures anglaises représentant des intérieurs de famille, de blondes femmes en robes blanches, de petites filles à épaules nues et potelées, à cheveux dorés tombant en grosses boucles, et tout cela assis ou jouant dans un *parloir* bien simple et bien propre.

Ce que je voyais devant moi, c'était cette gravure en action... c'était mieux que cela, car il y avait là une grâce française, une fleur du pays que l'on ne retrouve pas ailleurs. La jeune femme avait dit un mot tout bas à l'oreille d'un des enfants; il était aussitôt sorti en courant, et bientôt il revint donnant la main à un homme d'une soixantaine d'années.

M. M*** est un de ces vieillards auxquels le temps n'a point fait acheter la dignité d'aïeul par les infirmités. Il s'aperçut que j'avais fait une partie du chemin à pied, et, selon le vieil usage, il m'offrit à rafraîchir; j'acceptai... Une jeune servante à haute coiffe, à cheveux séparés sur le front, à beau tablier blanc, apporta, sur un plateau de véritable vieux laque, de l'eau, du vin et *du gros cidre de Montigny*... Encore d'après la vieille coutume de nos pères, M. M*** ne me laissa pas boire seul, et en portant son verre à ses lèvres, il me regarda avec un sourire bienveillant, un sourire comme je me rappelai en avoir vu quelquefois à mon père... Ce regard, ce sourire, c'était *la santé, le toast de la bienvenue*. En Bretagne nos verres auraient trinqué, mais si près de Paris, il fallait bien avoir un peu de respect humain et se montrer homme du jour; aussi nous ne trinquâmes pas. Sans vouloir me faire complimenteur, je vantai la beauté du pays et le bon goût qui avait présidé à l'arrangement de la maison et des jardins.

« Ce n'est pas à moi, me répondit M. M***, qu'il faut en faire compliment; ma belle-fille que voici, et mon fils, qui va bientôt avoir l'honneur de vous voir, sont mes deux architectes paysagistes. Moi, je l'avoue, j'aurais peut-être laissé cette demeure et ses entours tels qu'ils m'étaient venus de mon vieux père; car j'aime les *choses* par les souvenirs qu'elles rappellent. Mes enfants, dans plus d'un endroit, ont respecté cette manie; ma belle-fille n'a pas voulu faire abattre la tonnelle où ma mère aimait à s'asseoir, et mon fils m'a laissé une allée avec des charmilles taillées, parce que je lui avais souvent raconté que là j'avais bien joué avec mes frères... Aussi, ajouta-t-il en passant ses mains dans les cheveux blonds de son petit-fils, j'espère bien que cet enfant-là ne défera pas tout ce qu'aura fait son père. »

L'enfant leva ses yeux bleus et regarda le vieillard, comme pour dire : « Oh! comment pouvez-vous croire que je change jamais rien à ce que je vois ici? »

Il y a vraiment un âge où l'on ne trouve pas un *défaut* à la maison paternelle, où l'on n'y rêve rien de mieux que ce que l'on y voit... Heureux âge!

Avant de me mener voir ses immenses fabriques et

ses vastes usines, M. M*** voulut me faire prendre possession de la chambre qu'il m'avait destinée. Elle était charmante, cette chambre; sa vue donnait sur la partie moins cultivée du pays, et, de la fenêtre, on apercevait, s'élevant au-dessus des taillis qui recouvraient la pente du coteau, les débris d'une ancienne tour.

« Mon fils, me dit M. M***, a voulu vous donner cette chambre à cause de ce vieux pan de muraille; il prétend que vous aimez mieux ces débris-là, avec leurs mousses, leurs ronces et leurs lierres, que de beaux murs bien roses ou bien blancs. Sa femme pourra vous raconter une histoire qui se rattache à cette ruine... Moi, je ne suis pas romantique, et je vous avouerai tout franchement que je trouve cet aspect-là très triste.

— Je le trouve tout-à-fait de mon goût.

— Ma belle-fille me l'avait bien dit, aussi je l'ai laissée maîtresse de vous donner la chambre qu'elle voudrait, et elle a choisi celle-ci.

— Je l'en remercierai.

— En attendant, reposez-vous; prenez possession du modeste gîte que je vous offre de bon cœur, et surtout tâchez de vous y trouver bien pour nous rester le plus longtemps possible. Votre père m'a reçu jadis chez lui à Saint-Domingue... Oh! monsieur, c'était là un beau pays, c'était là que les colons exerçaient une hospitalité de princes!

— Elle ne pouvait pas être plus gracieuse ni plus douce que celle qui m'accueille aujourd'hui!

— Si vous le pensez, tant mieux. » Et le bon

vieillard, en me disant ces derniers mots, me serra cordialement la main et sortit, après toutefois s'être assuré qu'il ne me manquait rien.

Quand je fus seul, j'examinai ma chambre en détail; le lit, les rideaux, le meuble étaient de toile de Jouy, fond blanc, à losanges lilas et verts, avec bouquets de roses et de bluets; un papier pareil tapissait les murs; on ne le distinguait pas d'avec l'étoffe.

A droite et à gauche de la fenêtre, des cordons blancs et verts supportaient de petites bibliothèques anglaises, et sur ces tablettes voici les livres qu'on avait placés : *Paul et Virginie, le Génie du Christianisme, the Lay of the Last Minstrel, Marmion et la Dame du Lac, Child-Harold, Thérèse Aubert, Cinq-Mars, Jacques-le-Chouan, les Méditations, les Harmonies, plus Deuil que Joie, les Feuilles d'Automne et les Orientales.*

« Oh! certes, me dis-je en voyant ce choix de livres, je trouverai dans cette famille quelqu'un avec qui je sympathiserai parfaitement; la personne qui a ainsi composé ma bibliothèque m'a deviné tout entier. »

A droite et à gauche de la cheminée je retrouvai aussi deux gravures coloriées, très communes en Angleterre : *the Lappy retrun* et *the Shipwreck'dsailorboy, l'Heureux retour*, et pour pendant, *le jeune Matelot naufragé.*

Cette dernière gravure surtout a un grand charme pour moi; j'y trouve tout un petit poème. C'est l'heure du soir; les habitants de la chaumière sont à leur porte, ornée de chèvrefeuille; la mère de famille est dans l'intérieur du *cottage*, occupée des apprêts du thé; sur le seuil, une fille de quatorze à quinze ans et un enfant plus jeune; dans le lointain, la mer, et sur les rochers de la côte, un vaisseau brisé, et puis le pauvre petit matelot, avec sa chemise à carreaux bleus, son pantalon de toile grise, encore tout mouillé, la poitrine et les pieds nus, montrant le navire échoué et racontant son naufrage... Que de prière dans son regard! Que de compassion dans ceux de la famille qui l'écoute!

Je sais bien que les connaisseurs hausseront les épaules et riront de me voir aimer semblable *image!..* Mais si je leur demandais de me dire le mérite de bien des choses qu'ils admirent, beaucoup d'entre eux me répondraient : « Nous admirons parce qu'on *nous a dit que c'était beau.* » Moi, ce que j'écoute, c'est mon instinct, et ce qui m'émeut, je l'aime sans l'avis des experts.

J'étais presque déjà de la maison, tant je m'étais habitué à ma chambre, lorsque M. M*** revint me trouver et me présenter son fils, jeune homme d'une trentaine d'années et d'un extérieur agréable; sans avoir perdu le type français, on s'apercevait qu'il avait voyagé et vu l'étranger. Je ne me trompais pas, il avait, pendant plusieurs années, habité New-Yorck et Philadelphie.

Ces deux messieurs m'offrirent, avant le dîner, de visiter la fabrique et ses dépendances; j'acceptai avec grand plaisir. Tout indigne que je suis de comprendre tous les procédés, toutes les merveilles de l'industrie, j'aime à les voir; ce bruit, ce mouvement, ce travail, tout cela c'est de la vie, de la richesse pour celui qui n'a pas un champ à cultiver, un coin de terre à remuer.

En nous rendant à la manufacture, nous passâmes par cette serre dont j'ai parlé, et qui, avec ses fleurs et ses arbustes, me sembla lier heureusement ensemble le travail et le repos, l'usine et l'habitation de famille.

Je ne chercherai pas à peindre ce que tout le monde, dans ce pays, connaît bien mieux que moi. Nous vîmes d'abord le travail de la *batte* et de la *buanderie*. La petite rivière que, du haut de la colline, j'avais vue briller comme de la gaze d'argent, passait maintenant sous le vaste hangar de la teinturerie et en sortait toute troublée et toute noircie... Un poète aurait trouvé là encore un sujet de compassion.

De la buanderie nous montâmes à la *sécherie*, haute tour carrée bâtie de planches et que l'on pourrait aussi appeler la *tour des vents*, car ses parois sont à jour et l'air y circule constamment pour sécher les étoffes. Souvent de longues pièces de calicots déroulées appendent à l'extérieur de ses plus hauts étages, et quand, par un clair de lune, on voit le souffle de la nuit soulever toutes ces blanches banderoles, on dirait comme un immense fantôme agitant, soulevant, abaissant, étendant ses longs bras.

Qui n'est point habitué à visiter ces *sécheries* avec leurs planches à jour, se sent ému en voyant l'immense profondeur qu'il a au-dessous de lui. Plus loin c'est la *teinture en bleu*, la *garancière*, la *cuisine des couleurs* et la *chambre chaude*.

Le jeune M*** m'expliqua tout ce que je visitais, avec une grande clarté; en l'écoutant je me sentais devenir industriel; il me fit voir la presse, le rouleau, le cylindre à calandre... Partout, dans ses vastes ateliers, je rencontrais trois choses que je ne me lassais pas d'admirer : le silence, l'ordre et la propreté; et cependant il y avait là plus de huit cents ouvriers; mais c'est quand les hommes ne font rien qu'ils sont bruyants; le travail est silencieux, l'oisiveté tapageuse.

Notre visite s'étendit aussi au-dehors; nous parcourûmes les vertes prairies qui, à droite et à gauche de la petite rivière, se déployaient en pente sur le flanc des coteaux. Là des rouenneries à carreaux, à fleurs et à colonnes; ailleurs des pièces de calicot blanc étaient tendues sur l'herbe et formaient des tapis, comme pour une fête.

La cloche du dîner sonna et mit un terme à mon exploration industrielle; madame M*** nous attendait au milieu de ses enfants; la coquetterie maternelle les avait encore rendus plus jolis que lorsque je les avais vus à mon arrivée; les petites filles avaient à leurs robes des nœuds de ruban rose relevant leurs manches, découvrant leurs épaules blanches et potelées, et laissant voir toute la grâce de leurs bras d'enfants.

Un Parisien aurait peut-être trouvé la table trop abondamment servie, et un gourmet se serait récrié sur l'excellence des vins ; la plupart (et il y en avait une grande variété) avaient fait de longues traversées, étaient allés aux colonies, et, comme la jeunesse, avaient voyagé pour acquérir, et vieilli pour devenir meilleurs.

L'argenterie avait de ces anciennes formes contournées qui redeviennent à la mode; elle n'était pas nouvelle dans la maison et cependant reluisait comme si elle avait été tenue à l'anglaise. M. M*** n'avait pas seulement rapporté de ses voyages des objets de commerce, mais de chaque pays étranger qu'il avait visité il avait pris un bon usage, une coutume agréable ou utile, pour l'implanter dans sa famille et l'établir dans sa maison.

Ce fut parmi les fleurs de la serre et sous les orangers que nous prîmes le café; la vallée commençait alors à se dorer des rayons du soir, et M. M*** dit à sa belle-fille : « Ma chère enfant, ce matin nous avons fait voir à notre hôte ce qui ne l'intéressait peut-être pas beaucoup; nous lui devons une compensation ; menons-le à la vieille ruine du couvent.

— J'ai eu un plaisir ce matin, j'en aurai deux ce soir, répondis-je ; je verrai des ruines... et je me souviens, monsieur, que vous m'avez fait espérer que madame M*** voudrait bien me raconter une histoire qui se rattache à ces débris.

Pour aller aux ruines nous suivîmes pendant quelque temps des allées en zig-zag tracées sur le flanc un peu escarpé du coteau; arrivés à mi-côte, je remarquai que l'épais du taillis avait disparu ; nous étions parvenus à une clairière dans le bois. Là, au milieu de grands et beaux chênes et d'ifs séculaires, s'élevaient les restes du couvent de la Madelaine; tout le sanctuaire de l'ancienne église subsistait encore, et les trois fenêtres ogives qui s'ouvraient au fond du chœur, dégarnies de vitraux, formaient comme trois grands cadres gothiques dans lesquels on voyait le bleu du ciel et la verdure des arbres.

Nous nous assîmes sur quelques pierres, que le temps ou la main des hommes avait fait tomber de la voûte.

Pendant que nous étions là à aspirer l'air embaumé qui s'élevait des prairies, pendant que nous écoutions à travers la distance le bruit cadencé des marteaux et le bruissement des chutes d'eau qui font mouvoir les roues qui battent l'onde des petites rivières, et qui font tourner les bobines et les fuseaux des métiers, nous vîmes s'avancer sous l'ombrage un vieillard vêtu de noir. Ses beaux cheveux blancs étaient agités par la brise du soir, et sur son front brillait une douce sérénité. C'était le curé du canton ; il s'avança vers nous, et il parla à mes hôtes comme un père parle à ses enfants. A peine était-il assis parmi nous que nous entendîmes la cloche de la fabrique qui annonçait l'arrivée de quelques étrangers. « Ah ! dit le curé, c'est une belle visite qui vous vient ; j'ai vu deux calèches qui descendaient l'allée des peupliers ; elles étaient pleines de monde.

— C'est ma tante et mes cousines, dit la belle-fille de mon hôte ; ces messieurs me le permettront, je vais aller à leur rencontre.

— Nous irons tous avec vous, ma fille, donner la bienvenue à tous les vôtres ; il y a longtemps que nous les attendons. Puis, s'adressant à moi, M. M*** ajouta : « Mon jeune ami, comme je vous laisse avec notre bon curé, je ne vous fais aucune excuse; vous aurez du plaisir à causer tous les deux. Attendez-nous ici, nous reviendrons bientôt. »

Après ces mots, toute la famille s'éloigna, et des ruines où nous étions assis, nous entendions les enfants qui couraient en descendant les allées en zig-zag, et la jeune mère qui leur criait : « Vous tomberez ! pas si vite ! pas si vite !... »

— Monsieur le curé, dis-je au vieux pasteur, vous devez être heureux d'avoir une pareille famille dans votre paroisse?

— Oh ! monsieur, c'est une bénédiction du ciel.

— Ils doivent faire beaucoup de bien, car je les connais depuis longtemps bons et généreux.

— Certes, ils donnent beaucoup, et leur charité est inépuisable, mais il font encore plus de bien par leurs bons exemples ; car voyez-vous, mon jeune monsieur, aujourd'hui il y a , dans le pays, bien des fabricants qui font gagner et qui donnent de l'argent; mais ceux qui font aimer les bonnes mœurs et la religion, en les pratiquant, sont rares. Je connais des maisons où l'on distribue à la fois le pain qui nourrit le corps et les principes qui tuent l'âme. Ici, c'est tout le contraire; la charité s'occupe des besoins de l'âme autant que des besoins matériels; on sait ici que *l'homme ne vit pas seulement de pain*. Les bons exemples sont nécessaires partout, mais spécialement dans un pays comme le nôtre, tout peuplé d'ouvriers dont une grande partie nous arrive des villes avec de mauvais principes. Chez M. M***, on a pensé que le meilleur moyen d'effacer les mauvaises réminiscences des villes était les enseignements religieux et la lecture des bons livres ; aussi la jeune dame, que vous venez de voir, a-t-elle fondé dans la fabrique deux établissements : une bibliothèque et une infirmerie ; je vous les montrerai auprès de la chapelle.

Dans cette chapelle, on dit la messe deux fois par semaine, et les prières du matin et du soir tous les jours. Les petits garçons et les petites filles qui travaillent ici sont ceux qui répondent le mieux au catéchisme du dimanche.

Sur le coteau opposé, et par-delà les peupliers qui bordent la petite rivière, vous pouvez apercevoir la manufacture du premier industriel de la contrée. C'est un homme selon l'esprit du jour, et qui, comme on dit à présent, *marche avec son siècle* ; enfin, c'est un parfait philantrope, et vraiment un homme né bon et bienfaisant, mais qui a d'autres principes que ceux que l'on professe et que l'on suit ici. Dernièrement il s'est passé chez lui une terrible histoire.

« Depuis plusieurs années, il avait un contre-maître qui jouissait de toute sa confiance. Cet homme, il l'avait pris parmi ses ouvriers, et l'avait marié à la fille d'un bon cultivateur. Cette jeune femme, malade depuis quelque temps, ne pouvait plus travailler ; elle passait une grande partie de ses journées à lire ; mais les livres qui se trouvaient à l'infirmerie de l'usine étaient pour la plupart de ces ouvrages qui apprennent à terminer toutes les douleurs, tous les dégoûts, toutes les infortunes par le suicide.

» La pauvre créature, ne nourrissant son esprit que de doctrines qui dessèchent et affaiblissent l'âme, s'était mal préparée au malheur... Et cependant le malheur fondit sur elle comme le vautour sur une colombe que le chasseur a blessée, et qui n'a plus de force pour échapper à l'oiseau de proie. Un matin, elle apprit que son mari, trompant la confiance de son bienfaiteur et de son maître, était parti nuitamment de la fabrique, emportant avec lui des sommes considérables volées à l'établissement.

» La voilà donc abandonnée de l'homme qu'elle avait aimé, et laissée avec deux enfants qui n'auraient de leur père que honte et opprobre! C'en était trop pour elle; son parti fut bientôt pris. Elle se souvint de ce qu'elle avait lu dans tant de livres que lui avait prêtés son maître, et elle résolut de mettre en pratique les théories qu'elle y avait apprises : des doctrines empoisonnées à la mort, il n'y a pas loin! Quand la nuit fut venue, elle monta à la chambre où dormaient ses deux enfants, et la vue de ces deux innocentes créatures (un petit garçon de cinq ans et une petite fille de quatre) ne lui fit pas changer de projet. Tous les deux étaient couchés dans le même lit et tous deux avaient été surpris par le sommeil en s'embrassant; leurs visages frais et colorés étaient rapprochés l'un de l'autre; on eût dit deux roses fleurissant sur la même tige.

— Levez-vous! levez-vous! leur dit-elle en les éveillant; vous aimez, chers petits, à vous promener en bateau; nous allons faire une promenade sur la rivière; il fait clair, la lune est superbe au ciel.

— Oh! tant mieux! tant mieux! crièrent les deux enfants! Et la mère, en leur serrant convulsivement les mains, descendit dans la prairie... Elle avait bien dit; la lune était superbe au ciel, et sa vive lumière faisait briller les eaux de la rivière comme si on avait dû rire ou chanter des barcarolles sur les ondes!

» C'eût été une triste chose à voir que cette mère se hâtant vers la rivière en tenant ses deux enfants par la main, et les deux pauvres petits courant presque, et faisant de grands pas pour aller aussi vite qu'elle; ces enfants et leur mère, seuls dans la solitude de la nuit, marchant dans les hautes herbes embaumées, pendant que le rossignol chantait dans les branches des peupliers. Quand les enfants furent assez près de la rivière pour apercevoir le bateau, ils se mirent à crier de joie et à battre des mains. A cette joie, la mère ne répondit que par ces mots : *Pauvres petites créatures, quel fardeau ce leur serait que le nom de leur père!*

» A présent les voilà dans la petite nacelle; la mère l'a détachée du rivage, et quand ils y sont tous assis, les enfants veulent jouer avec des branches de saule dont ils battent l'eau; mais d'une voix sévère : « Restez tranquilles, dit leur mère, et venez vous mettre tout à côté de moi... » Alors elle les embrassa à plusieurs reprises avec une sorte d'égarement; puis, déroulant un long morceau d'étoffe, elle attacha son fils et sa fille contre elle, de manière à gêner leurs mouvements et les siens. Les enfants ainsi serrés contre son sein, et effayés de son regard, se mirent à crier; et alors le rossignol se tut sur les branches, et le bateau, entraîné par le courant, allait, allait toujours; enfin il arriva à l'endroit de la chute d'eau, à l'endroit où la grande roue de l'usine, avec ses palettes de bois, va tournant et frappant l'eau sans cesse. C'est là le lieu le plus profond, celui que la femme du contre-maître infidèle a choisi. Arrivée là, elle se lève, presse de nouveau avec frénésie ses enfants contre son cœur, les baise et les baise encore, et s'élance avec eux dans les eaux, qui écument et qui bouillónnent sous la grande machine en mouvement... Si les enfants, si la mère ont crié au moment de leur chute, on ne le sait pas, car le bruit de la cascade et celui de la roue, qui frappe, qui enlève et qui déverse l'eau, a dû couvrir toutes les voix!...

» Le lendemain, on ne vit point dans l'usine la femme du contre-maître; on la chercha, on ne la trouva pas; on appela ses enfants, et ils ne répondirent point; mais un ouvrier, passant auprès de la chute d'eau, vit accroché à une des palettes de la roue un morceau d'étoffe; c'était celui avec lequel la pauvre mère s'était liée à ses enfants. Un peu plus loin, aux branches pendantes des saules et parmi les glayeuls des bords, on découvrit des lambeaux de vêtements et de chair! C'était la grande roue qui avait

déchiré, et dispersé tout cela. . . . . . . .
. . . . . . . . . . . . . . . . . . . . . . »

« Justement dans le même temps, et comme pour établir dans l'esprit de tous que si les mauvais principes amènent des malheurs, les bonnes doctrines les éloignent, il arriva à la fabrique de M. M*** un fait que je vais vous raconter.

» Un jour qu'il y avait eu une foire dans le village voisin, vers l'heure du coucher du soleil, des sauteurs et des faiseurs de tours s'arrêtèrent devant la fabrique. Leur tambour de basque et leur grosse caisse furent entendus des ouvriers de l'usine; plusieurs d'entre eux, les plus jeunes et les enfants vinrent à la grande porte pour assister au misérable spectacle qui s'offrait à eux. C'était le moment de la promenade, et la famille M*** sortait pour respirer la douce fraîcheur d'une belle soirée. La jeune dame nouvellement mariée s'arrêta et se mit aussi à regarder les tours d'agilité et les sauts périlleux de cette troupe de Bohémiens. Elle se composait d'un homme d'une quarantaine d'années, à la voix rauque et au regard dur, de deux jeunes garçons et d'une fille de seize à dix-sept ans. Je n'ai pas besoin de vous dépeindre la mise et les costumes de ces malheureux sauteurs; ces pantalons et ces robes blanc sale, et ces vestes rouges clairsemées de paillettes, et ces haillons troués qui veulent briller au soleil. Malgré le dégoût de ce genre de spectacle, madame M*** restait à le regarder; ce qui la retenait, c'était un sentiment de pitié; elle venait de voir le maître de ces pauvres sauteurs frapper rudement la jeune fille de seize ans, parce qu'elle avait manqué un tour, et elle avait entendu cette jeune fille dire en pleurant : « Vous voulez que je recommence; je n'en puis plus, je souffre trop. »

» Madame M***, quand la jeune fille vint avec sa soucoupe de fer-blanc demander quelques sous aux spectateurs, trouva le moyen de lui dire : « L'homme qui vient de vous battre, est-ce votre père?

— Oh! non, madame, Dieu merci; c'est mon maître encore pour six mois.

— Et vous souffrez beaucoup?

— Plus que je ne puis endurer!

— Eh bien! tâchez d'abandonner cet homme et la misérable vie que vous menez; venez me trouver et nous vous soignerons ici. »

» En cet instant le bohémien en chef leva en l'air sa canne de tambour-major pour commander un roulement de caisse; à ce signal les deux petits garçons enlevèrent le mauvais tapis qu'ils avaient étendu sur le chemin, mirent leur tabouret sur leurs épaules, et toute la troupe partit.

» Les ouvriers de la fabrique et tous ceux qui avaient regardé les sauteurs les eurent bientôt oubliés; mais madame M*** pensait toujours à la pauvre fille si jeune et si jolie, qui lui avait dit qu'elle souffrait plus qu'elle ne pouvait endurer...

» Il y avait près de six mois que les Bohémiens avaient fait leurs exercices de souplesse et d'agilité devant la porte de la fabrique. C'était maintenant l'hiver, la neige tombait par flocons; la famille M*** était assise dans le petit salon auprès d'un bon feu.

Un domestique vint avertir qu'une pauvre jeune fille demandait à parler à la jeune dame M***. Elle se leva aussitôt et courut savoir qui la demandait.

» Vous l'avez déjà deviné; c'était la jeune fille des sauteurs, qui avait quitté son maître, et qui, plus malade, venait demander des secours ou l'hospitalité qui lui avait été promise.

» Il serait trop long de vous redire tous les soins que l'on eut à la fabrique de la pauvre malade; pendant quelque temps elle fut mise à l'infirmerie; la jeune madame M***, qui venait chaque jour y visiter sa nouvelle pensionnaire, ne s'occupait pas seulement de ses souffrances physiques, mais aussi des besoins de son âme. La malheureuse enfant savait lire, mais elle n'avait lu que des romans. Enfin des instructions, de bonnes lectures, de bons exemples l'ont sauvée, et le soir, quand nous redescendrons à la fabrique, vous verrez sur le seuil de la chapelle une jeune femme vêtue de noir avec une coiffe avancée, une guimpe blanche et au côté un chapelet à gros grains; à mesure que les enfants entreront dans la chapelle pour la prière du soir, elle les comptera et les appellera par leur nom; car aujourd'hui c'est là son troupeau; la fille du sauteur est devenue sœur des écoles chrétiennes, et la bohémienne est sur le chemin du ciel. »

Après ces mots, le vénérable curé s'arrêta quelques instants, puis il reprit : « Tout ici peut donner des enseignements; car tout y est plein de souvenirs : ces ruines qui nous entourent ont leurs traditions, et les maîtres de ces beaux lieux pourront vous raconter l'histoire de la jeune fille que les habitants du pays ont appelée la sainte. Elle repose là, au pied de cette croix de granit, tout enlacée de chèvrefeuille. Une autre fois vous l'entendrez. »

# LA FILLE DU PEINTRE.

*Ennuyeux comme la pluie*, voilà ce qui se dit, ce qui se répète depuis longtemps, voilà ce qui est devenu proverbe et ce que je ne veux pas contester, jusqu'à un certain point. Certes, depuis près de trois mois que je suis sorti de Paris pour avoir de l'air et du soleil, j'ai eu beaucoup de vent, beaucoup d'averses, et bien peu de chauds rayons; mais, pour cela, rendrai-je mon esprit aussi sombre que le temps? non; tout en désirant un ciel bleu, je ne me désolerai point sous le ciel gris. Il est bien doux, je le sais, de humer un air tiède et pur sous un ciel sans nuages; de s'asseoir au milieu des fleurs, et de laisser la brise caresser notre font, quand elle s'est imprégnée du parfum des roses; mais croyez que le *vilain temps* a aussi son *beau côté*. Aujourd'hui, par exemple, il est impossible de sortir de sa chambre, la pluie tombe à torrents, le tonnerre ne se repose pas et fait une basse continue aux gémissements des arbres que l'ouragan tourmente. Eh bien! ne pouvant me promener, j'ai roulé ma table de travail tout près de la fenêtre, et de là je regarde... Pauvres blancs de Hollande! pauvres épicéas! pauvres tilleuls! et vous mes jolis sureaux à graines rouges! comme le vent vous agite, vous courbe, vous plie et vous torture! comme vous gémissez sous son haleine! comme vous vous débattez avec cet ennemi invisible! Au-dessus de vos cimes si vertes, au-dessus des toits ruisselants de pluie, je vois courir rapidement les nuées humides et grisâtres; mais elles ont beau se déchirer et se laisser emporter par la tempête, à l'endroit où elles étaient, c'est encore gris et triste, la journée est enveloppée de tant de couches sombres et blafardes, que l'on dirait qu'il n'y a plus d'azur au ciel.

Tout ceci n'est pas gai, mais on le regarde; un éclair ne ressemble jamais à un éclair, et l'on reste devant un orage comme devant la mer! Quand l'Océan dort, quand sa surface rayonne sous le soleil comme une nappe de drap d'argent, Gudin ne se lèvera pas pour aller voir; des mers tranquilles, il en a par-dessus la tête! Mais si un rayon du grand astre vient à se glisser entre deux nuages noirs et à tomber sur les vagues moutonnantes, bien vite vous verrez le grand artiste courir pour saisir *l'effet de lumière*. Moi, je suis venu derrière mes vitres étudier la tourmente; je vous assure qu'elle a ses beautés.

Pendant que je regardais, ma porte s'ouvrit.

— Quel temps! quel temps! dit une voix. Je retournai la tête et je vis un de mes amis arrivant de Rouen. Il vaut mieux écouter la voix d'un ami que celle d'un ouragan: aussi quittant la fenêtre, je me mis à causer avec le voyageur, de tous ceux qui avaient bien voulu m'aimer un peu pendant mon long séjour dans la ville de Rollon; en parlant des artistes que j'y avais connus, je vins à prononcer le nom de *Hyacinthe Langlois*, le peintre antiquaire, le savant si naïf et si bon enfant!

— Il est mort, me dit-il, et vous le regretterez comme moi, car il a été un des premiers, un des plus ardents à tirer Rouen, la patrie de Corneille, de son apathie pour les arts; sa perte est vivement sentie, et dans la *ville des rouenneries et des calicots*, il y a eu foule à ses funérailles! Après l'enterrement, où j'avais pu me convaincre de toute la misère du cercueil, j'allai chez une de ses constantes amies, madame Warnery; là, nous parlâmes du mort, et j'appris d'elle une histoire qui prouve combien ce pauvre Langlois était bon!

— Répétez-moi cette histoire, dis-je à mon ami, j'aime à prolonger la mémoire de ceux qui ne sont plus, et qui pendant leur pélerinage ont fait le bien. Parlons, parlons des morts; dans notre pays oublieux et léger on en perd si vite le souvenir!

— Je dois vous avouer tout d'abord, que dans

l'histoire que vous me demandez vous ne trouverez point de cette *horreur* que l'on aime aujourd'hui. Vous pleurerez peut-être, comme j'ai pleuré en écoutant madame Warnery, mais vous ne frémirez pas.

— Dites donc, dites donc; une histoire triste ira à merveille avec un temps sombre.

— Un pauvre peintre, dont le talent était toute la fortune, et dont une fille unique était toute la joie, en était venu à sa dernière semaine. Le travail, plus que l'âge, avait usé sa vie; car il avait soixante-dix ans, et cependant, il n'y avait plus d'espoir, hors pour sa pauvre fille qui espérait encore, car jeunesse et amour veulent toujours espérer. Au début de la vie, l'espérance a de si profondes racines dans nos cœurs! ce n'est qu'avec les années, et les déceptions qu'elles amènent, que cette belle fleur se déracine de nos âmes; Sophie n'en était pas là.

— Tu es fatiguée, mon enfant, dit le vieillard étendu sur son lit... viens m'embrasser.

— Oh! oui, cher père... vous embrasser, ça me repose toujours. Et la jeune fille quitta son chevalet et alla embrasser son vieux père, qui la retint quelques instants pressée sur sa poitrine haletante et oppressée; c'était triste et touchant à voir que ce joli visage avec des joues si roses, penché sur le front pâle et ridé du malade; on eût dit un ange consolant la douleur.

— Pauvre Sophie! qu'il est désolant de te laisser seule!...

— Mon père, ne parlez pas ainsi; mon père, chassez cette pensée!

— Chère enfant, je me sens bien faible.

— Et moi je me sens bien forte pour vous soigner.

— J'use tes forces.

— Dieu m'en donne chaque jour de nouvelles.

— Tu aimes bien Dieu ?

— Mon père, c'est vous qui m'avez appris à l'aimer en me montrant la beauté de ses œuvres.... Il sait bien que j'ai besoin de vous ; j'ai confiance en lui.

— Et moi aussi, mon enfant; et cette confiance me donne de la force ; je sais qu'il est bon et miséricordieux ! En prononçant ces paroles, le vieillard détacha son regard du visage de sa fille bien-aimée et l'éleva vers le ciel.

Sophie avait la confiance que Dieu lui garderait son père, c'était là une pensée de la terre.

Le père avait la confiance que Dieu lui pardonnerait ses fautes, c'était une pensée du ciel.

— Approche-moi ton ouvrage, ma Sophie ; il me semble bien avancé.

— J'y travaille de bon cœur; notre ami, M. Langlois, m'a assuré que je pourrais le vendre à une personne qui nous porte intérêt, à l'excellent abbé Gaussier. Si je vends ce petit tableau, je sais bien ce que je ferai de mon argent.

— Je le sais bien aussi.

— Qui vous l'a dit ?

— Mon cœur et le tien... Je sais que tu n'as plus qu'une pensée.

— Laquelle ?

— Ton vieux père !... et je sais que tu as envie de louer ce jardin de Saint-Aignan où nous sommes allés ensemble..... tu crois que j'y respirerai un meilleur air.

— Comme vous me devinez !

— Comme tu te trahis par chaque mot, par chaque action de la journée !

— Eh bien ! oui, mon père, vous savez tout, vous avez tout deviné, vous connaissez maintenant le plus vif de mes désirs... c'est que vous soyez bientôt assez fort pour que nous vous conduisions là... Voilà les lilas qui commencent à bourgeonner, les jacinthes, les primevères et les petites clochettes orangées du safran, percent la terre délivrée de la neige... De ces hauteurs nous aurons des vues ravissantes à dessiner, à peindre ; j'irai m'asseoir près de vous, et je travaillerai près de vous, pendant que vous respirerez l'air si caressant, si salutaire du printemps.

— Du printemps ! répéta le vieillard en secouant tristement la tête ; les changements de saison sont souvent funestes.

— Oh ! voilà encore vos sombres pensées !

— Tu as raison, bonne Sophie, j'ai tort de ne pas espérer... allons, je veux espérer comme toi... oui, nous irons ensemble à ton jardin... Mais voyons ton tableau, approche-le de moi ; un peu plus à droite ; mets-le dans son jour... Bien, très bien, c'est à merveille ; il semble encore échauffé, brûlé des feux de l'orage... mais quel triste sujet tu as choisi, mon enfant !... dans une imagination de dix-neuf ans, tout devrait être riant, et ton ouvrage est tout imprégné de mélancolie... qui t'a fait arrêter ta pensée sur tant de tristesse ? un vieillard comme moi aurait pu faire ce tableau... mais toi, jeune fille.. il faut donc que tu aies du chagrin au fond du cœur...

— Mon père je n'ai de chagrin que lorsque je vous vois souffrir et ne pas espérer... Si j'ai pris pour sujet de mon tableau le dernier signe de croix de cette jeune paysanne, c'est que, l'autre soir, madame Warnery nous raconta d'une manière si vraie, si animée, la mort de Geneviève, que j'ai voulu fixer son récit sur la toile. L'orage était affreux, nous disait-elle; autour de la cabane, tous les arbres pliaient et gémissaient tourmentés par le vent. La voix de l'ouragan se mêlait aux fracas du tonnerre, et les éclairs déchiraient à chaque instant l'épais voile noir que la tempête avait tendu sur le ciel. La vieille grand'mère de Geneviève, étendue sur le lit d'où elle ne devait plus se relever, souffrait plus que de coutume et se plaignait davantage. Oppressée, toute ruisselante de sueur, souvent elle appelait sa petite fille et lui disait : Va donc, ma Geneviève, va donc voir à notre porte si les nuages se coupent, et s'il y a un éclairci quelque part... je souffrirai moins quand l'orage sera passé.

Alors la jeune fille quittait son ouvrage, allait sur le seuil, regardait le ciel, revenait dire à la vieille moribonde que les nuages étaient toujours bien noirs, puis se rasseyait sur la chaise de paille, auprès du lit de sa grand'mère et se remettait à travailler.

Alors dans la cabane on ne parlait plus; Geneviève cousait en silence, et la malade, déjà pâle et jaune comme une morte, disait son chapelet, dont les grains bénits passaient lentement dans ses doigts décharnés.

Tout à coup, un éclat de tonnerre plus fort que tous ceux qui l'avaient précédé, ébranla la chaumière; on eût dit un tremblement de terre. La moribonde, tirée par ce choc de son sommeil d'agonie, se mit subitement sur son séant et cria d'une voix forte encore: *Va voir! va voir!...*

La violence de l'ouragan avait ouvert la porte; Geneviève alla se placer sur le seuil, et de là, debout, appuyée contre le mur, elle regardait, les mains jointes sur son tablier. La tourmente continuait toujours, les torrents de pluie ne cessaient pas. Geneviève allait revenir à sa place; mais un éclair déchira la nue; la jeune fille, à cet instant, fit le signe de la croix... ce fut son dernier; cet éclair qu'elle venait de voir avait été la foudre qui l'avait frappée... Morte, elle n'était point tombée, elle demeurait immobile, appuyée contre le mur, et sa main, qui venait de finir le signe de croix, posait sur son cœur.

— Geneviève! Geneviève! criait la vieille malade; mais sa petite-fille, avec ses dix-sept ans, était rendue au ciel avant elle.

Alors l'aïeule sortit toute chancelante de son lit, et alla à Geneviève; mais quand elle la toucha, quand elle voulut la faire rentrer, tout ce qui restait de son enfant, tout ce qui ressemblait encore à la vie, toute cette gracieuse forme de jeune fille tomba en poussière!

— Voilà, ajouta Sophie, ce que j'ai voulu peindre;

c'est le moment où le feu du ciel a atteint Geneviève ; elle reste immobile avec toute sa beauté, morte, debout sur le seuil de la chaumière, pendant que tout plie, tout gémit, tout est tourmenté autour d'elle.

— Et tu as bien réussi, chère enfant, lui dit le vieux peintre ; ta toile rend à merveille le récit de madame Warnery. La lumière qui tombe sur Geneviève, malgré son ton brillant, a quelque chose de sinistre. La villageoise est belle encore, la foudre ne l'a pas défigurée, et cependant on devine que cette beauté n'appartient plus à la terre, et que la jeune fille ne sera plus la joie de la pauvre cabane... Et puis, continua l'artiste, j'aime la pensée que tu as eue de faire croître ce beau lis dans le petit jardin de la chaumière et de le placer tout près du seuil ; lui aussi a été frappé de la foudre, il est tombé avec tout son parfum, comme Geneviève avec toute sa foi, sa piété et son innocence.

— Mon père, vous approuvez, vous louez mon ouvrage ; vous serez donc bien heureux le jour où il sera reçu au salon ?

— Quand s'ouvre-t-il ?

— Dans un mois.

— Dans un mois, chère enfant, je ne serai plus de ce monde.

— Mon père, vous m'aviez promis de ne plus avoir de si tristes pensées, de ne plus m'affliger par de semblables paroles. Vous m'aviez dit que vous vouliez vous attacher à la vie par l'espérance.

— Ma chère Sophie, tu veux que je me rattache à la terre ; mais les liens sont brisés, il ne m'en reste plus qu'un, c'est l'amour que j'ai pour toi.

— Mon père! mon père! prions Dieu pour qu'il vous rende l'espoir...

Disant ces mots, Sophie tomba à genoux, cacha son visage sur le lit, et pria avec toute la ferveur de la piété filiale. Pendant la prière de sa fille, le malade avait posé sa main sur la tête de son enfant chérie, et disait à Dieu : « Seigneur, père de l'orphelin, quand vous m'aurez appelé à vous, veillez sur elle. »

Ainsi, vous le voyez, le vieux peintre avait beau faire, les idées de mort lui revenaient toujours... Ah! c'est qu'en effet il était bien près de son cercueil... Car trois jours après ce que je viens de vous raconter... la malheureuse Sophie était seule... seule dans cet appartement, où elle voyait encore tout ce qui avait appartenu à son père.

Les murs de la chambre étaient presque entièrement tapissés de ses ouvrages ; le chevalet sur lequel il travaillait était encore là, debout, près de la fenêtre.

La pauvre jeune fille avait vu avec reconnaissance les amis de l'artiste suivre son modeste convoi. Ç'avait été comme une consolation pour son cœur navré ; car nous aimons tout de suite ceux qui pleurent l'objet que nous regrettons... Oh! je le sais bien, il y a des douleurs si profondes que rien ne peut les consoler, des plaies si saignantes que rien ne peut les cicatriser. Mais je sais aussi, par expérience, que sur ces plaies, sur ces douleurs, il peut être répandu un baume qui en tempère l'amertume : ce sont les hommages vrais rendus à l'être que nous pleurons.

Souvenez-vous de ces tristes journées, où l'on suit un enterrement, où l'on va à la maison mortuaire, à l'église, au cimetière... Eh bien ! quand, après avoir rempli ces devoirs, vous revenez à la demeure où la mort vient de faire une chambre vide, quand vous vous retrouvez auprès de ceux qu'une grande peine a frappés, si vous leur avez fait un peu de bien, si un instant vous avez rendu leurs larmes moins amères, ç'a été quand vous leur avez dit que l'église était bien pleine et le cortége du cercueil bien long, bien nombreux, et que la tristesse se voyait sur tous les visages.

Lorsque la mort, comme un oiseau de proie, s'est abattue sur une famille, lorsqu'une fille vient de perdre son père, il devrait y avoir comme une trève du malheur; et d'autres chagrins ne devraient pas tomber sur un cœur déjà brisé.... Ainsi nous raisonnons, nous autres, mais Dieu a d'autres voies... Sophie avait vu languir son vieux père, elle avait bien connu de lui sa souffrance, mais elle avait ignoré que la misère se serait mêlée à la maladie, si des mains amies n'avaient été là, assez habiles pour lui en cacher même les apparences.

Le pauvre artiste avait bien des fois osé parler à sa fille de la mort qu'il sentait venir ; plus d'une fois, il lui avait dit : Je sens ma fin approcher..., mais jamais il n'avait eu le courage de lui dire que la mort n'était pas seule à la porte, et que la misère y était avec elle. Tout être qui a un peu avancé dans la vie, sait qu'un malheur vient rarement seul.

En effet, il n'y avait pas un mois que Sophie avait planté une croix de bois noir sur la fosse de son père, que des hommes de loi vinrent lui apprendre toute l'horreur de sa position. Celui dont elle honorait la mémoire était mort insolvable !

Tous ces meubles, tous ces tableaux qui lui étaient chers, tout cela allait être vendu ; les huissiers, comme des oiseaux lugubres qui viennent où il y a des morts, s'étaient présentés plusieurs fois.... En vain, la pauvre enfant leur répétait : Je paierai tout ce que devait mon père, personne ne perdra, personne n'aura le droit de dire que mon père lui a fait le moindre tort... les huissiers haussaient les épaules, dressaient leur inventaire, et prenaient jour pour la vente.

L'excès du malheur donna de l'assurance à la jeune orpheline, elle réunit les créanciers les plus difficiles et leur dit : « Au nom de Dieu, ne vendez pas le peu qui m'est resté de celui que je pleure, pas un de vous ne perdra le montant de sa créance, je paierai tout.

— Avec quoi ? dirent quelques-uns qui connaissaient sa détresse.

— Avec le produit de mon travail.

— Que ferez-vous ?

— Je travaillerai jour et nuit ; je donnerai des leçons.

— Vous êtes trop jeune.

— Je n'en aurai que plus de courage.

— Vous êtes trop faible.

— La fille qui travaille pour honorer la mémoire de son père est forte.

— Eh bien! direut entre eux quelques créanciers, lui accorderons-nous du temps?

— Oui, oui, répondirent plusieurs des fournisseurs du pauvre peintre.

— Soyez bénis! soyez bénis, s'écria alors Sophie... Oh! comme je vais travailler! vous serez tous payés... Oh! je me sens forte, bien forte! » Et dès qu'elle fut seule, avec cette légèreté qu'on a toujours quand on porte une bonne nouvelle, elle courut chez madame Warnery et chez M. Langlois, et sous ses habits de deuil et sous son long voile noir, toute rose de son émotion et tout agitée de la rapidité de sa course, elle leur raconta ce qu'elle venait d'obtenir. Elle dit à M. Langlois qu'elle avait compté sur lui pour la mettre à même de donner des leçons. « J'étudierai la nuit et j'enseignerai le jour, répétait-elle avec enthousiasme, et je parviendrai ainsi à payer les dettes de mon père. »

Touché jusqu'aux larmes de la généreuse résolution de la jeune artiste, Hyacinthe Langlois donna, dès ce premier jour, une longue leçon à Sophie. Parmi tous ses élèves, il n'y en avait pas un qui l'intéressât autant que la fille de son ancien confrère; il lui prodiguait tous ses soins, lui révélait les secrets de l'art, et guidait ses pinceaux avec un sentiment presque paternel; aussi les progrès de Sophie étaient-ils rapides. D'autres amateurs éclairés, anciens amis du père de l'orpheline, l'aidaient aussi de leurs conseils, et déjà elle avait un bon nombre d'écoliers, et déjà elle rêvait le but de tous ses désirs, de tous ses travaux, de toutes ses veilles, l'acquittement des dettes de son père.

Pauvre enfant! son âme avait plus de force que son corps; elle seule ne s'apercevait pas que tant de travail usait sa frêle existence; ses joues conservaient bien la fraîcheur de la jeunesse et de la santé, mais à l'œil observateur, ces couleurs vives étaient celles d'une poitrinaire; les veilles, les larmes avaient échauffé son sang; l'agitation, que donne toujours une noble résolution, avait fini par devenir une petite fièvre continue qui la minait sans qu'elle souffrît assez pour s'en apercevoir.

Mais si elle s'aveuglait sur son état, l'amitié était plus clairvoyante et s'alarmait pour elle. Un de ces êtres que Dieu a placés sur la terre bien plus pour les autres que pour eux-mêmes, une femme aussi bonne qu'aimable, madame Warnery, que j'ai déjà nommée et qui se console de beaucoup de malheurs par beaucoup de bienfaisance, lui dit un jour :

— Mon enfant, vous souffrez?

— Moi, souffrir! oh! je n'ai pas le temps d'y penser.

— Il faut que vous veniez vous reposer chez moi, à la campagne.

— Et mes écoliers?

— Et votre santé?

— Et les dettes de mon père?

— Vous vous tuez...

— Ce qui me tuerait, ce serait de laisser peser un reproche sur sa mémoire...

Ces propos, cette insistance, d'un côté, pour la faire partir pour la campagne, de l'autre, pour rester au travail, revenaient souvent; mais Sophie finissait toujours par l'emporter. Une jeune fille de dix-neuf ans est bien forte quand une sainte pensée l'anime; c'est un roseau qui vaut un chêne; mais il y a aussi quelque chose de fort, d'irrésistible que rien n'arrête, que rien ne peut vaincre; c'est le vent de la mort quand il vient à souffler. Sophie en avait été frappée, et cette fleur, naguère si fraîche et si jolie, penchait chaque jour davantage vers la terre.

MM. Langlois et Deville vinrent la trouver et lui dirent : « Il faut que vous acceptiez l'offre qui vous est faite, il faut que vous alliez prendre le lait à la campagne. »

Et elle répéta : — Et mes écoliers?

— Il faut les quitter pendant quelques semaines.

— Et les dettes de mon père?

— Elles seront toutes payées.

— Oui, si vous étiez riches, mais vous ne l'êtes pas.

— Nous continuerons vos écoliers.

— Vous vous moquez de moi.

— Non; entre nous deux nous allons nous les partager, et nous vous en répondrons; le but de votre piété filiale sera atteint. » La jeune fille se leva, voulut parler; mais elle ne put que tendre à de tels amis ses jolies mains blanches et pâles, et fondit en larmes! Quelles paroles aurait-elle pu trouver pour les remercier?

Comme livrée à une autre mère, Sophie partit pour la campagne; et là, sous de beaux ombrages, elle répétait souvent à sa bienfaitrice : « Combien on a tort de dire du mal du monde, de dire que l'amitié et la bonté y sont rares! voyez comme je suis entourée d'amis!.. »

Oh! que ceux qui contribuent à adoucir les derniers jours des mourants soient récompensés; parmi les bonnes œuvres, il n'y en a pas d'aussi sainte que celle-là! Sans crainte de ne pas voir se réaliser l'objet de tous ses vœux, la pauvre Sophie rêvant de bonheur, déclinait de plus en plus; comme le limpide ruisseau qui coule sans savoir où il va, la jeune fille avançait vers la tombe sans s'en douter.

Les fleurs du printemps sortaient de terre alors que le père de Sophie y avait été déposé; et quand l'automne qui suivit ce printemps vint joncher de ses premières feuilles les tombes des cimetières, on vit creuser une fosse nouvelle auprès de celle du peintre... C'était celle de sa fille!

Paix à l'âme de la jeune fille, bonheur à ceux qui ont généreusement adouci ses derniers instants!

## LES MAIS.

Il y a eu de grands, de puissants monarques, des hommes forts par leur énergie et la persistance de leur volonté, qui ont voulu établir et fonder dans les pays soumis à leur sceptre ou à leur épée, des usages, des coutumes pour subsister après eux, pour durer à perpétuité, et qui n'ont pu y réussir; ils ont eu beau faire enregistrer leurs lois dans les annales de leurs tribunaux, et faire graver leurs ordonnances sur le granit, le marbre ou le bronze, le temps, dans sa marche incessante, n'a tenu compte de leurs volontés, et de son rude et infatigable pied a tout effacé; et aujourd'hui, des ordonnances et des lois de ces puissants monarques, il ne reste plus rien, pas même le souvenir de ce qu'ils avaient voulu établir à jamais! à toujours! à perpétuité!

Perpétuité! Ce mot fait rire quand il tombe de la bouche de l'homme destiné à vivre si peu de jours!

Tandis que ces volontés royales se perdent et s'effacent, il y a des usages que l'on n'avait point songé à rendre durables et à faire traverser les âges, qui, en dépit des changements qu'amènent les siècles, ont résisté à tout et subsistent encore. On avait décrété que le chêne ne serait point abattu, il est tombé; on n'avait point pensé au roseau, et il se balance encore verdoyant et fleuri sur les bords des ondes.

Jeunes gens qui habitez les champs, quand le mois de mai, que les Natchez appellent la *lune des fleurs*, revient embellir les jardins de la maison paternelle, vous vous réjouissez, car ce riant mois de l'année est en rapport avec votre âge, et les lilas, les cytises et les boules de neige dont il pare la nature, ont l'air d'avoir fleuri pour vous. A cette époque joyeuse, vous voyez planter des mais dans les villages, sur la place en face de l'église, devant la maison du maire et devant celle de la dernière mariée. Pour ces mais fleuris, les jeunes hommes de la contrée sont allés dans la forêt voisine choisir un bel arbre bien droit... Pauvre arbre! il croissait au milieu des chênes, des ormeaux et des frênes! des violettes sauvages et des primevères émaillaient l'herbe qui formait comme un moelleux tapis à son pied... Là, il devait grandir, vieillir et donner un épais ombrage, et voilà que la grâce de son port l'a fait remarquer... Aussitôt la hache le frappe, il se balance, chancelle et tombe; une fois couché à terre, ses branches, ses rameaux verdoyants sont coupés, et les jeunes paysans l'emportent joyeusement aux environs du hameau; de toute sa verte parure ils n'ont laissé que le bouquet de feuillage de sa cime; et là où commençait le chevelu des racines, la hache a affilé le tronc pour l'enfoncer dans le sol. Du bouquet de feuilles partent des rubans de toutes les couleurs, qui retiennent suspendue autour du mai une couronne de lierre entremêlée de fleurs; autour du tronc et sur l'écorce lisse et luisante, une guirlande pareille monte et tourne en spirale. Tous ces apprêts sont faits le 30 avril au soir, à cette heure mystérieuse qui n'est plus le jour et pas encore la nuit. Puis, quand les ombres sont devenues épaisses, quand l'on suppose que le sommeil est descendu sur tous les habitants du village, sans bruit, les planteurs de l'arbre fleuri arrivent et achèvent silencieusement leur œuvre; les réjouissances, les chansons et les nombreuses rasades sont remises au lendemain, premier jour de mai.

Cette plantation des mais est un usage presque général en France; autrefois on en faisait un hommage, une marque de respect et une galanterie; cet honneur était rendu aux gouverneurs des villes, aux évêques, aux magistrats; quelquefois on attachait à ces arbres de courte vie les armoiries de ceux en honneur de qui on les élevait. On en plantait aussi sous les fenêtres des dames, on les ornait de leur chiffre et de leurs couleurs, on y suspendait des banderoles chargées de vers, de chansons et de madrigaux. C'était un hommage dont un sourire était le prix.

Aujourd'hui, quand vous voyagez, et que le premier matin de mai, vous traversez un village aux rayons du soleil, qui se lève radieux et qui fait briller la rosée sur la jeune et tendre verdure des arbres, votre voiture passe sous des guirlandes tendues à travers la rue, et d'une maison à l'autre; à ces liens de fleurs, au milieu du chemin, append une couronne, pour laquelle la boule de neige, l'ébénier et l'arbre de Judée ont fourni leurs bouquets. La brise matinale agite et fait flotter les longs rubans que les femmes ont attachés à ces couronnes de mai.

Quand les glaces de l'hiver sont fondues, quand la terre est délivrée de son blanc suaire de frimas, les hommes se sentent si heureux qu'ils *s'énamourent* des fleurs, et qu'ils en mettent partout; ils en placent sur l'autel du sanctuaire, ils en parent les rues, ils en ornent leurs demeures. Dans le splendide salon du riche, dans la chaumière du laboureur, on retrouve cet amour des premières fleurs de la saison nouvelle. L'un a, pour les recevoir et les conserver, d'élégantes jardinières en bois d'ébène ou en palissandre; l'autre, de simples pots de grès. Les jardinières sont placées près des croisées ou devant les glaces du salon; à la ferme, le vase rustique, rempli de bouquets odorants, est mis au-dessous de l'image de Notre-Dame-de-Bon-Secours et du crucifix héréditaire devant lequel, de père en fils, la famille prie depuis longtemps.

A Paris, tous les ans, les clercs de la bazoche plantaient aussi solennellement leur mai dans la cour du

Palais-de-Justice. Singulière et bizarre idée que ce mai planté en l'honneur de la chicane, que ce rapprochement de guirlandes et de couronnes de fleurs et d'étudiants des lois!

L'origine de la bazoche remonte très haut dans notre histoire, et ses membres indociles et remuants donnaient souvent des inquiétudes au pouvoir, aussi le pouvoir ne manquait pas d'égards envers eux. François Ier leur avait accordé le droit de faire couper dans ses forêts tels arbres qu'ils choisiraient pour la cérémonie du mai, qu'ils plantaient annuellement au bas du grand escalier. En conséquence de ce droit, les clercs allaient tous les ans, couper dans la forêt de Bondy trois chênes, dont l'un devait servir au mai, et les deux autres être vendus au profit de la bazoche. Cette corporation avait ses armoiries particulières : sur un fond d'azur, trois écritoires d'or, et, au lieu de la couronne, un casque au-dessus de l'écusson. Ce casque, les bazochiens l'avaient mérité, sous Henri II, quand, à son appel, six mille bazochiens s'armèrent et partirent pour aller soumettre la Guienne révoltée.

Ne vous étonnez pas, jeunes lecteurs, qu'à propos des riantes idées et des poétiques usages que ramène le mois de mai, je vous aie parlé de clercs, de chicane et de bazoche. Il entre dans mes habitudes de chroniqueur de mêler les souvenirs du passé aux choses du présent, le grave au doux, le plaisant au sévère. Avant d'en finir avec les mais, je veux vous raconter ce que j'ai vu, il y a quelques années, dans un village de Normandie.

Ce village était situé sur le bord de la Seine, et le

petit castel où j'étais allé passer quelques jours n'était qu'à deux portées de fusil de l'église ; les prairies les plus vertes, les plus émaillées de fleurs, s'étendaient comme un riche tapis entre le fleuve et l'habitation où j'étais venu m'inspirer, chez de bons amis, du retour du printemps. Des bouquets d'aulnes, de peupliers suisses et de saules, formaient des bouquets et des massifs sur la pelouse qui, à partir de la maison, s'inclinait par une gracieuse pente vers les ondes.

Là nous menions une bonne et douce vie, et la jeune fille de mes hôtes, belle enfant de quinze ans, repandait par sa naïve joie un grand charme sur nos journées. Jamais jeune personne n'avait réuni en elle plus de douceur, plus de tendresse, plus de poésie que Mina. Ces dons du ciel se voyaient dans ses grands yeux bleus, et quand, avec sa robe blanche et ses beaux cheveux blonds, elle jouait dans la prairie avec Anatole, son frère, enfant de neuf ans, on aurait cru voir un archange auprès d'un chérubin.

Trois jours avant le 1er mai, nous fîmes un pélerinage à Notre-Dame-des-Andelys, et, après avoir prié à l'église et déjeuné dans cette vieille petite ville, nous gravîmes la rude et dure pente du coteau couronné par les ruines de Château-Gaillard... Une quinzaine de personnes s'étaient jointes à nous pour cette partie de plaisir. Dans ce monde, Mina avait trouvé de gaies et folâtres compagnes, et les imposants débris, le préau, les souterrains de l'antique forteresse étaient tout animés par cet essaim de jeunes filles et de jeunes garçons. Le dîner eut lieu sur l'herbe rase que les siècles avaient fait pousser parmi ces ruines historiques ; et si les âmes des chevaliers qui avaient jadis habité Château-Gaillard avaient encore erré autour de ses murailles écroulées, elles auraient pu écouter ce que nous disions, car nous regrettions les temps héroïques, jours de loyauté, de prud'hommie, de foi et de prouesses.

Cependant, du côté du couchant, les nuages étaient teints de pourpre et d'or, et les eaux du fleuve, qui toute la journée avaient reflété l'azur du ciel, coulaient maintenant rosées au-dessous de nous. Un poète a comparé les ondes aux courtisans qui façonnent leur maintien d'après celui du maître ; s'il est soucieux, ils se font graves ; s'il a un sourire sur les lèvres, ils n'ont plus que des regards joyeux. Il en est de même du miroir des eaux ; il est éclatant de lumière sous un beau ciel, il est sombre et triste sous des nuages gris.

Vers la fin de cette joyeuse journée, j'avais entendu plusieurs fois les mères répéter à leurs filles : « Ne courez plus autant, ne vous échauffez plus de la sorte ; la soirée commence à fraîchir. Voyez ces *ravenelles* (1) qui ont poussé entre les pierres des ruines ; voyez comme elles s'agitent et se balancent maintenant : c'est la brise du soir qui se lève ; elle sera froide quand nous traverserons la rivière pour retourner chez nous ; prenez vos manteaux, croisez vos châles ; vous avez assez joué aujourd'hui. »

Les mères qui parlaient ainsi avaient raison. Quand

(1) Giroflées jaunes.

nous eûmes descendu le coteau et quand nous fûmes assis dans le bac, nous ressentîmes du froid. La mère de Mina eut beau croiser le *burnous* de laine blanche sur la poitrine de sa fille et ramener le capuchon sur sa tête, la jeune fille prit un refroidissement, et le lendemain matin elle avait la fièvre... Elle ne se leva point pour déjeuner avec nous, elle ne descendit point au salon... Vers midi, de fraîches et jolies paysannes arrivèrent au château avec toute une moisson de fleurs : elles les apportaient à mademoiselle Mina, pour faire avec elle, et sous sa direction, les guirlandes et les couronnes du mai qui devait être planté devant l'église. D'abord madame de Maineville dit aux villageoises que sa fille était malade, et qu'elle ne pourrait pas les aider cette année... Mais les jeunes filles insistèrent et promirent de ne faire aucun bruit autour du lit de mademoiselle Mina. A cet instant, Anatole, arrivant de chez sa sœur, vint de sa part supplier sa mère de laisser arriver jusqu'à elle les fleurs et celles qui les apportaient. Malgré, et peut-être à cause de leur excessive tendresse, les mères cèdent souvent à tort : madame de Maineville eut cette faiblesse. Les jeunes paysannes, leurs fleurs, leurs bouquets entourèrent bientôt le lit de Mina, qui se mit avec cœur à l'ouvrage. Elle montra comment il fallait entortiller la guirlande autour du pied du mai, et la faire monter depuis le bas jusqu'à la cime; puis elle donna tous ses beaux rubans pour faire des nœuds flottants à la couronne, dont elle tressa une partie avec les filles du village... Bientôt l'odeur des fleurs et l'agitation qu'elle se donnait lui firent mal, et elle dit aux jeunes filles : « Aujourd'hui je suis une mauvaise ouvrière : demain je serai guérie et j'irai vous aider. »

Hélas ! elle se trompait; le lendemain la fièvre était devenue cérébrale, et le 28 avril au soir Mina mourut...

Pour les pères et mères, ce qu'il y a de plus cruel dans cette vallée de larmes, c'est de voir l'ordre de la nature interverti. Ce n'est point à nous à pencher nos têtes blanchies sur l'oreiller de mort de nos enfants; ce n'est point à nous à les voir partir de ce monde; les racines qui les y retiennent n'ont point été séchées et usées par le temps, tandis que les nôtres n'ont plus de sève. Le rejeton du chêne ne meurt point avant lui; il pousse et grandit à son ombre... Accordez-nous, ô mon Dieu ! qu'il en soit de même de nous; que ceux qui ont encore des illusions et du bonheur sur la terre y demeurent, et que nous, qui commençons à trouver que notre exil a été long et notre travail rude, puissions enfin nous reposer !

Ce que je pense et ce que j'écris ici, les parents de Mina l'avaient dit à genoux près du lit de leur fille, et n'avaient pas été exaucés. Le 1er mai, à neuf heures du matin, le cercueil de la riche et belle héritière de la maison de Maineville sortit de la cour du château pour se rendre à l'église; il était porté tour à tour par des fermiers et de vieux serviteurs de la famille; et pendant que son père et sa mère, le cœur brisé de douleur, étaient gardés par des amis dans leur chambre qui n'avait point de fenêtres sur la cour, moi, et bien d'autres, nous suivions au cimetière la jeune et gracieuse enfant que nous avions vue la joie et l'orgueil de tous les siens. Les villageoises, qui deux jours avant étaient venues lui apporter des fleurs et la prier de travailler avec elles, suivaient sa bière recouverte du drap mortuaire blanc, et ne pensaient plus à aller danser sous le mai que leurs frères avaient planté la veille.

J'en voulais au soleil d'être si radieux ; pas un nuage ne se voyait sur l'azur du ciel ; de chaque côté du chemin, les primevères et les violettes perçaient l'herbe au pied des haies, et, à demi cachés derrière le feuillage encore peu touffu des arbres, les oiseaux chantaient comme si Mina s'était rendue à l'église pour s'y marier ! Nos douleurs sont poignantes pour nous, elle nous torturent, elles rendent amère notre existence, elles étendent sur nous de sombres voiles de deuil ; mais au soleil, à la nature elles ne font rien : ils ne pleurent point avec nous.

Le cortège funèbre était près d'avoir fini sa marche, nous étions arrivés sur la place, en face de l'église ; le mai y était planté de la veille ; ses guirlandes, sa couronne suspendue à trente pieds au-dessus du sol, avaient encore toutes leurs fleurs fraîches, et les rubans donnés et noués par Mina flottaient à la douce brise de cette belle journée de printemps. Le cercueil, avant d'entrer dans l'église, fut déposé au pied du mai, au-dessous de la couronne que le zéphir balançait et que les mains de la morte avaient en partie tressée.

La foule formait un grand demi-cercle sur la place ; le prêtre et les choristes chantaient le *De profundis* ; tout-à-coup une rafale, inattendue dans cette journée tiède et radieuse de soleil, agita le mai, secoua fortement sa couronne, et toute une pluie de fleurs tomba comme une averse sur le drap mortuaire de la jeune fille, aussi moissonnée avant le temps et emportée avec tous ces parfums.

Depuis ce jour, j'ai assisté à bien des funérailles, et quand revient le mois de mai, je me rappelle toujours l'enterrement de Mina. C'est que rien ne grave autant un événement dans la mémoire que les contrastes qui l'ont accompagné. Le mai de réjouissance et la bière de la jeune fille sont restés dans mon esprit.

Pour vous distraire de cette histoire de mort, je veux vous raconter un usage que le mois de mai ramène annuellement aux Anglais. Tous les ans, le 19 mai, se célèbre dans toute la Grande-Bretagne une fête printanière à laquelle se rattache un souvenir historique; ce jour-là chaque Anglais porte à son chapeau ou à sa boutonnière un bouquet de feuilles de chêne. C'est le jour du *chêne royal (the royal oak's day)*.

Après la défaite des royalistes par l'armée parlementaire, et avant que le roi Charles II parvint à débarquer en Normandie pour se soustraire à la haine du régicide Cromwell, il eut à supporter bien des misères, à courir bien des dangers. Obligé de se déguiser, de se cacher, de fuir, il passa par toutes les vicissitudes d'une fortune aventureuse, et dans toutes ces nombreuses épreuves, il ne cessa jamais de montrer beaucoup de courage et de sang-froid. Une fois ayant perdu l'espoir de pouvoir rallier ses troupes dispersées, errant la nuit, au hasard de sa vie, dans la campagne où, pour lui, tout était péril, il se revêtit d'un habit de paysan, coupa ses longs cheveux et arriva à Boscobel, dans le Shropshire, chez un fermier nommé Pendrell, et lui demanda asile.

« — On a proscrit votre roi, lui dit Charles Stuart, on promet une récompense considérable à celui qui le livrera à Cromwell.

— Je le sais, répondit Pendrell, cela a été affiché aux murs de nos maisons et publié au son du tambour et de la trompette.

— Eh bien ! reprit Charles, ce roi, c'est moi; ce proscrit, c'est moi... Je vous expose à un grand danger, ou je vous mets à même de gagner une grande récompense... Je me confie à votre honneur, à votre humanité, faites ce que vous commandera votre conscience.

— Soyez le bienvenu, Sire! s'écria le fermier; je suis seul ici dans ce moment, mais j'ai quatre frères, bientôt ils vont revenir des champs, où ils sont à travailler, ne craignez rien d'eux; ils pensent comme moi, qu'il y a honte à trahir ceux qui se confient en nous. »

Les quatre frères ne tardèrent pas à revenir de leur travail. Pendrell les conduisit en toute hâte à l'endroit où il avait caché le roi; tous cinq tombèrent aussitôt à ses pieds et lui jurèrent une fidélité à toute épreuve. Pour mieux soustraire Charles aux recherches de ses ennemis, ils le déguisèrent en bûcheron et le firent travailler avec eux dans la forêt, pendant que les hommes de Cromwell fouillaient en dévastateurs la ferme de Boscobel. Les perquisitions devinrent si fréquentes que Charles ne voulut plus habiter la maison

P. 204

Soyez le bien venu Sire! s'écria le fermier.

du fermier, et alla se réfugier dans un chêne creux, qui, plus tard, fut le but de fréquents pélerinages des royalistes, et qui fut nommé *the royal oak* (le chêne royal). Le roi proscrit passa plusieurs jours et plusieurs nuits dans cette cache de la forêt, et de là, entendit les vœux de ses partisans pour le sauver, et les paroles de rage de ses ennemis qui auraient voulu s'emparer de sa personne.

C'est cet événement qui, en Angleterre, a fait donner au chêne le nom d'*arbre royal.*

A Londres, sur la place irrégulière de Charing-Cross, s'élève aujourd'hui une statue de Charles 1er, et je me souviens de l'avoir vue toute parée de branchages de chêne. Il y avait là une double preuve de l'inconstance des peuples; le royal décapité avait sa statue à peu de distance de cette cour de White-Hall où fut dressé son échafaud, et les bouquets de chêne qui rappelaient les persécutions de Charles II ornaient l'image de la grande victime de Cromwell. En face de cette inconséquence, dites donc que les nations ont des haines éternelles!

# LA COTE DES DEUX AMANTS.

Vous savez que notre société actuelle se divise en deux grandes tribus très distinctes, très opposées de sentiments et très différentes de mœurs. L'une de ces tribus aurait voulu que le temps, dans sa marche incessante, n'eut pas amené tant de changements, car elle trouvait, dans ce qui avait été fondé et établi par ses pères, l'ordre, la paix et le bonheur. Elle avoue que le présent en sait plus que le passé, mais elle prétend que dans l'ignorance de nos devanciers il y avait plus de tranquillité que dans les lumières et *le progrès* du jour; aussi, quand vous observez bien, vous voyez que ce monde, un peu retardataire, se tient à part et prend presque en dédain ce que l'autre tribu salue de ses acclamations et adopte avec engouement. Tout en admirant le génie des découvertes et l'essor de l'industrie, la tribu des anciens s'effraye du mouvement et de l'agitation qui ont gagné toutes les classes, qui les ont fait se lever et marcher vers les idées nouvelles comme vers le bien suprême.

Ce qui se voit aujourd'hui, cette scission de la société en deux parts, a existé à la fin du XIVe siècle, alors que les mœurs héroïques et rudes de la chevalerie s'effaçaient pour faire place aux plaisirs intellectuels du culte des lettres et de la gaie science.

Cette époque de transition avait ses *grognards*, comme l'empire a eu les siens. Les hommes habitués à la lance et à l'épée, les hommes qui portaient le heaulme et la cuirasse, et qui se vêtissaient de fer, voyaient avec déplaisir les succès des fils de la harpe, du luth et de la mandore. « A présent, disaient avec regret et amertume ces partisans des temps chevaleresques, on écoute mieux ballades, sirventes et lais d'amour, que le récit d'un tournoi et d'un pas-d'armes. »

Parmi ceux qui pensaient et qui parlaient ainsi, il faut citer Érard de Percy, seigneur de Saint-Sauveur, du Pont-de-l'Arche, de Gouy et autres lieux. Le temps avait passé sur lui comme sur son armure : ce qu'avaient été ses pères et ses ancêtres les plus reculés, il l'était encore sans modification. Les innovations s'étendaient dans le pays, mais ne montaient point à sa vieille demeure, assise sur le plus haut coteau qui domine la rivière de Seine entre le Pont-de-l'Arche et la jolie vallée d'Andelle; cet antique manoir était, à la fin du XIV$^{e}$ siècle, tel qu'il avait été construit en l'an mil. Quatre cents ans n'y avaient rien changé; il avait toujours ses quatre grosses tours avec leurs plates-formes couronnées de créneaux et de machicoulis; chacune de ces tours était liée aux autres par d'épaisses murailles percées de jours longs et étroits, et terminées en trèfles. Du centre de cette masse, de cette montagne de pierre assise sur le haut coteau, s'élevait une cinquième tour, plus svelte que les quatre autres, dont les lucarnes s'ouvraient aux quatre vents : c'était le beffroi, le lieu d'observation où deux solives suspendaient la cloche d'alarme et le tocsin que l'on sonnait pour avertir de l'apparition des soldats étrangers dans la campagne. A ce signal, les serfs quittaient leurs travaux et accouraient à la demeure féodale, pour la défendre sous les ordres de leur seigneur. Dans ce beffroi, se tenait *la guaite*, sorte de sentinelle dont l'emploi consistait à annoncer avec un cornet, le point du jour et le lever du soleil, pour appeler les gens de la campagne à leurs travaux. *La guaite* donnait encore le signal de la *huée;* on nommait ainsi le cri parti du château, quand un vol ou un meurtre était commis, cri qu'à l'instant chaque vassal devait répéter, afin que, dans toute l'étendue du fief, on pût saisir le coupable.

Quant à l'intérieur du château-fort d'Érard de Percy, malgré la renommée d'hospitalité qu'avait, à juste titre, le seigneur châtelain, on ne pouvait y pénétrer (si l'on n'était conduit par quelque habitué de la demeure) sans appréhension : les ouvertures secrètes, les meurtrières, les couloirs, les guichets, les poutres retenues en l'air par des câbles de fer, les portes basses et souterraines, leur seuil enfoncé dans un terrain humide et glissant, les citernes sans rebords, les ponts sans garde-fous, le bruit des eaux invisibles grondant lugubrement sous des voûtes noires, tout faisait redouter quelque surprise. Si Érard de Percy avait fait bâtir son manoir, il eût peut-être dédaigné toutes *ces sûretés*, car il n'avait rien de craintif ni d'ombrageux dans le caractère; mais il avait hérité de la demeure de ses pères avec tout cet appareil de précautions, et il l'avait laissée comme il l'avait reçue. Dans ses idées, changer quelque chose à l'œuvre des aïeux, était impiété.

C'était là que le noble descendant de ces Percy qui aidèrent Guillaume de Normandie à *conquester* l'Angleterre, vivait avec Emmeline, sa fille unique et bien-aimée; dans leur haute solitude, ils étaient tous les deux comme un aigle et une colombe se reposant ensemble dans une aire commune.

Ils n'étaient pas toujours livrés à eux-mêmes, car le vieux chevalier n'aurait pas voulu, pour tout au monde, que l'ennui vînt assombrir la vie d'Emmeline, et il invitait souvent les seigneurs et les chevaliers des environs à venir joûter dans son préau, chasser dans sa forêt, s'asseoir à sa table et dormir sous son toît. Pour célébrer la fête de sa fille, qui joignait au nom d'Emmeline le doux et saint nom de Marie, il y avait eu au château, le quinzième jour du mois d'août, un brillant *pas-d'armes*. A ces jeux chevaleresques et tout-à-fait selon le cœur d'Érard, avait été convié tout ce que la province de Normandie avait de plus illustre et de plus renommé; on y avait vu le comte d'Harcourt avec sa bannière de gueules fessé d'or; le sir de Briquebec à un lion vert rampant onglé et couronné d'argent; le sir de Graville, de gueules, à trois fermants d'or; le sir de Montigny, cotiché d'or et de gueules à un quartier de gueules, à un orle de coquilles d'argent autour le quartier; M. Jehan de Tilly de Guernetot, d'or, à une fleur-de-lys, de gueules à un label d'azur besanté d'argent, et cinquante autres chevaliers déployant gonfanons et bannières au vent.

Jehan de Tilly avait, pendant les cinq journées, gagné un grand renom; quatre fois il avait reçu de la reine de beauté qui présidait le pas-d'armes, des prix attestant son adresse, sa force et sa valeur; d'abord une palme d'argent doré, puis un *plumail* ou panache ondoyant pour couronner le cimier de son casque, puis une écharpe aux couleurs d'Emmeline pour croiser sur son armure. A sa quatrième victoire, la gracieuse fille du châtelain n'ayant plus de prix, plus de *faveurs* à lui accorder, ôta de dessus son front la couronne de violettes qui ceignait ses cheveux blonds, et, avec l'agrément du seigneur son père, la donna au vainqueur.

Comme toutes les fêtes de ce monde, celle du sir de Percy passa, laissant sur le plateau de la montagne des traces du tournoi, et dans le cœur d'Emmeline des souvenirs qui s'en allèrent moins vite que le décor de la lice des jeux. Quand la solitude fut revenue comme l'hôte habituel du château d'Érard, Emmeline, pour remercier son père du plaisir qu'il lui avait donné, ramenait souvent la conversation sur le pas-d'armes, où tant de magnificences avaient été déployées, et qui avait eu tant de succès. Parler de ces nobles jeux, c'était faire plaisir au vieillard; et puis en racontant tout ce qui s'y était passé, il fallait bien nommer le sir de Tilly, et ce nom résonnait maintenant à l'oreille de la fille du châtelain doux comme la brise qui soupire en passant sur un champ de roses.

— Ainsi, chère Emmeline, tu aimes les fêtes semblables à celles que je viens de donner en ton honneur? cela prouve que tu es restée la digne fille des chevaliers, et je t'en aime davantage. Toi, si belle tous les jours, tu étais bien plus belle encore quand tu siégeais au tournoi comme reine de beauté. Oh! alors, je ne pouvais te regarder, te voir qu'à travers des larmes de joie... Ton nom et celui du vainqueur sortaient de toutes les bouches, et quand tu distribuais les faveurs du pas-d'armes, tu semblais un ange récompensant la valeur.

— Oh! oui, mon père, ce sont de nobles jeux que ceux-là, je les aime pour moi, et encore plus pour vous; quand les trompettes ont sonné, quand la lice s'est ouverte, quand les hérauts d'armes se sont mis à mesurer les épées et les lances, quand les juges du camp ont levé leurs baguettes blanches en criant: *Laissez aller les bons combattants!* quand les soldats, armés de haches, ont coupé les câbles tendus devant chaque file de chevaliers, afin de modérer l'ardeur de leurs chevaux... alors, mon père, je vous regardais et vous étiez rajeuni de vingt ans.

— Oui, oui, c'est vrai, mon sang ne coule jamais si vite, mon cœur ne bat jamais si bien, mon âme ne s'élève jamais si haut qu'au son de la trompette, qu'au cliquetis des armes, qu'aux cris des combattants... Eh! chère enfant, comment n'aimerais-je pas la chevalerie! elle a été dès mes premiers jours avec moi, comme ma mère et ma nourrice. J'étais enfant que déjà, armé d'un pieu qui me tenait lieu de lance, je me faisais de chaque arbre un adversaire, je joûtais avec les poteaux et les limites du fief paternel, essayant ainsi mes forces au profit de mon avenir guerrier. L'hiver se prêtait à mes jeux : rassemblant les compagnons de mon âge, je façonnais la neige en fortifications, j'assiégeais ou défendais ces tours, ces cités d'albâtre, et sous mon bras leurs fragiles remparts croulaient en humides avalanches. Et quand ma mère voulait m'empêcher de jouer ainsi au milieu des frimas, mon père prenait un vieux livre et y lisait ce passage de la vie d'un chevalier :

« *Dans ces jeux enfantelins, la nature prophétisait à ce jeune garçonnet les hauts offices que Dieu et bonne fortune lui apprestaient en son temps.* »

Quand j'eus atteint ma douzième année (1), mon père me dit, en face du portrait de Messire Jehan de Percy, compagnon d'armes de Guillaume-le-Conquérant : « Mon fils, c'est assez s'amuser aux cendres casanières,

(1) Histoire de Bayard.

il faut te rendre aux écoles de prouesse et de valeur, car tout jeune damoisel doit quitter la maison où il est né pour recevoir bonne et louable nourriture en autre famille, et devenir moult expert en toutes sortes de doctrines; mais, pour Dieu! conserve l'honneur, souviens-toi de qui tu es fils, et ne forligne pas. Sois brave et modeste en toutes rencontres, car louange est réputée blâme en la bouche de celui qui se loue, et celui qui attribue tout à Dieu est exaucé.... Je me souviens d'une parole qu'un ermite me dit une fois, que si j'avais autant de possessions, comme avait le roi Alexandre, et de sens, comme le sage Salomon, et de valeur comme le preux Hector de Troie, seul orgueil, s'il était en moi, détruirait tout. Sois le dernier à parler dans les assemblées et le premier à frapper dans les batailles; loue le mérite de tes frères, car le chevalier est ravisseur des biens d'autrui, qui tait les vaillances des autres.

» Cher fils, ajouta encore mon père, en mettant sa main ouverte sur ma tête, je te fie à Dieu, et je te recommande encore simplesse et bonté envers les personnes de petit état. Elles te porteront plus de remercîments que les grands, qui reçoivent tout comme dette acquise; mais le petit se trouvera honoré de tes doulces manières et te fera los et renommée. »

Ces paroles, mon enfant, je les ai gardées dans mon cœur, et les années qui m'ont apporté des cheveux blancs n'ont point effacé le souvenir des conseils paternels.

Plus tard, quand je revins au château, après une

absence de trois ans, de page, je passai aspirant d'armes, candidat de chevalerie. Et voici ce que je lus dans un code d'honneur que nous gardions dans notre chapelle, à côté du livre des saints Évangiles :

« Les chevaliers doivent craindre et aimer Dieu, combattre pour la défense de la religion, de la patrie et du prince.

» Leur bouclier sera levé sur la tête des opprimés. Leur courage soutiendra envers et contre tous le bon droit de ceux qui viendront les implorer.

» Ils obéiront à leurs supérieurs, vivront en bons frères avec leurs égaux, n'offenseront jamais personne, et craindront surtout de blesser par de malins propos l'amitié, la pudeur, l'absence, la tristesse et la pauvreté.

» Ils n'avanceront pas plusieurs contre un seul et ne connaîtront point d'ennemis désarmés. Le cri de la victoire sera pour eux le signal de la clémence.

» Les chevaliers ne s'attaqueront pas mutuellement, si ce n'est dans la lice des tournois, et alors même, leurs fers seront émoussés. Fidèles observateurs de leur parole, jamais leur foi vierge et pure ne sera souillée par le plus léger mensonge.

» S'ils ont fait vœu de mettre fin à quelque aventure, leurs armes ne seront déposées avant de l'avoir terminée, et ils vaqueront sans relâche à leur *emprise* pendant une année et un jour.

» Si, dans leurs courses, un pâtre leur dit qu'ils suivent un chemin occupé par des brigands, ou qu'une bête sauvage y répand l'épouvante, ou qu'il aboutit à quelque manoir pernicieux, d'où l'on ne voit point revenir les voyageurs, pour cela, ils ne retourneront point en arrière.

» Les chevaliers serviront et protègeront en toute rencontre, même au péril de leur vie, la dame confiée à leur garde, et quels que soient ses charmes, ne lui parleront point d'amour, n'en exigeront point de faveurs ni de promesses.

» Ah! périsse l'être abject dont les indignes transports, osant profaner les larmes et la douleur d'une jeune beauté, l'étreindraient d'un bras sacrilége, quand il ne doit être qu'à ses pieds! »

— Mon père, que ces enseignements sont beaux! la chevalerie c'est la religion qu'ont faite les hommes, en se souvenant de l'Évangile. Jamais ses principes ne passeront! toujours ses maximes seront en honneur!

— Détrompe-toi, mon enfant; il y a aujourd'hui tout un monde qui a juré de détruire ce beau monument que nos pères ont édifié avec tant de sagesse et de gloire... Des hommes efféminés, et que le poids d'une armure courberait, parcourent notre tant beau pays; au lieu de se coiffer du casque, ils posent sur leurs fronts (que le soleil n'a pas bruni) des chaperons de roses; au lieu de se servir de la lance et de l'épée, ils tiennent le luth et la mandore... Chose honteuse à redire! beaucoup de nobles manoirs s'ouvrent à ces énervés, et là ils sont reçus avec les égards et les honneurs que l'on ne devrait accorder qu'à vaillance et à prud'hommie... Mon Emmeline, le baron de Saint-Pierre, notre voisin, est du nombre de ceux qui saluent avec enthousiasme les choses nouvelles. Les plaisirs de la gaie science l'ont enivré, il a bu à longs traits dans ses coupes d'or et ses hampes d'argent avec les troubadours et les ménestrels... Demande-lui comment les poètes vagabonds paient l'hospitalité que les châtelains leur accordent. Le baron de Saint-Pierre avait une fille; demande-lui...

Le baron de Saint-Pierre avait une fille : mon Emmeline, demande-lui ce qu'elle est devenue? Oh! non, chère enfant, ne lui parle point de son malheur, ajouta vivement le vieux chevalier; car ce malheur est de nature à écraser un père; un de ces désespoirs que l'on s'est fait soi-même.

La grande salle du château de Saint-Pierre est aussi ornée de nobles portraits que la nôtre; et là aussi les devanciers, dont les images illustrent les murailles, ont le heaulme en tête, la cuirasse sur la poitrine et la lance au poing; eh bien! le descendant de ces hommes de fer a ouvert l'oreille à tous les vagabonds de la harpe, à tous ces inspirés du gai savoir, qui s'en vont par les villes et les campagnes répandant la mollesse dans les âmes; ôtant la force aux hommes, l'innocence aux femmes, et à notre pays son aspect guerrier... Ce château de Saint-Pierre, je l'ai vu, moi, aussi fort que le nôtre; lui aussi avait une couronne de créneaux et de machicoulis, de longues et étroites meurtrières; un porche gardé par deux tours, un pont-levis et une herse...; toutes ces preuves de noblesse, tous ces glorieux titres sculptés dans la pierre, le baron n'en a plus voulu : des tailleurs d'images lui sont venus de Florence et de Rome, et ont enlevé au manoir de sires de Saint-Pierre sa rude physionomi .

A présent, ce ne sont plus sur les murailles la lance et l'épée, le casque et la cuirasse, gonfanons et bannières, mais, amours et génies, festons et guirlandes, cœurs embrasés, transpercés de flèches et amoureuses allégories.

Le père du baron actuel, ami de mon père de très regrettée mémoire, était renommé parmi les plus vaillants et les plus sages; on venait de loin pour le consulter, et c'était noble chose à entendre et à voir que ce chevalier avec ses cheveux blancs et la science que lui avait donnée les années, assis à son large foyer, dans la grande salle tout illustrée des portraits de ses ancêtres, enseigner honneur et prud'hommie... Et comment au milieu de tant d'augustes témoins et sous les regards de ses pères, aurait-il pu errer dans ses leçons?

Aujourd'hui, Phœbus de Saint-Pierre (car il a renoncé au nom de Guillaume qu'il avait reçu de son parrain) vient aussi s'asseoir à son foyer; mais ce n'est pas dans la salle des chevaliers, c'est dans celle des *Muses* : là, ce n'est plus l'histoire de la famille qui tapisse les murs, c'est la Fable; là vous ne voyez plus les images des aïeux, mais celles des dieux et des déesses de l'Olympe.

Puis, dans de petits médaillons tout entourés de guirlandes de roses, peints à fresque par des Italiens, ce sont mille jeux d'esprit, mille allégories :

Un agneau d'argent (1) sur un champ d'azur, annonce la pureté d'esprit.

Un myrte d'argent, signifie bonne compagnie.

Une disgrace honorable, se représente par deux palmes en sautoir.

La vertu cachée, prend pour emblème des châtaignes à l'enveloppe épineuse.

Une âme ardente, c'est un tison brûlant sur un fond d'azur.

La bienfaisance, une fontaine limpide qui coule toujours.

Les dispositions bienveillantes, une vigne en fleur.

Des violettes à demi cachées dans leurs feuilles, expriment l'amour chaste et pudique; un carquois plein de traits, désigne l'amour persévérant; des ancres d'or, confiance et fermeté; des feuilles sans fleurs, c'est simple désir; un platane, c'est la félicité mondaine; un coq avec une crête d'or, la vigilance; une échelle, l'honneur acquis par de nombreux exploits; des abeilles d'argent, le travail et l'industrie; deux os en sautoir, l'honorable pauvreté; et un nuage traversé par un rayon de soleil, le mérite et la modestie.

— Mon père, dit Emmeline, il y a de la grâce dans tous ces emblèmes.

— Je le sais, mon enfant, mais il y avait plus de morale, plus de garanties dans notre vieil usage de parer nos demeures avec les images des saints patrons et des glorieux chevaliers de la famille. Catherine de Saint-Pierre a trouvé, comme toi, que toutes ces

(1) Voyez la *science héraldique*, par de la Colombière.

allégories étaient agréables et gracieuses, aussi passait-elle de longues heures à les voir peindre sur les murailles des salles et des galeries de son père, par le troubadour Hugues de la Penna, qui savait se servir également bien du pinceau et de la mandore. Ce jeune favori du marquis de Montferrat, obligé de quitter la cour de son protecteur, était venu, avec d'autres trouvères et ménestrels, chanter et peindre dans les châteaux de Normandie.

Le baron de Saint-Pierre l'avait reçu comme un prince, car il avait appris que la reine Béatrix lui écrivait souvent et lui adressait des vers flatteurs.

A l'arrivée de cet essaim des fils du gai savoir, notre voisin ne fut pas le seul à perdre la tête. De puissants châtelains, des descendants de chevaliers illustres se firent troubadours, trouvères et ménestrels laissant pour la lyre, le bouclier et la lance, et répétèrent, avec les poètes errants et les jongleurs : *que mieux valait aimer et plaire, que conquérir et ravager*. A ces paroles insensées, le goût des vers éclata de toutes parts dans notre Normandie, terre de sapience et de bon sens. On se mit à en graver sur les armoiries, sur l'émail, sur la marqueterie des meubles et des lambris, sur le pavé des églises, des oratoires, des palais. Les vitraux, les tombes, les armes, les vases, les tentures, les sceaux en furent couverts!

Ce fut dans ce moment de délire que le baron de Saint-Pierre, au lieu d'ouvrir à la noblesse du pays la lice d'un tournoi, convia ce que la province avait de plus de distingué, à *un plaid d'amour et de gai savoir*.

Devant le grand porche de la demeure seigneuriale, un *ormel* avait été planté comme il était d'usage, et c'était à son ombre que siégeaient les juges. Hugues de la Penna avait dirigé les apprêts de cette fête, toute nouvelle au pays de Rollon et de Guillaume-le-Conquérant ; et la noble et belle damoiselle de Saint-Pierre, qui avait quitté son nom de Catherine pour prendre celui de *Diane*, avait accepté la charge de *reine d'amour et de protectrice de lettres et de beaux dires.*

Hélas! la reine devint esclave, et la *protectrice* ne trouva pas un protecteur pour la défendre de l'aventurier littéraire, qui s'était introduit sous le toit paternel... Pauvre jeune fille! elle n'avait plus, pour veiller auprès d'elle, cet ange gardien que Dieu donne aux jeunes filles; sa mère était morte, et quand sous les voûtes du château de nouvelles mœurs se glissèrent, quand les vieux enseignements furent mis en oubli, Catherine de Saint-Pierre se trouva sans défense; son père, livré aux fils du gai savoir, aux enfants de la harpe, *s'enfolla* de poésie, et fut plus occupé de ballades, de lais et de sirventes que de la garde de sa fille. La fleur ne se serait pas flétrie si elle n'avait été soignée que par les mains paternelles, mais arrosée d'idées nouvelles et tout imprégnées d'amour, elle se pencha, se sécha bientôt sur sa tige et mourut.

Le sire de Saint-Pierre avait proclamé que le vainqueur, dans le *plaid de la gaie science*, obtiendrait la main de sa fille, héritière de ses vastes et opulents domaines. Hugues de la Penna remporta toutes les couronnes et vint les déposer aux pieds de Diane,

14

dame de ses pensées. Et le baron, devant la nombreuse assistance rassemblée dans le salon des Muses, tint sa promesse, et donna sa fille au troubadour auquel la reine Béatrix avait écrit :

« *Je veux que la mémoire de tes talents soit, par moi, répandue en tant de lieux divers, que chacun soit frappé d'admiration au récit de tes œuvres immortelles.* »

Deux années n'étaient pas encore écoulées, que l'on vit aux environs du Pont-de-l'Arche et dans la vallée d'Andelle, errer une folle... Cette insensée, qui s'en allait le jour et la nuit, chantant des lais d'amour, et puis qui se mettait à pleurer à fendre le cœur de ceux qui la rencontraient, c'était Diane de Saint-Pierre; à force de malheurs elle avait été contrainte à fuir et à délaisser Hugues de la Penna, l'indigne troubadour.

Le jour même où j'appris le coup terrible qui venait de frapper le baron de Saint-Pierre, mon Emmeline, en pensant à toi, j'ai fait un serment que je tiendrai. Ce serment, je l'ai juré sur la vraie croix que m'a laissée ta mère, je l'ai juré en haine des idées nouvelles; pas un seul de ceux qui ont touché à l'arbre de science, à l'arbre qui donne la mort comme celui du paradis terrestre, n'aura chance d'obtenir ta main; pour te garder, j'aurai recours à un chevalier de vieille roche, qui attache plus de gloire à des hauts faits qu'à des jeux d'esprit; qui aime mieux l'épée que la mandore, et dont la mollesse n'ait point affaibli le corps... Moi, je ne ferai point proclamer par les hérauts que j'accorderai ta main au mieux disant des ménestrels, au mieux chantant des troubadours... mais à son de trompe, on publiera que le chevalier qui te portera, sans se reposer, de la prairie qui borde la Seine jusqu'au sommet du coteau, où est assise notre demeure, sera ton époux.

— Quoi ! mon père, vous avez fait ce serment, et vous êtes résolu à le tenir ?

— Oui, ma fille; je n'ai jamais juré en vain.

Le ton de résolution que le vieux chevalier mit dans sa réponse, ne fit point peur à Emmeline, car, en l'écoutant, elle avait Jehan de Tilly dans son souvenir; elle se rappelait que dans le tournoi il avait remporté toutes les couronnes; elle savait que, dans le pays, les hommes citaient des hauts faits de sa force et de son adresse. Appuyée sur ses souvenirs et sur ses espérances, la fille du chevalier n'eut donc aucune frayeur du serment que son père avait fait et qu'il venait de lui révéler.

Le jour de la grande épreuve était venu; et ce jour-là, pour se lever, Emmeline n'avait point attendu que le soleil eût dissipé les ombres. C'était à la lueur de la lampe qu'elle s'était agenouillée devant l'image de de Notre-Dame-de-Toutes-Aides, image vénérée que l'on voyait, depuis des siècles, dans la chapelle du château... Là, elle avait prié avec ardeur et espoir; depuis longtemps elle avait confié à sa sainte patronne qu'elle aimait d'amour pour le sire de Tilly, et, à présent que l'épreuve, imposée par son père, allait avoir lieu, elle lui demandait tout ce qui pouvait aider son chevalier *dans l'emprise* du jour. Que le soleil ne soit pas trop ardent, que de fraîches brises viennent rafraîchir l'air... que la pluie ne rende pas le sentier glissant, que la poussière ne s'élève pas du chemin, que le philtre qu'elle a fait venir de loin, éloigne de son amant la fatigue et l'épuisement qui pourraient lui venir en gravissant avec elle le flanc escarpé de la montagne.

De son côté, Jehan de Tilly n'a pas voulu ne compter que sur sa propre force et sur celle que lui donnera son amour : digne chevalier, il a mis sa confiance dans le Dieu qui rendit David vainqueur du géant Goliath. Dès le commencement de la semaine, il est allé en pélerinage à la chapelle de Saint-Christophe; là il a fait dire une messe, et allumé un gros cierge orné de son écusson. Devant l'image géante du saint, il a fait d'abondantes aumônes, en répétant aux nécessiteux, aux malades, aux infirmes et aux aveugles qu'il secourait : Priez Dieu pour moi et pour mon *emprise.*

Pour être témoins de cette *emprise,* Érard de Percy a convoqué tous les châtelains, tous les chevaliers, écuyers, pages et varlets de la contrée ; les dames châtelaines, les nobles damoiselles sont aussi venues à l'épreuve chevaleresque, et Érard de Percy est fier du monde qu'il a rassemblé ; c'est celui qui aime les choses d'autrefois et qui ne veut pas déroger des rudes mœurs de la chevalerie. Le baron de Saint-Pierre n'a point été convié, non à cause de son amour de la gaie science, mais Emmeline pourrait lui rappeler la perte de sa fille.

La foule était rassemblée dans la prairie qui borde le fleuve; des gradins en amphithéâtre forment, en face du sentier raide et à pic que doit gravir Jehan de Tilly avec son précieux fardeau, un vaste hémicycle; cet échafaudage, recouvert de tentures rouges, est destiné à la noblesse de la contrée; là, chevaliers bannerets, grandes dames titrées, écuyers et pages, prennent place... Le menu peuple a aussi son quartier réservé, et de là, comme de l'amphithéâtre, s'élèvent bien des vœux pour le sire de Tilly, car parmi les pauvres, il y en a beaucoup qui ont été secourus par lui et par Emmeline de Percy.

Le matin, Emmeline avait prié pour que le jour ne fût pas trop ardent, pour que le soleil fut voilé de nuages; mais, à cet égard, sa prière n'avait point été exaucée.

Lesoleil rayonnait sur un fond d'azur, et pas une brise ne faisait trembler les feuilles des aulnes et des peupliers qui ombrageaient la prairie... Les gonfanons, les bannières, les flammes, les banderolles qui décoraient les gradins émaillés de monde, ne flottaient pas et semblaient dormir sur leurs manches dorés.

Le seigneur Érard de Percy ne siège point parmi la noblesse de l'amphithéâtre, lui et les sires de Ronche-rolles, de Harcourt, de Malet de Graville, de Tournebu, de du Bosc, Guillaume de Darnetal, sont sur le haut de la montagne, assis à l'endroit même où Jehan de Tilly doit obtenir la main de sa bien-aimée, s'il a rempli toutes les conditions, tous les engagements de l'*emprise;* s'il a porté, sans s'arrêter, Emmeline de Percy, du fond du val au sommet du mont.

Emmeline, après avoir été embrassée et bénie par son père, du préau du château, descendit dans la verdoyante prairie, accompagnée de sa vieille nourrice et d'une femme d'atours. Quand on l'aperçut des gradins de l'amphithéâtre, il s'éleva un murmure d'admiration, et chacun se prenait à dire : « Que Dieu mesure son bonheur sur sa beauté ! qu'elle soit aussi heureuse que belle ! »

Arrivée sur le point d'où Jehan de Tilly doit partir pour gravir le sentier qui tombe raide et droit du haut de la montagne, Emmeline, voulant se rendre plus légère, quitte sa couronne de rubis, son riche collier, ses bracelets à triple rang, sa ceinture aux brillantes agrafes et le cercle d'or qui retenait le trousseau des clefs du ménage, ne gardant qu'un rosaire à la main et un flacon qui contient le philtre merveilleux ; n'ayant plus qu'un fin vêtement, elle attend, en baissant les yeux, que le signal soit donné.

Il a retenti. Jehan de Tilly la saisit et l'enlève aux yeux de tous ; il monte comme attiré naturellement vers le ciel, et semble avoir mission d'y aller reporter la pudeur, la grâce et l'innocence.

— Oh ! ne va pas si vite, bel ami, la pente est raide et moi je suis pesante.

— Ce ne sera ton fardeau qui alentira ma course, ce sera plutôt bonheur... Rose ne pèse point à la terre, ni au sein qui la porte.

— Damoisel, damoisel, méfie-toi de tes forces, longue est la route, dure est la côte, ardent est le jour.

— Ton souffle qui joue en mes cheveux est plus doux, plus rafraîchissant que zéphir.

— Beau chevalier, arrête... Je sens ton cœur battre à rompre ta poitrine.

— C'est d'amour.

— Arrête, prends de ce philtre.

— M'arrêter, c'est te perdre.

— Continuer, c'est mourir.

— Sois rassurée : mon fardeau me soutient... et je n'ai besoin de boire de ta fortifiante liqueur... Vois... je vais atteindre le but .. je vais recevoir ta main.

Hélas ! c'était une grande illusion !..... car, encore quelques pas et le chevalier n'allait plus aussi vite... et quelques pas encore il s'arrêta, chancela et tomba sur le plateau du mont.

Les juges se sont levés de leurs sièges en proclamant que les deux amants ont mérité d'être unis à jamais... Oui, ils vont l'être, ils le seront à jamais dans le ciel et dans une même tombe, car le cœur du chevalier s'est brisé en atteignant le but, et Emmeline n'a que peu de mois survécu à celui qu'elle aimait.

C'était bien le moins que le même tombeau, achevant ce funèbre hymen, rassemblât les deux infortunés.

J'ai visité la chapelle bâtie sur le haut de la montagne, beaucoup de pélerins y étaient venus avant moi, et ont donné à cet oratoire le nom de Prieuré des deux amants.

Les vieillards disent que Jehan de Tilly est mort de fatigue ; les jeunes gens soutiennent qu'il est mort d'amour... Je penche pour l'avis des vieux, et j'ai pour moi l'autorité de Charles Nodier, qui a écrit :

*Lui mourut de fatigue, Elle de sa douleur.*

A l'endroit où le chevalier était tombé à terre avec sa bien aimée, le flacon qui contenait le philtre s'étant cassé dans la chute, la merveilleuse liqueur se répandit sur le sol.

Depuis ce jour, le point aride du coteau qui en fut arrosé a été couvert et embelli de ces petites fleurs bleues que l'on appelle *ne m'oubliez pas*.

Les jeunes filles du pays viennent souvent en cueillir pour donner à leurs fiancés.

Ainsi se perpétue, par une gracieuse fleur, le souvenir de Jehan de Tilly et de la belle Emmeline.

# COLETTE DE BOSANBERT.

## NOUVELLE HISTORIQUE.

Dans vos familles, enfants pour lesquels j'écris, vous entendez parler de temps en temps de couvents et de maisons religieuses où de pieuses filles prient et méditent loin des bruits du monde: en lisant la vie des saints, vous aurez aussi été à même de voir combien était sévère la règle de beaucoup d'ordres religieux; notre délicatesse d'aujourd'hui s'effraye des austérités auxquelles des reines, des princesses, de grandes dames et de simples chrétiennes venaient se soumettre pour sauver leurs âmes... Certes, ce joug de la pénitence était lourd; mais pour l'alléger il y avait, en outre de la piété que chacune portait en soi, le zèle de la vie commune; sur ce chemin rude et difficile, on ne se voyait, on ne se sentait pas seule, et l'ardeur qui brûlait auprès de vous empêchait la vôtre de s'éteindre; séparée de sa famille, la jeune personne vouée à Dieu retrouvait une mère et des sœurs, et auprès des autels et à l'office du chœur, et dans les promenades des jardins et du cloître. Partout il y avait le calme de la solitude; mais nulle part de l'isolement; en aimant Dieu on se sentait aimée, c'était là une satisfaction de l'âme, une jouissance terrestre dont quelques esprits très exaltés ne voulurent pas. Dans leur renoncement au monde, pour n'avoir aucun allègement à leur sacrifice, ils faisaient vœu de mener leur vie de prière, de méditation et de pénitence entièrement seuls, sans autre regard que celui de Dieu: pas un être vivant auprès d'eux, pas une main pour les soutenir dans leurs jours de défaillance, pas une voix pour les consoler dans leurs moments de larmes et de découragements; seuls, toujours seuls dans une étroite cellule, toute semblable à un sépulcre.

L'histoire que je vais vous raconter vous prouvera jusqu'à quel point le vœu de réclusion était porté il y a quatre cents ans. C'est dans une petite ville normande, à une journée de Paris, à Gournay, que s'est passé le fait que je veux vous redire.

---

Du mariage de messire Guillaume de Bosanbert et de Renée-Hervoise de Saint-Pierre, étaient nés trois enfants, un fils et deux filles jumelles.

Je ne redirai point comment le sire et la dame de Bosanbert élevaient leurs enfants, on a déjà deviné que c'était dans la crainte et l'amour de Dieu. Aussi, quand on les voyait tous les cinq, le père, la mère, le fils et les deux jolies jumelles, suivis de leurs serviteurs et servantes se rendre à l'église, le peuple faisait place pour les laisser passer, et l'on entendait, dans la foule, des hommes et des femmes se dire entre eux : « Voyez comme le Seigneur bénit ceux qui le servent dans la droiture du cœur ! »

Ce bonheur, vraie bénédiction du ciel, dura bien des années. Guillaume-Harold de Bosanbert venait d'atteindre sa dix-huitième année et sa réputation était si bonne et si bien établie dans le pays, que le curé de Notre-Dame-de-Gournay vint un jour trouver la dame Bosanbert et lui dit : « J'ai entendu parler de votre fils, madame, au château de Mantes, et, à tout le bien que j'en ai ouï dire, et à des questions qui m'ont été faites, je suis assuré que si messire de Bosanbert demande pour son fils la main de damoiselle Marguerite de Mantes, il n'éprouvera pas de refus. »

Peu de temps après cette confidence du bon curé, messire de Bosanbert, après en avoir parlé à Guillaume-Harold, fit les premières démarches, et dès le début, il vit que toute la famille de Mantes était favorablement prévenue pour son fils. Marguerite de Mantes l'avait vu souvent prier pieusement à l'église auprès de ses parents ; par les pauvres de Gournay, que secourait aussi une de ses tantes, elle avait su qu'il était compatissant et aumônier, et dans plusieurs passes d'armes, elle avait pu juger de son adresse et de son bel air de chevalier. Lui, savait que dans tout le pays, qu'à vingt lieues à la ronde, nulle n'égalait en beauté, en grâce, en douceur et en piété Marguerite de Mantes.

Un mois après la visite du sire de Bosanbert et de son fils au château de Mantes, le jour des fiançailles fut fixé; et le 10 de mai de l'an de grâce 1487, fut choisi pour cette cérémonie. Le mois de mai a tant de fleurs, tant de lilas, tant de roses, que l'on fait bien de le choisir pour les fêtes; si l'on a pleuré pendant les tristes journées d'hiver, on se prend à sourire quand mai arrive avec ses bouquets et ses guirlandes; une journée de mai a l'air d'une caresse de Dieu.

Il y avait donc joie au logis du sire de Bosanbert et joie au château de Mantes. La famille du fiancé était partie de bonne heure de son manoir pour se rendre au château. Le rendez-vous était donné à l'église, la pieuse dame de Bosanbert avait désiré que ce fût sous les yeux de Dieu que les futurs époux se donnassent leur première parole.

Quand cette parole eut été donnée et reçue à l'autel de la Vierge, les deux jumelles, avec des larmes de joie dans les yeux, montèrent au château... Oh! c'était un beau jour pour les pères et les mères, ils étaient fiers de leurs enfants!.. Oh! c'était un beau jour pour les fiancés, ils avaient devant eux un si beau, un si doux, un si long avenir!...

Oui, aux yeux des hommes; mais Dieu a ses impénétrables desseins! le soir même de ce beau jour des fiançailles, la température était si douce, la lune brillait si belle au ciel, le rossignol chantait si bien dans la feuillée, que les deux familles descendirent du coteau et entrèrent dans de légères nacelles pour se promener sur l'eau. Comme il était tard, elles n'avaient pas trouvé de mariniers sur le rivage; les jeunes gens, Guillaume Harold et les fils du sire de Mantes, s'étaient emparés des rames, et, riant et folâtrant, avaient poussé au large. Pendant une heure, la course nautique fut pleine de charme et d'attrait; mais sans expérience, sans connaissance du fleuve, les beaux bateliers aux mains blanches laissèrent entraîner les nacelles par un mauvais courant. Ils voulurent en sortir; mais, malgré tous leurs efforts, les légers bateaux dérivaient toujours. Alors la frayeur commença à prendre aux mères et aux jeunes filles; le sire de Mantes, malgré son grand âge, et le sire de Bosanbert, prirent les avirons des mains de leurs fils... mais, hélas! ils n'étaient pas plus habiles, et les deux embarcations, toutes remplies de ce monde heureux et paré, allèrent heurter contre un rocher du bord, et chavirer dans l'endroit le plus profond de la rivière, endroit redouté de tous les mariniers qui l'avaient surnommé *La Gueule Noire*...

Harold fit de vains efforts pour sauver sa mère, son père, sa fiancée et ses sœurs; tous périrent : Colette de Bosanbert et sa sœur furent seules sauvées. Un pêcheur, qui était à tendre des lignes flottantes parmi les roseaux, ayant entendu des cris lamentables, s'était jeté à la nage, et, à la lueur de la lune, qui brillait sereine au milieu des étoiles, il avait aperçu, flottant au-dessus des eaux, quelque chose de blanc. Parvenu à ce qui avait frappé ses regards, il reconnut que c'étaient deux jeunes filles qui luttaient contre la mort...

Il saisit celle qui était la plus proche, lui dit de se placer sur son dos. « *Et ma sœur!* » demanda la jeune fille.

— Je reviendrai la prendre...

Comme il l'avait promis, après avoir conduit à terre Colette de Bosanbert, il revint chercher l'autre sœur jumelle... elle vivait encore. Heureux, il la reconduisit au rivage, la remit à sa sœur, et se rejeta à l'eau pour essayer d'en sauver d'autres.

Pendant plus d'une heure, les deux sœurs attendirent son retour... enfin elles entendirent un nageur qui fendait les vagues. Hélas! quand il en sortit, il vint à elles, il était seul!

— Et notre mère! et notre père! et notre frère! et...

— De tout ce monde, jeune damoiselle, je n'ai rien trouvé, et je me vois seul pour vous protéger.

A ces mots, les sanglots des deux jeunes filles furent ceux du désespoir.

Le marinier reprit :

« J'ai une cabane sur le rivage, ma femme est une bonne chrétienne aimant Dieu, et consolant ceux qui pleurent; venez chez nous, demain nous apprendrons peut-être que vos parents ont été sauvés par quelques-uns de mes camarades de l'autre rive. »

Huit jours après cette fatale nuit, on voyait arriver à Gournay deux jeunes orphelines, les deux sœurs jumelles, filles de feu Guillaume de Bosanbert et de défunte dame Hervoise de Saint-Pierre; pour les recevoir au logis de famille, tous les serviteurs et servantes de leur père et de leur mère étaient venus en dehors de la cour de l'hôtel, et parmi eux on apercevait un vieillard en cheveux blancs, et dont la douleur semblait plus vive que toutes les autres. C'était le curé de Notre-Dame, celui qui, le premier, avait parlé à la dame de Bosanbert de l'alliance avec la famille de Mantes.

Deux religieux à longues barbes blanches, appartenant à une abbaye fondée par les sires de Mantes, avaient été chargés par le révérend Père et abbé de leur communauté, de ramener à Gournay les deux jeunes filles sauvées par le pêcheur; et, pour venir de Mantes à Gournay, mesdemoiselles de Bosanbert avaient chevauché en croupe derrière les deux hommes de religion.

Quand elles mirent pied à terre sous le porche de la cour, le vieux curé, fondant en larmes, leur tendit les bras; et, à travers ses sanglots, ne put leur dire que ces paroles :

« Mes enfants, que le Dieu des orphelins, que la consolatrice des affligés soient avec vous. »

Pendant que les deux sœurs pleuraient sur le sein du vieux prêtre, servantes et serviteurs étaient à genoux dans la cour.

Une des deux jumelles paraissait plus forte que l'autre; Berthe pouvait à peine se soutenir, tandis que Colette, moins abattue, reconnaissait chacun et remerciait de ce qu'on était venu pleurer avec elle.

Je n'ai pas besoin de chercher à peindre tout ce qu'elles éprouvèrent l'une et l'autre quand il leur fallut prendre possession du grand logis, si cruellement agrandi par le vide que trois morts y faisaient !... Oh ! quand elles eurent monté l'escalier, quand, pour se rendre à leur chambre, elles se trouvèrent devant la porte de l'appartement de leur père et de leur mère, toutes les deux tombèrent à genoux : « O vous qui devez être au ciel, veillez sur vos enfants! » Après cette courte prière, Colette se releva; mais Berthe n'avait pu en faire autant, elle avait défailli de douleur et restait gisante sur le carreau.

A force de soins, elle reprit connaissance; mais le curé dit à Colette :

— Il vous faudra avoir de la force pour deux.

— Priez donc Dieu qu'il m'en accorde, car je sens que mon cœur se brise.

Le soir de l'arrivée des deux orphelines à l'hôtel Bosanbert, dans toute la petite ville de Gournay il ne fut question que d'elles et de l'affreux malheur qui venait de les frapper; le lendemain, le surlendemain et même pendant toute la semaine, cet intérêt se soutint; mais le monde est, de sa nature, inconstant et léger, et bientôt on s'entretint moins de la tristesse qui régnait dans le noble logis des Bosanbert. Le matin, on regardait la petite porte auprès du grand portail s'ouvrir pour laisser passer les deux sœurs avec leurs robes et leurs longs voiles de deuil, se rendant aux messes qu'elles faisaient dire à la chapelle de la sainte Vierge consolatrice des affligés.

Au bout de quelque temps, on n'en vit plus qu'une seule aller à l'église... Berthe ne pouvait plus se lever; une défaillance continuelle la retenait dans sa chambre... Par la ville on disait déjà qu'elle allait mourir... Hélas! on ne se trompait pas; un soir, la cloche des agonisants tinta un glas du haut du clocher de

Notre-Dame, et le surlendemain, ce ne fut plus la petite porte, ce fut le grand portail de la cour qui ouvrit ses deux larges battants pour laisser passer un cercueil recouvert d'un drap mortuaire blanc, et porté par douze jeunes filles pleurantes et voilées.

Colette venant de perdre la moitié de sa vie, avait cependant voulu suivre à l'église le corps de sa pauvre sœur. Deux femmes la soutenaient, et, malgré cet appui, plus d'une fois, ceux qui assistaient aux funérailles, eurent la crainte de la voir succomber sous le poids de sa douleur. Mais la force des faibles était audedans d'elle, Dieu y était descendu.

---

L'herbe n'avait pas encore eu le temps de pousser sur la fosse de Berthe, que déjà, dans la ville de Gournay, on ne parlait plus du chagrin de la jeune fille qui vivait solitaire dans le manoir de Bosanbert; on commençait même à dire aux jeunes hommes que Colette était un des plus riches partis de Normandie. Colette pensait aussi à toute la richesse, à l'opulente fortune que son malheur lui avait faite, et quand elle eut l'âge voulu par la loi, voici comme elle en disposa. Elle fit chercher dans le pays normand des parents éloïgnés qui avaient à peine de l'aisance, et leur donna une terre aux environs de Rouen, qu'elle tenait du chef de sa mère. Puis elle divisa la fortune paternelle entre l'église et l'hôpital de Gournay; elle fonda de plus une maison où douze orphelines trouveraient le lit, la table et l'instruction religieuse. Après avoir fait tous ces lots, elle en mit un à part pour elle... Vous allez en voir la destination.

---

Le 16 août 1489, l'archevêque de Rouen, Guillaume de Flavacourt, venait d'arriver à Gournay pour consacrer une jeune fille à Dieu, et la vouer, d'après son propre désir, au reclusage perpétuel.

Cette jeune fille, c'était Colette de Bosanbert; car une foi aussi vive que la sienne, une ardente piété, jointe à un grand malheur, séparent autant du monde que le besoin de faire pénitence et d'expier de grandes fautes. L'innocence va aussi souvent prier dans la solitude du cloître que le repentir. Colette avait rempli ses dix-neuf ans de pureté, de douceur, de charité et de prière; c'était avec tous ces parfums qu'elle s'offrait au Seigneur... ainsi la victime était bien parée.

Mademoiselle de Bosanbert, après avoir obtenu la permission nécessaire, avait fait édifier à ses frais, contre les murs de l'église de Notre-Dame, bâtie sur le rempart de la ville, une cellule de douze pieds carrés, avec trois ouvertures; une pour entendre l'office divin; l'autre pour introduire les aliments nécessaires à sa subsistance; la troisième pour laisser un peu de jour pénétrer dans cette étroite retraite. Ces ouvertures étaient voilées par des rideaux intérieurs et extérieurs faits d'une étoffe épaisse, en sorte que la personne recluse ne pouvait voir ni être vue.

Le peuple remplissait l'église, le cimetière et la rue qui conduisait de l'hôtel de Bosanbert à Notre-Dame; car les prêtres, avec leurs plus belles chapes et leurs plus riches ornements, étaient allés processionnellement chercher la jeune et noble damoiselle qui abandonnait tout ce que la fortune lui avait donné pour se séquestrer à jamais du monde où elle avait déjà tant souffert. Les habitants de Gournay se souvenaient d'avoir vu Colette de Bosanbert revêtue d'habits riches et élégants, alors que le bonheur et la prospérité avaient souri à sa famille; maintenant, combien la jeune fille était changée! certes, elle était belle encore avec sa pâleur d'ivoire; et ses grands yeux bleus, malgré toutes les larmes qu'ils avaient versées, brillaient encore d'un vif éclat!.... Mais que son vêtement était grossier et rude! une longue et épaisse robe de bure l'enveloppait tout entière, une corde ceignait sa taille, et ses jolis pieds étaient nus sur le gravier de la route.

Quand la belle et sainte fille eut franchi le seuil de la maison paternelle, elle se retourna pour la voir encore... Ce fut là son dernier sacrifice; avec la bure de sa longue manche, elle essuya une larme qui s'était échappée malgré elle, et elle marcha d'un pas assuré vers l'église.

Des marches de l'autel, le saint prélat voyant venir la jeune victime, d'une voix émue prit la parole; il recommanda à la recluse la lecture et l'étude des saintes Écritures, la prière, la méditation, la communion et la messe tous les jours. Il lui ordonna le travail des mains dans l'intervalle de la prière et de la lecture. Le produit de ce travail devait être donné aux pauvres : ainsi la religion, en consacrant cet entier détachement du monde heureux, exigeait qu'on restât attaché au monde souffrant.

Après avoir humblement écouté les instructions, les exhortations paternelles du prélat, Colette de Bosanbert se prosterna à ses pieds. Alors le drap mortuaire, que l'on plaçait sur les cercueils, fut étendu sur elle, pendant que tous les assistants, d'une voix grave et lente, récitaient avec les prêtres le *Miserere meî Deus*, et le *De Profundis*. Quand ces prières furent dites, la victime volontaire se leva comme une morte qui sort du cercueil... Cependant ce n'était pas à la maison de son père et de sa mère qu'elle allait se rendre, hélas! elle ne se relevait de dessous le drap des morts, que pour aller habiter un tombeau.

Comme pour conduire un trépassé à sa tombe, l'archevêque et tout le clergé descendirent les marches du sanctuaire et marchèrent lentement vers la partie de l'église ou s'ouvrait la cellule de la recluse. Auprès de l'ouverture faite dans le mur, se trouvait un tas de pierres, de chaux et de mortier, et deux ouvriers maçons, la truelle à la main; l'on ne pouvait regarder sans une sorte de frémissement ces deux manœuvres, car c'étaient eux qui allaient élever et sceller la pierre du sépulcre sur la pauvre jeune fille, qui se tenait debout au milieu des prêtres, victime qui allait volontairement ensevelir sa jeunesse et sa beauté, après avoir doté de sa fortune les pauvres, les orphelins et les autels du Seigneur.

Arrivé devant l'ouverture de la cellule, le prélat prit le goupillon et aspergea d'eau bénite l'étroit espace où la recluse allait vivre, prier et mourir. Après lui, un jeune lévite y entra avec son encensoir; et, après y être resté le temps d'un *Ave Maria,* en sortit. Quand il reparut dans l'église, une expression de frayeur était répandue sur tous ses traits: il venait de voir le tombeau de la vivante.

Le moment était venu; Colette de Bosanbert n'était plus séparée de la cellule que de quelques pas. Elle se mit à genoux devant l'archevêque, qui lui dit d'une voix paternelle :

« Mon enfant, le Saint Père m'a confié de grands pouvoirs pour abréger ou adoucir les vœux : si vous avez peur d'entrer dans cette perpétuelle réclusion, si votre pieux zèle a dépassé vos forces, il en est temps encore, ma fille... Dites un mot, et je vous conduirai moi-même dans un couvent.

— Dieu est avec moi, qui donc me ferait trembler? répondit Colette de Bosanbert. Mon père, je vous remercie, ma cellule ne me fait pas peur; vous venez de la bénir, et j'y serai plus heureuse que je n'ai été dans le monde. »

Après ces mots, elle s'avança sans trembler et monta la marche qui formait le seuil de l'ouverture; arrivée là, elle se retourna du côté de la foule, et cria par trois fois : « Adieu! Priez pour moi, priez pour tous les miens, priez pour la recluse qui ne cessera de prier pour vous. »

Ce ne fut que par des sanglots que l'assistance lui répondit; et, au bruit de ces sanglots, se mêlait un autre bruit saisissant, celui des ouvriers maçons qui fermaient en pleurant l'ouverture qui avait servi de porte à la jeune sainte. Pendant ce travail, le chœur des prêtres chantait les Psaumes de la pénitence, et par-delà le mur qui s'élevait, on distinguait la voix sonore et vibrante de la recluse.

Enfin tous les chants cessèrent, la cérémonie finit et le silence revint peu à peu dans l'église. La porte était entièrement murée, et il ne restait plus à Colette de Bosanbert pour entendre les saints offices du sanctuaire, qu'une petite fenêtre de quelques pieds; cette fenêtre, constamment fermée par de gros rideaux de toile qui l'empêchaient de voir et d'être vue, allait être toute sa joie dans sa perpétuelle réclusion. Ce serait par là qu'elle recevrait toutes ses consolations, par là qu'elle entendrait les hymnes de Dieu, les sons de l'orgue, la parole du prédicateur et les conseils du prêtre qui dirigerait sa conscience. Par cette fenêtre, le parfum de l'encens lui arriverait quelquefois comme une brise du ciel; par elle, elle saurait qu'il y a encore des vivants en ce monde; elle entendrait leurs pas sur les dalles de l'église, et leurs voix à la grand'messe, à vêpres et au salut... Ce seraient là toutes les joies de la pauvre recluse.

---

Longtemps après la cérémonie qui avait consacré et consommé la réclusion de la damoiselle de Bosanbert, un soir deux hommes restèrent dans l'église de Notre-Dame quoique la prière fût terminée et que la foule se fût écoulée.

Colette reconnut l'un d'eux à sa voix qui lui était devenue familière, depuis qu'elle habitait sa cellule; c'était celui qui, toutes les nuits, quand une heure du matin avait sonné, criait du haut du clocher ces lugubres paroles qui retombaient sur la ville :

« Réveillez-vous, réveillez-vous, gens qui dormez, pensez qu'un jour vous mourrez; priez Dieu pour les trépassés. »

Si elle avait pu apercevoir quelque chose à travers les doubles rideaux de sa clôture, elle aurait vu que l'autre était, malgré la chaleur de la saison, enveloppé d'un tabard, sorte de manteau rond et court, comme en portaient les gens de guerre.

Cet homme, au court mantel, était un partisan du roi de Navarre, surnommé à juste titre Charles-le-Mauvais. Jean de Grailly, captal de Buch, était parvenu à avoir des intelligences dans plusieurs villes de Normandie et entre autres à Gournay, et le sire de Corbenton, qui avait été séduit par *Charles-le-Beau-Parleur,* avait acheté le carillonneur de l'église de Notre-Dame, qui était en même temps crieur nocturne, car cet homme ne manquait pas d'une certaine importance; c'était lui qui gardait les clefs du clocher, et du haut de ce clocher, bâti sur le mur de la ville, on pouvait ménager quelques intelligences avec les mécontents du dehors.

L'homme au tabard était ce sire de Corbenton, et il disait au carillonneur :

— « Nous sommes ici devant Dieu.

— Je le sais, répondit le carillonneur.

— Tu crois en lui?

— Comme vous, messire.

— C'est devant lui que tu as juré d'être pour Charles de Navarre.

— Vous m'avez donné de l'argent en son nom, j'ai promis d'être reconnaissant.

— Tu as fait plus que promettre, tu as fait serment.

— Je m'en souviens.

— Tu le tiendras?

— Oui... quoiqu'il y ait bien longtemps, et que l'argent que vous m'aviez donné soit mangé.

— Tu l'as bu, misérable... mais le roi que nous servons est aussi généreux que vaillant, et voici...

— De quoi rafraîchir ma mémoire et renforcer ma fidélité.

— Tu jures de nouveau...

— Tout ce que vous voudrez, messire; parlez, que faut-il? La bourse que vous me baillez est lourde, ma fidélité sera grande.

— Tu monteras ce soir au clocher...

— Oui, pour remplir mon office de crieur.

— Quand tu seras sur le haut de la tour tu me jetteras les cordes de ton clocher.

— Et que voulez-vous faire, messire, des cordes de mes cloches?

— Que t'importe?... tu les attacheras solidement... j'ai besoin cette nuit dans la ville, ajouta le chevalier; ils ferment toujours leurs portes comme si nous étions en temps de guerre; il faut absolument que j'entre, malgré la vigilance des portiers.

— Venez chez moi, seigneur, dit le carillonneur, vous n'aurez pas besoin de risquer de vous casser le cou.

— Je ne puis accepter ton offre... je ne suis pas seul, j'ai avec moi des amis... des amis de celui que tu as juré de servir... de celui qui m'a chargé de te remettre ce que tu tiens à la main.

— Cela commence à devenir sérieux.

— Très sérieux; as-tu peur?...

— Peur... non... mais... je me sens tout de même quelque chose...

— Les pièces d'or que tu viens de recevoir ne sont que les arrhes du marché...

— S'il en est ainsi, dit le crieur, je ferai de bons nœuds à mes cordes, de coudée en coudée, et je les tendrai à vous et à vos amis... et nous verrons du nouveau demain.

— *Novus rex, nova lex, novum gaudium*, dit le sire de Corbenton.

— Sont-ce des paroles du grimoire que vous dites là, messire?

— Non, non, répondit le chevalier, c'est comme qui dirait *vive Navarre!*

— Eh bien! vive Navarre!

— Ainsi, c'est bien arrêté?

— Arrêté comme si le tabellion y avait passé. Je n'ai qu'une parole, moi. »

La main du chevalier frappa dans celle de son complice, et la recluse en entendit le bruit et celui de leurs pas qui s'éloignaient, puis celui de la porte qui se refermait sur eux... puis rien.

Oh! alors que de pensées, que de sentiments, que de désirs, que de scrupules se disputèrent l'âme de la pauvre jeune fille!... C'était un complot dont elle était devenue la confidente involontaire... Elle avait renoncé aux affaires humaines, pour ne s'occuper que de son salut... Mais, pour aimer Dieu sans mesure, elle n'avait point chassé de son cœur l'amour du pays... sa ville natale. C'était donc un devoir de révéler la trahison... mais à qui? La nuit était venue, personne que le carillonneur n'allait plus entrer dans l'église, à moins que quelque malade n'eût besoin des derniers sacrements à son agonie. Avant la première messe du matin, elle n'aurait pas à qui redire ce qu'elle a entendu, personne à qui révéler ses soupçons, et alors il serait trop tard. Il lui était interdit de quitter sa cellule sans une permission spéciale de l'archevêque de Rouen. La porte par laquelle elle aurait pu sortir était murée, et quand elle ne l'aurait pas été, celle de l'église était fermée en dehors, et le carillonneur en avait emporté la clef. Il y avait bien une des ouvertures de la cellule, la petite fenêtre; mais sortir par là, c'était une désobéissance sans résultat. Elle tâcha de prier, elle demanda à Dieu un miracle, un miracle qui pût sauver son pays natal, si comme elle le croyait, il était réellement en danger.

Cependant les heures passaient, les lumières étaient éteintes dans toutes les maisons de Gournay, un silence profond régnait dans les rues, et l'on n'entendait que le bruissement de la cascade du moulin se précipitant de sa voûte en ogive, et le murmure d'un orage lointain.

Minuit venait de sonner.

Une figure semblable à une apparition nocturne se glissait par une des ouvertures de la cellule de la recluse. Colette de Bosanbert avait vaincu tous ses scrupules; c'était elle qui parcourait l'église de Notre-Dame, et quand, animée d'un esprit qui lui était inconnu, elle eut ouvert la grille du chœur, sa main blanche et amaigrie abaissa la lampe qui brûlait devant l'autel, et elle y alluma un cierge; ce cierge servit à allumer tous ceux qui se trouvaient sur les différents autels. Ces lueurs éclairaient les statues de marbre couchées sur les tombeaux; celles-ci n'étaient pas plus pâles que la femme qui traversait ainsi, en tous sens, l'édifice silencieux.

Cette femme prit enfin une torche couverte d'emblêmes mortuaires, ouvrit une petite porte basse et étroite, la referma sur elle en se baissant, et monta l'escalier de pierre qui conduisait au clocher. Ce clocher pyramidal et octogone avait cent soixante pieds de hauteur, ayant pour base une tour carrée, et à chaque coin un clocheton surmonté d'un ange portant un des attributs de la Passion de Notre-Seigneur.

Pendant que Colette de Bosanbert montait, des lueurs mobiles sortaient rouges et confuses des meurtrières de la tour, et le crieur des trépassés arriva dans l'église pour y remplir son office de chaque jour. Quand il eut poussé le haut battant de la porte, et qu'il vit toutes ces lumières et cette inexplicable illumination, il crut qu'il n'était pas encore bien réveillé et que c'était un songe. Il se frotta les yeux, avança et se convainquit que c'était bien une réalité. Alors la frayeur le saisit; à la lueur des cierges il lui sembla que toutes les statues de saints et de saintes, d'anges et d'archanges, de chevaliers et de grandes dames, d'évêques et de pasteurs le regardaient avec des yeux sévères et courroucés; et, comme sa conscience était loin d'être pure, il se mit à trembler et s'enfuit hors du saint lieu.

En traversant le cimetière pour aller donner l'alarme au presbytère, il se heurta contre les croix des tombes, et tomba presque évanoui au milieu des hautes herbes poussées sur le sol inégal des fosses; et en même temps il entendit une voix, qui n'était pas la sienne, crier du haut de la tour :

« Réveillez-vous, réveillez-vous, gens qui dormez, pensez qu'un jour vous mourrez; priez Dieu pour les trépassés. »

A ces paroles tombées d'en haut, il fit le signe de la croix et dit : *Amen!*

Le tocsin sonnait, le tonnerre grondait plus fort, l'éclair déchirait la nue, la pluie tombait à torrents et bondissait sur les pierres tombales, vomie par les cent gargouilles du toit de l'église.

Tout-à-coup le tocsin s'arrêta... mais, ô surprise! sur le haut de la tour, tout-à-coup une figure apparut, une longue robe la revêtait et sur sa tête un voile blanc flottait comme un nuage. Elle mit sa torche dans la main de l'ange qui tenait la lance de la Passion, et cet ange, ainsi armé de fer et de feu, semblait l'exterminateur que Dieu envoie pour accomplir ses vengeances.

Cependant tout le monde accourait, le tocsin avait chassé le sommeil de la ville, il y avait fait descendre la terreur.

« Où est l'incendie? » criaient plusieurs voix, et la voix de l'apparition répondait :

« *Aux armes! aux armes!*

— Où est l'ennemi? demandaient les hommes.

Et la voix de l'apparition répondait :

» Aux portes! aux portes! »

Alors les quatre capitaines de la ville rassemblaient leurs compagnies. Les conspirateurs, partisans du roi de Navarre, voyaient, du faubourg dont ils étaient maîtres, cet ange qui les menaçait; ils entendaient cette voix qui retentissait d'en haut et dont les vents portaient les cris d'alarme. Les cordes promises ne tombaient pas du haut des murailles... un génie protecteur, un ange terrestre avait déjoué les projets de la trahison.

Pendant la nuit, un amas de fascines avait été formé sur le bord du fossé, pour aider à le traverser, mais un coup de tonnerre terrible éclata, la foudre venait d'embraser ce monceau de branches légères coupées dans la forêt, de longues flammes en jaillirent et s'élancèrent en pétillant au-dessus des maisons.

Alors ce fut dans les murs et hors des murs une nouvelle alarme, un immense désordre; une réverbération éclatante illumina toute la ville... puis bientôt la flamme baissa, et de nouveau on se retrouva dans l'obscurité la plus profonde. A la place où avaient été ces fascines, il n'y eut bientôt plus que des cendres légères sur des braises éteintes.

*Gournay était sauvé !*

Les habitants se précipitèrent dans l'église pour remercier Dieu et aussi pour savoir ce que c'était que cette apparition que leurs yeux avaient vue et que leurs oreilles avaient entendue; ils n'en surent rien... les cierges étaient éteints, les morts dormaient dans leurs tombes, on ne comprenait rien au récit du carillonneur, qui parlait d'illumination miraculeuse des autels, des morts qui s'étaient dressés sur leurs sépulcres pour le menacer... on le crut fou. On questionna Colette de Bosanbert à travers ses doubles rideaux; elle était en prière derrière sa porte scellée... on remarqua que sa voix était émue.

Elle demanda à se confesser au curé Jean. Il vint; elle s'accusa d'une grande faute, et pourtant jamais absolution ne fut donnée plus vite que celle qu'elle reçut.

L'abbé Jean parut seul bien comprendre tous les mystères de cette nuit agitée... il avait ses raisons pour cela.

---

A l'approche de l'hiver, nous quittâmes *la province des châteaux et des églises*, la Normandie, pour aller chercher, dans le midi, un climat plus chaud. A Marseille, un parent de M. Rouget de Lisle, auteur de *la Marseillaise*, nous raconta l'*histoire de Rosa;* et à Pau, tout à côté du berceau de Henri IV, nous entendîmes un noble Espagnol réfugié, nous redire les aventures de *Gusman le Maudit*, et du *Guide*, compagnon d'armes de Zumala-Carreguy.

# GUSMAN LE MAUDIT.

Elle est belle et noble la haute tour carrée de l'alcazar de Ségovie. Elle dresse au-dessus de tout sa tête couronnée de créneaux, comme la superbe reine de la ville.

Déjà, sur un énorme rocher granitique dont la base se perd dans de noires profondeurs, Alphonse d'Almarès avait assis, en 1220, un puissant château, comme sentinelle avancée pour garder son berceau, la vieille cité des Ségusiens. Son petit fils, Alphonse III, trouva la demeure seigneuriale et paternelle vaste et forte, mais il répétait souvent: Avec la puissance d'un géant, elle n'en a pas l'imposante majesté; on la dirait couchée sur la montagne, moi je veux qu'elle soit debout et qu'on la voie de loin; et tout de suite il s'était mis à l'œuvre; car Alphonse d'Almarès, troisième du nom, n'avait pas une volonté qui ne se fît tout de suite visible par sa réalisation. Pour lui, concevoir c'était exécuter; dans sa pensée, le vouloir d'un homme devait être de fer comme son armure et son épée.

Avec de pareils hommes, les entreprises vont vite; aussi bientôt le château des Almarès ne borna plus sa hauteur à celle du vaste bâtiment carré assis sur le plateau du rocher. Bientôt l'orgueilleuse tour placée au-dessus de l'entrée principale de l'alcazar se rapprocha des nuages.

Alphonse avait huit fils, et à chacun d'eux il dédia une des huit tourelles que la grande tour a l'air de porter comme une mère qui élève ses enfants dans ses bras pour leur montrer le ciel.

Quand ces huit tourelles avec leurs créneaux dentelés et leurs machicoulis furent achevées et suspendues à deux cents pieds au-dessus du rocher, le sire d'Almarès y conduisit ses fils; et là, il leur dit : « A chacun de vous je fais don d'une de ces tourelles, et chacune d'elles portera un de vos noms. Mais au don que je vous fais, je mets une condition : avant de redescendre auprès de votre mère, qui a eu peur de monter si haut, vous allez me jurer que si jamais la demeure de famille est menacée, de quelque endroit où vous vous trouverez, vous accourrez à vos tourelles pour défendre votre berceau et celui de nos devanciers. »

Alors sur la plate-forme du nouveau et magnifique donjon, les huit fils d'Alphonse III mirent leurs mains dans sa main et jurèrent leur premier serment.

« C'est bien, dit le chevalier, j'ai reçu votre foi, et j'y compte... » Puis il ajouta, avec un sourire d'orgueil : « Ici, nous sommes si rapprochés du ciel, qu'il ne ferait pas bon prêter un faux serment, car les anges de Dieu ont pu vous entendre... Je suis sans crainte à cet égard... nous sommes d'un sang qui ne se parjure pas... aussi j'ai fait graver sur la pierre la devise de mon aïeul Fernand :

« GLORIA MEA FIDELITAS. »

Dès qu'ils furent redescendus dans la grande salle, la pâle et maladive châtelaine leur dit : « Je n'ai pu entendre votre serment, mais je l'ai vu ; je m'étais fait porter dans le préau, et je vous assure, chers fils, que vous étiez beaux à voir si près des nuages, entourant votre noble père, et quand je ne pouvais aller jusqu'à vous, mes vœux y sont montés. »

L'aigle a beau se faire vieux, il quitte encore son aire pour aller regarder le soleil en face. Alphonse, déjà sur l'âge, ne put rester dans le château qu'il s'était bâti. Les bruits de guerre étaient venus jusques à sa montagne, et avec ses six fils aînés il était parti pour aller défendre l'étendard de la croix. Quand l'homme de fer (on l'appelait ainsi dans la contrée) eut quitté le château, la vie y devint bien moins sévère.

La noble épouse du châtelain, frêle et souffrante, n'avait point de volonté pour contrarier celle des fils qui étaient restés avec elle. Elle eut été moins affligée de souffrances, qu'elle eût encore été faible pour s'opposer à leurs désirs.

Dieu l'avait faite seulement pour obéir et aimer; mais pour diriger, pour commander, elle était inhabile. La vigne et la liane sont belles, si elles sont soutenues; mais laissées à elles-mêmes, elles ne s'élèvent pas et n'abritent personne.

Les deux derniers de ses enfants, Gusman et Isidorio, tout en regrettant de ne pas partager la gloire guerrière que leurs frères allaient acquérir, en suivant les pas de leur père, se consolaient un peu par la liberté survenue dans leur vie. De jeunes seigneurs des environs de Ségovie s'étaient liés avec eux, et souvent les deux derniers nés de Bianca d'Almarès, la quittaient pour aller chasser avec leurs nouveaux amis. Après beaucoup de joyeuses parties au dehors, chez leurs nobles voisins, Gusman et Isidorio eurent le désir tout naturel de recevoir chez eux les jeunes hommes qui les avaient invités à leurs fêtes. D'abord la maladive châtelaine objecta sa mauvaise santé et l'absence de son seigneur et maître, don Alphonse d'Almarès; mais alors comme aujourd'hui, les enfants avaient mille douces et caressantes paroles pour faire céder leurs mères et les amener à leurs désirs; et dona Bianca consentit, un peu à regret, il faut le dire, à tenir cour plénière pendant trois jours; chasses, carrousels, danses et banquets devaient remplir les joyeuses heures; et dès qu'elle eût dit *oui* à tous les projets de ses fils, elle fut embrassée, caressée par eux comme s'ils avaient encore été enfants... Quand des fils ont grandi, ces bons moments sont rares pour les mères; aussi, malgré quelques petits remords, elle se sentit heureuse de n'avoir rien refusé.

Le jeudi, il y eut carrousel dans le préau du château, et sous les portiques à ogives qui entouraient cette cour d'honneur, des estrades avaient été élevées pour les dames et damoiselles de Ségovie et des environs. La journée fut remplie de plaisirs guerriers, et comme pour récompenser la noble châtelaine d'avoir consenti aux désirs de ses fils, Gusman fut proclamé deux fois le héros de la lice.

Le vendredi, des ménestrels vinrent ouvrir dans la longue galerie du château une lutte plus pacifique, celle de la gaie science et des lais d'amour. Isidorio reçut en cette matinée une couronne de roses et de lauriers, et sa mère pleura de joie quand elle vit le beau front de son fils ainsi ombragé.

Le soir, des danses commencèrent à la lumière des lustres, et elles auraient duré jusques au soleil levant, si ce moment n'avait été fixé pour le départ de la chasse.

Le jour du carrousel avait été heureux.

Celui des ménestrels et des danses plein de plaisirs.

La journée de la chasse fut mauvaise et remplie de mécomptes.— Le vent était trop fort, la terre trop sèche, les brisées mal faites, les chiens n'avaient pas donné, et le cerf, après avoir été entrevu deux ou trois fois à grande distance, n'avait point été forcé.

« — Eh bien! avait crié Gusman, nous recommencerons demain.

— C'est demain dimanche, murmura tout bas Isidorio.

— Tais-toi, répliqua son frère, dimanche ou non, il faut que demain nous ayons un cerf.

— Notre mère ne voudra pas...

— Tais-toi, te dis-je, elle ne saura notre chasse que lorsque nous serons au loin, alors si elle gronde et si elle se lamente, nous ne l'entendrons pas. »

Ces paroles avaient été échangées entre les deux frères, à voix basse et pendant qu'ils chevauchaient l'un à côté de l'autre. De retour au château, Gusman donna à ses piqueurs et aux valets de chiens, des ordres secrets pour le lendemain. Tout devait se faire en silence, et le départ du château devait avoir lieu une heure avant le jour.

Il faut qu'il y ait un puissant attrait dans ce plaisir de la chasse; car c'est merveilleux de voir ce qu'on lui sacrifie, douce aisance, paisible tranquillité de la demeure, fraîcheur du repos, chaleur du foyer; toutes ces choses si bonnes ne peuvent retenir et sont gaîment échangées pour l'agitation, les fatigues, les mécomptes et les dangers. Ce plaisir était devenu la passion de Gusman.

Le saint jour du dimanche était commencé depuis deux heures; le premier veneur du château vint éveiller son jeune maître pour lui dire qu'un cerf, marquant dix cors, avait été vu dans la forêt voisine.

Debout! s'écria Gusman; debout!... puis soudain, se souvenant que le départ du château devait se faire silencieusement et à l'insu de sa mère, il alla, de chambre en chambre, réveiller ses amis encore plongés dans le sommeil, en leur recommandant de descendre sans bruit dans la salle d'armes de la première cour.

Les joyeuses fanfares des trompes, les voix des chiens, les claquements des fouets, les piaffements, les hennissements des chevaux n'annoncèrent point ce départ. En voyant tout ce monde s'avancer dans les ombres et s'éloigner du noble manoir, on eût pu croire qu'il partait pour aller à des funérailles.

Malgré la volonté et les ordres de Gusman, des indiscrétions avaient été commises; la vieille nourrice des deux jeunes seigneurs avait su, par un des valets de meute, que le lendemain une grande chasse devait avoir lieu, et elle était allée, tout de suite, en avertir le chapelain qui avait élevé ceux qu'elle avait nourris.

L'aumônier, vieilli dans la famille, qui avait baptisé tous les fils de son seigneur, et qui leur avait prodigué de pieux enseignements, pensa que quelques paroles de bouche pourraient peut-être retenir son ancien élève et le faire renoncer à un projet qui lui semblait impie. Il alla donc se placer sous le porche de la haute tour carrée, et quand il reconnut Gusman en avant de tous les autres chasseurs, il alla vers lui, et, étant proche de son cheval, lui dit :

« — Messire, c'est aujourd'hui jour de repos et de prières, ne profanez pas la sainteté du dimanche, ce jour est à Dieu et non au plaisir.

— Bon père, répondit Gusman, notre chasse a été mauvaise hier, il faut qu'elle nous soit heureuse aujourd'hui; laissez-nous partir, et allez dire vos *oremus;* ma mère vous attendra bientôt à la chapelle.

— Votre pieuse mère pleurera amèrement sur la faute que vous allez commettre...

— Vous la consolerez, saint homme; gens de votre robe sont mieux écoutés des vieilles femmes que de nous... Allons, au large! »

Et, parlant ainsi, Gusman poussa rudement le vieux chapelain contre le mur.

« Que Dieu lui pardonne! dit le chapelain; et vous, Isidorio, allez-vous le suivre? »

A la lueur des flambeaux, Isidorio vit du sang sur les cheveux blancs du vieillard, car sa tête avait frappé contre les parois du porche. Cette vue le toucha, et il répondit : « Non, je n'irai point avec mon frère. »

Le ciel n'est déjà plus noir du côté de l'orient et la grande masse de la forêt montre ses cimes inégales sur la raie blanche du jour. Gusman a repoussé la pitié et toute bonne pensée de son âme; il ne sait quelle main inconnue le pousse...

Voilà le grand village seigneurial; voilà l'église dont les vitraux rayonnent déjà de la lueur des cierges; voilà les cloches qui tintent la première messe... toutes ces choses pourraient donner des remords au fils d'Alphonse et de Bianca, et il commande à tous les piqueurs de sonner de la trompe; il veut s'étourdir.

Mais cependant les paysans qu'il rencontre sur le chemin de la forêt, crient au scandale: « Chasser ainsi le saint jour du dimanche et pendant les offices divins! » Bientôt des menaces se font entendre et contre Gusman et contre ceux qui le suivent... mais plus il voit que les gens de campagne le blâment, plus il persiste, plus il répète à ses amis : « Amis, la chasse sera belle! ne vous effrayez pas des terreurs de ce menu peuple. »

Le village seigneurial est déjà loin; voici un autre hameau qu'il faut que les chasseurs traversent; là, ils seront forcés de ralentir la course de leurs chevaux, car la voie étroite et encaissée est remplie de foule... toute cette multitude suit deux cercueils que les prêtres conduisent au cimetière. Ce sont ceux de deux vieux époux que la mort a frappés le même jour, et qui n'auront qu'une même tombe, comme ils n'ont eu qu'une même couche pendant leur longue vie.

La procession funèbre fait signe aux chasseurs d'arrêter... mais ils avancent toujours, en criant : « Place, place! » Le prêtre commande alors de déposer à terre les deux cercueils à travers la rue. Cette barrière sacrée, ils ne la franchiront pas! A cette vue, la plupart des chasseurs arrêtent leurs chevaux et rebroussent chemin, le sacrilège leur fait peur... mais Gusman, lui, ne redoute rien, il est lancé dans le mal, il ira vite et loin. Son cheval se cabre devant les deux bières; il lui enfonce ses longs éperons dans les flancs; il faut que le cheval obéisse; les planches craquent, rompent, se brisent, et les pieds du fougueux animal meurtrissent et déchirent les deux cadavres.

Gusman a franchi seul l'obstacle que le prêtre a voulu lui opposer... mais avant d'être loin, au-delà des cercueils, il a entendu une terrible voix, celle du fils des deux morts; cette voix lui a crié :

*Tu n'as pas respecté les restes de mon père et de ma*

*mère, eh bien! au nom du Dieu vivant, au nom du Seigneur qui a dit : « Père et mère honoreras, » je te maudis... Je vois l'avenir, et en verité, en vérité, tu tueras ceux qui t'ont donné le jour!*

Pour lancer cette malédiction contre l'impie, le fils des deux trépassés était monté sur le mur du cimetière, et toute la multitude et Gusman avaient entendu son effrayante prédiction; sa voix avait retenti comme un tonnerre!

---

Après avoir été emporté par son cheval, après avoir erré bien longtemps dans la forêt, où il avait toujours entendu retentir à son oreille la terrible malédiction, Gusman revint au château de Ségovie. Sa mère, Isidorio, le chapelain et tous ceux qui y demeuraient, virent l'altération de ses traits. Il resta triste, préoccupé et taciturne. Dans le salon, il se disait : « Quand viendra l'heure du coucher, alors je serai seul et bien plus à mon aise qu'avec ma mère, mon frère et l'aumônier qui parlent de choses diverses, quand il n'y en a qu'une seule dans ma pensée. »

L'heure du coucher sonna, et quand Gusman fut seul, il regretta que le moment de la solitude fût venu; car dans la salle avec la famille, il y avait eu un peu de bruit, un peu de distraction entre lui et la malédiction du matin; mais à présent, dans le silence de la nuit et de sa chambre solitaire, il entendit bien mieux la terrible voix lui crier :

« *Tu tueras ceux qui t'ont donné le jour!* »

Bien souvent nous nous couchons ayant sur le cœur une peine pesante, et le lendemain, quand un rayon de soleil vient à travers les courtines de notre lit, la peine n'est plus sur notre âme, elle a, pendant la nuit, et sous le charme du sommeil, *fondu* comme si elle avait été de neige... Ah! il n'en fut point ainsi pour Gusman! la nuit n'avait rien emporté de ses terreurs, et quand le lendemain, et le surlendemain et bien des jours revinrent, l'horrible épouvante était toujours là, lourde, oppressante sur son sein.

C'est quand des pensées semblables se fixent dans l'esprit, quand elles s'y attachent étroitement, qu'elles ne le quittent plus, qu'elles n'y laissent plus de place pour une autre idée, qu'arrive la folie. Notre esprit n'a pas été fait pour tant de fixité; pour bien aller, il faut qu'il soit ondoyant, mobile, variant comme les choses de la vie.

Quand Gusman sortait de sa solitude, quand il était auprès de sa mère, quand il lui entendait dire que don Alphonse allait bientôt être de retour, il lui prenait de soudains frissons; malgré lui il tressaillait et cette horrible pensée lui venait : « *Ma destinée est de tuer ceux qui m'ont donné la vie!...* » Puis, quand il remontait dans sa chambre, quand il se promenait dans le préau, quand il montait sur le haut donjon, quand il entrait dans la tourelle que son père lui avait donnée, le démon du désespoir, comme un affreux cauchemar, se tenait cramponné à son cœur et lui rendait la vie insupportable.

« — Mon père va revenir! partons : quand je ne verrai ni lui, ni ma mère, quand je ne serai plus près d'eux, je ferai mentir l'infernale prophétie. Partons. »

Et, comme il l'avait dit, Gusman partit.

---

Voilà le jeune seigneur cheminant seul, bien loin, bien loin du château paternel! Sur la route, le pélerin tourna souvent la tête pour revoir encore la belle tour de l'alcazar avec ses huit tourelles; elles étaient si élevées qu'on les apercevait à grande distance, au-dessus des cimes des forêts et des collines.

« Enfin, dit une vieille chronique du couvent des Dominicains de Ségovie, Gusman d'Almarès arriva dans une contrée où l'on ne parlait point la langue de son pays. Et là, les riches ne faisaient point attention à lui, car sur la route il avait usé ses vêtements et sa chaussure; et quelques-uns, en le voyant passer, le prenaient pour un aventurier vagabond... Hélas! c'est le destin de beaucoup d'exilés : on n'est connu, on n'est aimé que dans sa patrie! »

Dieu, cependant, prend souvent en pitié les bannis. Voyez Joseph, vendu aux marchands égyptiens par ses frères : la main du Seigneur le conduit jusques dans les conseils du roi.

Quelque chose d'à peu près semblable advint à Gusman, *et pourtant, lui, avait été maudit* par le fils des deux morts. La chronique raconte qu'un certain prince le prit en grande affection à cause de son courage. A une chasse, Gusman avait tué deux sangliers et avait sauvé le fils de son protecteur de la furie de l'un d'eux. En récompense de ce trait, il l'avait nommé son grand veneur. Les bontés du prince étranger ne s'arrêtèrent pas là, et pour que son favori n'eut plus la pensée de retourner en son pays natal, il lui fit épouser une jeune veuve de grande richesse et de haute extraction.

A la cour du souverain que Gusman servait maintenant de son épée, Gusman était-il toujours autant tourmenté de la malédiction prononcée contre lui? Je ne sais; l'histoire garde le silence sur ce point; elle ne le garde pas sur la constante douleur qui était venue se fixer à l'alcazar depuis que Gusman en était parti. Tristesse était arrivée là, depuis qu'il n'y était plus, comme un hôte qui s'assied au foyer pour y demeurer longtemps.

Un proverbe du peuple dit qu'*un malheur ne vient jamais seul;* pour don Alphonse et la noble et douce Bianca le proverbe fut cruellement vrai. Dans les combats contre les Maures, le vaillant seigneur de l'alcazar avait perdu deux de ses fils tombés sous le fer des infidèles, et en traversant les monts des Algarves, pour revenir chez lui, *la maladie noire* que les populations appelaient *le glaive de Dieu*, lui avait enlevé les quatre autres... En arrivant chez lui, il espérait trouver les deux derniers de ses enfants... Et à peine avait-il franchi le seuil de sa splendide demeure, qu'il n'y trouva que peine, pleurs et regrets.

Isidorio venait de s'ensevelir dans un cloître. Et Gusman! qui pouvait savoir où il avait porté ses pas, et sous quel ciel il vivait?

Vous avez vu le jeune homme maudit pour son impiété envers les morts, effrayé de la malédiction prononcée contre lui, quitter l'alcazar; eh bien! maintenant c'est Alphonse et Bianca qui en sortent en pleurant; ils n'ont pu se résoudre à vivre dans le vide que la mort et l'absence de leurs fils leur ont fait, et les voilà qui s'éloignent de leur belle demeure pour aller en quête de leur fils Gusman, l'enfant de leur prédilection.

Longtemps ils cherchèrent; un soir enfin ils arrivèrent à un château qui s'élevait majestueux dans les campagnes, et dont les nombreuses et hautes croisées brillaient de lumière, comme des yeux qui veillent dans la nuit; les deux nobles pélerins heurtèrent à l'huis du castel et, sans les faire attendre, la herse se leva devant eux et le serviteur de la porte les conduisit à la salle des hôtes où la châtelaine leur donna la bien venue et leur offrit le vin de l'arrivée.

Cette châtelaine était jeune et belle, et tout en son manoir annonçait richesse et splendeur.

— Vous dormirez ici, dit-elle aux deux étrangers, vous vous y reposerez tant que cela vous sera en plaisance.

—Oh! répondirent les voyageurs, si nous ne trouvons

ici ce que nous allons quérant par le monde, la nuit qui viendra après celle-ci ne nous verra pas chez vous, dame châtelaine au cœur hospitalier.

— Et qui donc allez-vous ainsi cherchant? demanda la dame du château.

— Ce qui nous reste de bonheur, le dernier de nos huit enfants, notre fils Gusman d'Almarès.

— Gusman! s'écria la châtelaine.

— Eh! oui, Gusman, notre beau Gusman.

— Vous ne le chercherez plus.

— Comment?

— Vous êtes chez lui.

— Dites-vous vrai?

— Par le salut de mon âme! je vous le déclare encore, vous êtes chez Gusman d'Almarès; je suis son épouse, l'épouse qu'il aime et qu'il rend heureuse, épouse qui est fière de lui.

A ces paroles de la femme de leur fils, ni Alphonse ni Bianca ne pouvaient répondre... mais ils pleuraient de joie... leur cœur, si longtemps navré de douleur, était près de se briser sous la forte émotion qui l'agitait. . . . . . . . . . . . . . . . . . .

. . . . . . . . . . . . . . . . . . . . . . . .

---

Dans le vaste château, il y avait de bien belles chambres, richement tendues de courtines et de tapis d'Orient; mais, selon la coutume du vieux temps, pour faire plus d'honneur au père et à la mère de son époux, la dame du manoir leur dit : « C'est dans ma chambre, dans ma couche, dans celle de Gusman, que vous dormirez; si j'avais un lit meilleur et plus riche, je vous l'offrirais; car, en vérité, je veux vous honorer à l'égal de mon propre père et de ma propre mère. »

Comme l'avait voulu, comme l'avait dit l'épouse de Gusman, ses deux hôtes furent conduits dans la chambre du seigneur, la chambre que l'on offrait aux princes et aux rois quand ils passaient dans la contrée.

---

Ce n'était plus la nuit, mais pas encore le jour, quand un chevaucheur arriva devant la porte du château; l'homme d'armes qui veillait au donjon a entendu le pas du cheval, et a demandé : *Qui va là?*

Une voix bien connue a répondu, le pont-levis s'est aussitôt abaissé, les battants de la porte de chêne tout bosselés de grosses têtes de clous, ont roulé sur leurs gonds, et la herse s'est levée devant le seigneur suzerain, car c'était lui.

Tout était dans l'ombre et le repos, et la lumière qui venait de naître au ciel était si faible encore qu'elle ne laissait que bien confusément distinguer les objets.

L'impatience que Gusman avait d'arriver auprès de son épouse, était vive et grande, elle tenait à la fois de l'amour et de la jalousie... De l'amour, il devait en avoir, mais de la jalousie, il aurait dû la repousser bien loin de lui... Mais en Espagne, ces deux passions marchent et déraisonnent toujours ensemble.

Il a rapidement monté l'escalier qui conduit à sa chambre, et le voilà y entrant, le voilà levant les courtines du lit... O horreur! ô colère! ô vengeance! un homme, un étranger y dort près d'une femme... A travers les demi-ténèbres, il n'a vu que cela... et son bras, plus prompt que l'éclair, a déjà frappé deux fois. Deux fois, son épée a fait jaillir le sang; deux fois Gusman a tué... et ses victimes n'ont pas eu le temps de râler leur agonie; elles sont subitement passées du silence du sommeil au silence de la mort.

Après cette double vengeance, Gusman est agité d'un tel tremblement, saisi d'une si grande terreur, qu'il n'ose jeter un regard sur ceux qu'il a frappés. Le voilà qui fuit... qui fuit comme un lâche assassin; en s'éloignant de la chambre, où le sang ruisselle, il se répète, pour rassurer son âme : Ma vengeance était juste; j'avais droit de laver ma honte dans leur sang... Je n'ai fait que cela... pourquoi donc ces terreurs et ces remords?

Pourquoi? ah! il va le savoir.

A peine, dans son trouble, il avait franchi le seuil de sa demeure, dont il voulait s'éloigner pour toujours, comme d'un lieu de honte et de meurtre... que, sur le chemin, tout proche du château, belle et paisible comme un ange, revenant de la messe de l'aurore, se présente à lui sa douce et chaste épouse, lui tendant les bras et lui disant : *Que vous avez tardé à revenir, mon bien-aimé seigneur!*

Déception que cette vue, pense Gusman, ce n'est plus elle... je l'ai tuée; mon épée est encore chaude de son sang... C'est son ombre, son esprit.

Mais elle est venue à lui, mais elle a jeté ses bras autour de son époux frappé de stupeur, immobile comme une statue de marbre... A la fin, de la poitrine haletante, oppressée du malheureux Gusman, s'échappent ces paroles :

— Fantôme qui m'étreins dans tes bras, qui es-tu? Si tu es l'âme de la femme adultère, comment ne brûles-tu pas des flammes de l'enfer?

— Votre épouse, ô redouté seigneur, n'a point été infidèle, elle vit pour vous aimer.

— Si elle vit, qui donc ai-je tué? qui donc était dans mon lit nuptial?

— Que demandez-vous?

— Je veux savoir qui a violé la sainteté de ma couche?

— Personne.

— A qui donc ce sang qui dégoutte encore de mon épée?

— Du sang!

— Oui, du sang que j'avais droit de verser.

— Grand Dieu!

— Qui que tu sois, ange ou démon, esprit céleste ou femme mortelle, parle, quel homme avait osé franchir le seuil de ma chambre et entrer dans ma couche?

— Votre père!

— Et la femme qui était près de lui?

— Votre mère!

— Eh bien! malédiction! malédiction sur toi, ou plutôt, malédiction ! malédiction réalisée sur ma tête... Ainsi donc j'ai accompli la prophétie de l'homme du cimetière... me voilà doublement parricide!...

---

Près de l'alcazar de Ségovie se trouve un pont jeté sur une profonde coupure, entre le château et la ville... Un jour, un homme y vint, montra à un ouvrier une des tourelles du haut donjon carré, et lui dit : Il faut l'abattre, c'est celle de Gusman le Maudit, elle déshonore le noble donjon.

Puis, quand les maçons furent à l'ouvrage, quand les pierres commencèrent à tomber, l'étranger qui avait donné l'ordre d'abattre une des huit tourelles, se précipita, du parapet du pont, dans les noires profondeurs de l'abîme.

Depuis ce jour, le donjon de l'alcazar de Ségovie n'a plus que sept tourelles.

# ROSA.

Il y a des hommes d'un telle autorité, qu'en leurs mains, la plume est comme un sceptre ; quand ces hommes écrivent, c'est comme s'ils commandaient ; à ce qu'ils disent, le public croit et obéit ; ces hommes-là seraient bien coupables, s'ils jouaient avec leur pouvoir ; ils faut qu'il méditent, qu'ils pèsent chaque mot qui tombe de leur plume, car chacun de leurs mots doit être un enseignement ou un précepte.

Il y a d'autres écrivains qui ont bien plus de liberté, parce qu'ils ont bien moins de talent. Ceux-là peuvent tout dire ; on ne leur en fera pas plus un crime qu'on ne fait un reproche au citoyen ignoré, qui parle dans la foule; je suis de ce nombre, et je viens aujourd'hui jouir de toute la liberté que me donne mon rang obscur.

Un prince de la pensée, n'oserait peut-être pas dire qu'il *croit aux revenants*, et craindrait de raconter des histoires d'*apparitions* et d'*esprits*, parce qu'à ses récits le monde *aurait peur*, et que ses paroles empêcheraient la société *de dormir*. Mais moi, je puis sans scandale, déclarer que *je crois aux revenants;* ma peur ne fera peur à personne, ma croyance me restera personnelle, et ne fera école nulle part. J'use donc de toute ma liberté, et je répète tout haut et très sérieusement que *je crois aux revenants*.

Avant de faire ainsi au public l'aveu de ma croyance, je me suis souvent demandé : Peut-on, sans offenser Dieu et la raison, croire que les morts reviennent quelquefois et apparaissent aux vivants?

Et en toute sincérité, je me suis répondu :

Pourquoi y aurait-il du mal à croire aux apparitions surnaturelles? Parce que les lois de la nature veulent que l'homme né de la femme, vive peu de jours, et qu'une fois, ce peu de jours passés, il soit condamné à dormir la longue nuit du cercueil, est-il mal de croire que celui qui a établi ces lois naturelles y puisse déroger? Sa *bonté* autant que sa *puissance*, rendent croyables un grand nombre d'apparitions. Et où serait le mal, où serait la déraison de penser que le *vainqueur de la mort* lui commande encore?... Ecoutez : un enfant privé des caresses de sa mère, des conseils de son père, a grandi seul au milieu des dangers du monde; les passions l'ont séduit; il va commettre un crime affreux; l'âme de sa mère, cette âme qui aime par-delà le tombeau, du séjour qu'elle habite, voit le gouffre près d'engloutir son enfant... Et elle obtient de Dieu de venir sauver son fils. Elle reprend sa mortelle dépouille, comme une reine qui se revêt de haillons, et elle ne reparaît un instant sur la terre, que pour montrer le ciel à son enfant.

Un scélérat s'est fait riche et puissant à force de rapines et de meurtres; c'est dans le sang qu'il a volé son or; pour monter à son superbe palais, il a foulé aux pieds les corps de ses victimes... Enfin, il possède tout ce que les hommes envient... S'il est heureux après ses mille forfaits, Dieu est-il juste?

Non ; cet homme, ce lâche, ce trompeur de femmes, de vieillards et d'enfants, cet hypocrite, ce menteur ensanglanté, le jour au milieu de ses fêtes, et la nuit sur sa couche splendide, aura ses remords pour le punir.

Des remords ! Eh ! il y a des cœurs si bas, si vides, si stériles, qu'un remords même ne peut y naître; des cœurs semblables à cette terre maudite du désert où même une épine ne peut croître. A ces hommes-là, Dieu enverra de véritables bourreaux, il permettra à ceux qui ont été spoliés, déshérités par l'avarice du monstre, à ceux qui sont tombés sous ses coups, de se lever de la terre, de sortir des eaux où ils auront été jetés par lui; ils reviendront pâles, sanglants, hideux, épouvantables, tels que le meurtre les aura faits... ils entoureront sa couche, ils chasseront le repos de ses nuits, la joie de ses fêtes; quand il voudra chercher l'oubli de lui-même, dans le vin des banquets, c'est avec du sang que ses victimes viendront emplir ses coupes d'or... Moi, je l'avoue, je ne veux pas rejetter ces croyances salutaires, je ne veux pas les traiter de folles imaginations. Les livres saints eux-mêmes, les livres qu'il faut croire, la Bible, nous montrent les morts revenant à la lumière pour effrayer ou avertir les vivants! A la voix de la sorcière d'Endor, Samuël ne brisa-t-il pas les liens du sépulcre? Ne vint-il pas crier à Saül :

*Demain tu mourras!*

. . . . . . . . . . . . . . . . .

Je ne veux plus faire de citations aussi graves. Les pages sur lesquelles j'écris me le défendent. Mais j'en aurais encore beaucoup à dire sérieusement sur la *croyance aux revenants;* il y a des majorités dans lesquelles *j'ai foi*, ce n'est ni celle de la chambre des pairs, ni celle de la chambre des députés actuelles; la majorité que je respecte, la majorité qui a du poids sur mon esprit, c'est celle de tous les siècles et de tous les peuples. Or, quand je vois toutes les nations, dans tous les temps, croire aux apparitions, j'y crois aussi avec elles. Et s'il n'y avait pas du vrai dans cette croyance, pourquoi y aurait-il, pour tous, pour les grands comme pour les petits, pour les vieux comme pour les jeunes, tant d'attrait dans une histoire de revenant?... Voyez dans un de nos salons, quand un homme pénétré de cette croyance prend la parole pour raconter ou l'histoire d'un pressentiment, ou celle d'une apparition, ou la venue d'une âme du purgatoire qui demande des prières à ses anciens amis, voyez comme l'intérêt, que les heures de la soirée commençaient à éteindre, se ravive subitement; c'est comme le coup de *poker* sur un feu de charbon de terre : il brûlait noir, et le voilà tout flamboyant.

Si je pouvais raconter l'histoire de Rosa, comme je l'ai entendue, oh! alors, je serais bien sûr de produire de l'effet... mais ce que j'écris là, la nuit, tout seul dans ma chambre, quand tout est silencieusement solennel autour de moi, — va, peut-être, être lu en plein jour, — à la table du déjeûner, — pendant que les jeunes hommes de la famille *parlant chiens et chevaux*, *opéra et jokey's club*... Le plein jour, le bruit, le rayon de soleil, la distraction, c'est la mort des histoires des morts; quand vous les redites à des femmes, ne laissez dans le salon qu'une lueur douteuse, qu'une clarté sombre.

Une histoire, c'est comme un tableau, ne la mettez pas dans un faux jour.

Voilà ce que j'ai dit aux personnes qui m'ont demandé pour *La Mode, l'Histoire de Rosa*. Et si elle n'est pas là, à sa place, ce n'est pas ma faute.

C'était, je crois, vers la fin de novembre 1792 : M. R..... de L.... revenait de l'émigration... car cet homme, aujourd'hui pensionné par la révolution de 1830, en qualité de poète de la révolution de 93, avait, nous a-t-on assuré, émigré lorsque l'émigration faisait fureur.

Mais bientôt le bannissement devint trop rude pour plusieurs des Français, qu'un point d'honneur avait fait s'exiler : un certain nombre d'entre eux rentra en France; M. R... de L.... fut un de ceux-là.

Avant de quitter la belle et inspirante Provence, il avait aimé de son premier amour, de cet amour meilleur que tous les autres, une jeune et jolie fille du Midi, fille aux cheveux noirs, au doux regard, et à l'âme de feu... qui avait nom *Rosa*, et qui appartenait à une des familles les plus distinguées du pays. Tous les deux d'accord avec la mère de Rosa, se fiancèrent l'un à l'autre; tous les deux jurèrent de se garder leur foi, et quand le jeune homme fut au moment de partir, quand il répétait *je reviendrai*, la fille du Midi lui répondit : Vous reviendrez, je veux bien le croire, mais *me retrouverez-vous?*

Et sa mère, cherchant à se tromper elle-même et s'efforçant de sourire, ajouta : En effet, tu es si âgée, mon enfant, que tu cours risque d'être morte avant son retour.

— Ma mère, on ne meurt pas seulement de vieillesse, répartit Rosa.

— Mais pour rêver de mort à seize ans, il faut avoir en soi quelque mal caché, et tu te portes bien.

— Ma mère, on ne meurt pas seulement de maladie.

— Comment! avez-vous peur? dit le jeune homme.

— Comment! n'avez-vous pas peur? demanda la fiancée.

— J'espère, parce que j'aime.

— C'est parce que j'aime, que je crains.

— Bien des choses doivent vous dire que mon absence sera courte; en partant, j'obéis à un préjugé;

en revenant, j'obéirai à mon cœur. Avant trois mois, je serai de retour.

— Dans trois mois, par le temps qui court, il y a bien de la place pour mourir!

— Tu es folle, mon enfant, avec tes sombres pensées.

— Je voudrais bien pouvoir les échanger contre des rêves d'espoir; je fais tout ce que je peux pour cela; mais j'ai beau chercher, quand je songe à l'avenir, ce n'est pas de l'espérance, c'est de l'inquiétude que je trouve.

— Par quels serments faut-il vous rassurer?

— Vous ne m'avez pas compris, ce n'est pas de vous que je doute, c'est de l'avenir. Les événements sont souvent plus forts que les hommes; vous voudrez revenir, mais vous ne le pourrez plus.

— Mais le délire actuel ne peut durer.

— Il y a des délires qui durent jusqu'au dernier souffle, des délires dont on ne sort qu'en entrant dans le cercueil.

— Décidément, mon enfant, tu es par trop triste aujourd'hui, tu finirais par me faire peur... Dites-vous adieu, promettez-vous tous les deux de vous aimer toujours... et brisons là-dessus.

Et, ayant dit ces mots, la mère de Rosa permit à M. R.... de L... de donner le baiser d'adieu à sa fiancée; et, après avoir vu le jeune homme monter en voiture et sa fille retourner à sa harpe, elle crut que tout irait le mieux du monde; n'avait-elle pas dit: *brisons là-dessus*.

Il y a bien des êtres faits comme cela, bien des êtres

qui *brisent* sur ce qu'ils veulent, et qui ont dans l'âme assez de froideur pour pouvoir glacer et anéantir ce qui les troublerait ou les gênerait; gens qui, ayant la vue trop courte pour voir les nuages s'amonceler au ciel, ne veulent pas croire aux orages; gens qui, voulant dormir dans la vie, en repoussent tout ce qui pourrait y faire trop de tumulte.

Ces gens-là sont heureux; mais Rosa n'était pas faite de la sorte. Elle avait reçu d'en haut ce que donne le beau ciel du Midi, ce qui fait espérer et craindre, sourire et pleurer, ce qui repose le mieux, et qui torture le plus, ce qui est consolant comme un ange et cruel comme un démon, ce qui fait rêver du ciel et deviner l'enfer. Elle avait une vive *imagination.*

Les horticulteurs ont remarqué que les roses qui vivent le moins, sont celles qui ont le plus de parfum. Il en est à peu près de même des femmes, celles qui qui ont le plus d'*imagination* (ce parfum de l'âme), passent plus vite que les autres... Les fleurs qui ne sentent rien végètent bien plus long-temps. Faut-il, pour cela, que la rose envie le tournesol? Oh non! cent fois non! . . . . . . . . . . . . . .

. . . . . . . . . . . . . . . . . . . . . . . .

Au commencement de l'année 1794, les ignobles gouvernants de la France se reposèrent un peu de leurs sanglantes rigueurs; la guillotine eut un moment d'arrêt, et les proscriptions devinrent moins sévères. M. R.... de L.... profita de cet instant, et revint à Marseille. Je n'ai pas besoin de vous dire que, dès le lendemain de son arrivée, il se hâta de courir au château qu'habitaient Rosa et sa mère... N'étant pas rentré en France sous son vrai nom , et craignant les regards de la police, il n'avait dit à personne de la ville où il allait.

De loin, il reconnut les sapins et les épicéas qui entouraient la demeure dont il n'avait fait que rêver pendant son émigration, la demeure où son âme était restée attachée malgré la distance.

Sur le ciel doré du soir, les arbres verts élançaient leurs cimes pointues, et, par-dessus les masses arrondies des tilleuls et des platanes, semblaient des clochers sans croix. Rosa aimait à aller s'asseoir sous ces arbres; de là, on voyait le soir étendre ses ombres sur la vallée; de là, on entendait bien la cloche du hameau tinter l'*Angelus*; il allait peut-être la surprendre, sa fiancée!...

Il le disait du moins, mais au fond du cœur, il ne le pensait pas; il en arrive souvent ainsi; souvent on appelle des idées riantes dans son esprit, quand on se sent de tristes pressentiments au fond de l'âme. On a aperçu au fond de *ce puits des Apulaches*, dont parle Chateaubriand, le crocodile gisant allongé, et pour se le cacher, on jette des fleurs sur la surface des eaux, mais pour ne plus être vu, le crocodile n'en est pas moins encore sous les ondes!

Aux approches de La Bastide, il y avait une telle profusion d'arbustes fleuris, les lilas, les ébéniers, les arbres de Judée, les boules de neige, les acacias, étalaient un tel luxe de bouquets odorants! La brise qui venait de la mer, balançait si gracieusement toutes les fleurs, et en secouait tant de parfums, que de toute cette nature riante, il passa quelque chose de presque heureux dans l'esprit du jeune homme. Oh! ce n'étaient plus les mêmes pensées inquiètes qu'il avait eues tout-à-l'heure en traversant un paysage aride et désolé. Singuliers êtres que nous! Une de nos joies diminue, une de nos peines s'aggrave d'après tel ou tel pays que nous parcourons! Et nous disons cependant que nous régnons sur tout, que nous sommes les rois de la création. Étrange royauté que la nôtre!

Voici maintenant les bosquets traversés, voici le fiancé, avec toutes ses espérances, arrivé à la cour du castel... Il écoute... A cette heure, Rosa aimait à prendre sa harpe, et à lui confier ces rêveries qui nous viennent quand la nuit approche... Il va peut-être entendre quelques suaves accords! Il écoute, et son cœur bat si fort au-dedans de sa poitrine, qu'il le gêne pour bien écouter... Rien... pas le moindre bruit, pas même le vieux chien Philos pour aboyer... pas même une porte, une fenêtre qui s'entrouvre pour laisser voir quel est l'étranger qui arrive... Tout est fermé, plus le moindre signe de vie, plus le moindre mouvement... tout est mort!

M. R..... de L.... a prononcé ces mots, dans sa pensée : *oh! comme tout est mort ici!* Et tout son être a frémi... Il y a des moments où ce mot de mort est si solennel!

Après avoir regardé quelques instants, à travers les barreaux de la claire-voie de la cour, toute la tristesse de ce lieu qu'il croyait abandonné..., le jeune homme a subitement détourné la tête, car il a entendu près de lui le gravier de l'avenue craquer sous les pas de quelqu'un... Oh! il ne s'est pas trompé!... c'est quelqu'un de la maison... c'est Valentin, le vieux fermier, *factotum* de la famille.

— Où est donc tout le monde? a demandé M. R..... de L....

— Comment! c'est vous, monsieur, vous enfin de retour!

— Oui, oui, c'est bien moi, mon vieux, mais dépêche-toi, dis-moi, où sont-elles?

— Vous ne savez donc rien?

— Non, rien, pas la moindre chose, j'arrive de l'étranger.

— Ah! pourquoi y êtes-vous allé! si vous étiez resté, vous les auriez peut-être sauvées!

— Qui?

— Madame et sa fille.

— Et sauvées!... de quoi?

— De la mort!. . . . . . . . . . . . .

. . . . . . . . . . . . . . . . . . . . .

Ce fut là le coup de massue pour le malheureux fiancé. Aussi, resta-t-il sous ce terrible coup longtemps silencieux, immobile... Pas un mot ne sortit de sa bouche, mais bien des pleurs sortirent et coulèrent de ses yeux, pendant que le vieux fermier lui racontait comment sa noble maîtresse avait été accusée d'avoir eu des correspondances avec des conspirateurs à Toulon, comment elle avait été arrêtée, jugée, condamnée, guillotinée aux refrains de la *Marseillaise;* comment Rosa, séparée de sa mère, et sans aucun appui, était devenue si triste, si désolée, si à plaindre, qu'elle en était tombée malade, et qu'au bout de quelques mois, Dieu avait eu pitié d'elle et l'avait appelée à lui. . . . . . . . . . . . .

Après toutes ces terribles révélations, après le long récit du vieillard, M. R..... de L... restait encore à la même place; il ne songeait point à s'en retourner à la ville... Il repassait dans sa pensée les paroles si tristes que Rosa avait dites, lors de leurs adieux... Il regardait toujours cette demeure où il avait goûté tant de pure félicité! Il regardait toujours, et cependant la nuit était devenue noire et épaisse entre lui et le château.

— Valentin, dit tout à coup le fiancé, Valentin, tu me vois bien à plaindre, donne-moi un peu de bonheur...

— Du bonheur à vous! du bonheur venant de moi! Oh! parlez vite, que faut-il faire? je le ferai tout de suite; car je croirai plaire à ma bonne maîtresse, à mademoiselle Rosa.

— Tu as les clés du château?

— Oui.

— Tu vas me l'ouvrir.

— Ça vous brisera le cœur!

— Oh! si tu pouvais dire vrai!

— Vous feriez mieux de venir chez nous.

— Non, je veux coucher dans la chambre de sa mère... Le grand portrait d'elle y est-il encore?

— Oh! monsieur, tout y est, hormis elle, sa harpe est encore là, au-dessous de son image. . . . .

. . . . . . . . . . . . . . . . . . . . .

Valentin avait dit vrai; dans l'intérieur du château tout était demeuré à sa place... Des fleurs cueillies par la jeune fille s'étaient desséchées dans les vases où elle les avait mises. Une table auprès d'un grand fauteuil portait encore des dessins inachevés que Rosa avait commencés auprès de sa mère... Un métier à broder se voyait près de la fenêtre, et l'ouvrage de tapisserie n'avait pas été recouvert, comme s'il avait dû être repris tout de suite... La poussière de l'abandon était tombée sur tous ces objets, et l'araignée avait appendu ses toiles aux cadres des portraits de famille et aux sculptures dorées des boiseries...

Dans la chambre de la mère de Rosa, c'était encore plus triste... *Le lit en tombeau* vis-à-vis le beau portrait, avait des rideaux de damas rouge à ramages blancs, relevés avec leurs *bonnes grâces,* comme si la châtelaine avait dû y coucher... Elle! maintenant couchée avec tant d'autres victimes sous une terre ensanglantée ! . . . . . . . . . . . . . . . . .

. . . . . . . . . . . . . . . . . . . . . . . . .

Il y avait longtemps que Valentin était retourné à sa ferme... Il était près de minuit... Certes, il y avait dans cette veillée quelque chose de grandement solennel. Un fiancé qui était parti avec tant d'espérances, et qui se trouvait maintenant avec tant de désespoir ! Ici il avait parlé amour; ici il ne trouvait plus rien que la muette image d'une morte. . . . . . . .

. . . . . . . . . . . . . . . . . . . . . . . . .

Il y avait un grand feu dans l'âtre, une lampe brûlait près du lit, et à cette double lueur, M. R..... de L...., qui ne songeait pas à dormir, avait toujours les yeux ouverts et fixés sur le portrait de Rosa.

Dans ce beau portrait, l'ouvrage d'un des premiers peintres du midi, la jeune fille était représentée debout, appuyée sur le piédestal d'un vase Médicis tout rempli de fleurs. Son vêtement était une robe blanche, et sa taille svelte et gracieuse était serrée par un ruban bleu de ciel à longs bouts pendants; ses beaux cheveux noirs coulaient en ondes, de ses tempes sur ses blanches épaules...; une branche d'églantier s'échappant du gros bouquet que contenait le vase de marbre, retombait au-dessus du front de la jolie fille, et lui formait comme une couronne.

Rien de plus charmant que la figure de ce portrait, et cependant M. R..... de L...., en la regardant, se répétait : Elle était bien mieux que cela... *Elle était!...* Mais à présent..... Si jeune, clouée dans un cercueil !....

Ces pensées de la tombe, ces vers du sépulcre qui disent à la jeunesse et à la beauté : *Nous sommes vos frères et vos sœurs,* leurs affreux ravages, toutes ces idées de mort agitaient fortement l'amant de Rosa, et cependant il ne détournait pas ses regards du portrait... O prodige! Tout à coup la figure blanche se meut dans son cadre... Ce n'est point une illusion. Voilà Rosa qui se détache du fond de verdure du tableau, voilà son joli pied qui ne pose plus sur le gazon que le peintre avait émaillé de fleurs, le voilà sur la bordure contournée et dorée... Puis, sans faire plus de bruit que n'en fait la plume d'un cygne quand le vent la détache de ses ailes et qu'elle vient à tomber à terre, la blanche figure s'est élancée de la toile sur le parquet; elle y marche sans que l'on puisse entendre le bruit de ses pas. Elle avance..., et en passant près de sa harpe si longtemps muette, elle étend son bras, et sa main pâle la touche comme pour caresser cette ancienne amie; mais Rosa, depuis qu'elle n'habite plus la terre, a appris la musique du ciel... Aussi les sons qu'a rendus la harpe sous sa main ont été au-dessus de toutes les harmonies que les hommes entendent...

Le fiancé ne sait plus ce qu'il éprouve; il tremble, ce n'est pas de peur; il pleure, ce n'est pas de tristesse, car il est bien aise de la vision qui lui est accordée; il sourit, et ce n'est pas de joie, car il sent que lui n'est pas délivré, qu'il n'est pas encore uni à sa fiancée dans la région des âmes... Ce qu'il ressent tient à la fois de l'amour, du respect et de l'adoration. Ce n'est plus une femme qu'il regarde, c'est un ange, un être d'en haut. S'il osait se mouvoir, ce serait pour se prosterner, prier et adorer... Mais lui ne ferait pas comme les enfants d'Israël qui se voilaient le visage quand le Seigneur leur apparaissait, dans la crainte de mourir; lui regardait toujours avec l'espoir d'être délivré de la vie, par l'éclat de la vision céleste...

L'âme visible de Rosa (car c'était bien elle), le léger, le gracieux fantôme s'était arrêté à quelques pas du lit, où le jeune homme haletait et respirait à peine sous la puissante émotion qui avait saisi tout son être... Pas le plus petit bruit ne se faisait alors entendre... Le vent de la nuit avait cessé de souffler, et les feuilles des arbres qui entouraient le château, ne tremblaient plus sous son haleine... Dans ce silence absolu, dans cette absence complète de tous murmures, une voix, une voix douce et sonore, une voix comme la terre n'en a pas, comme le ciel en a dans les chœurs des anges, s'éleva tout-à-coup et chanta ainsi :

Seize printemps peut-être,
Hélas! j'ai vu fleurir!
Un autre va renaître,
Et moi je vais mourir.

Oh! toi, qui m'abandonne,
Arbitre de mon sort,
Prépare la couronne
Et les fleurs de la mort...

Adieu, mère chérie,
Adieu, mes jeunes sœurs...
Oh! toi qui fus ma vie,
Adieu, par toi je meurs.

La douce et céleste voix vibrait encore sous les hautes voûtes de la grande chambre, que l'apparition était déjà évanouie, disparue, fondue comme un léger brouillard... Plus rien, plus rien d'elle, si ce n'est, dans toute la chambre, une forte odeur de ces baies de genévrier que l'on brûle près du lit des morts dans les veillées funèbres... Oh ! je me trompe, de cette vision, il resta encore quelque chose, ce fut dans l'âme de l'homme qui l'avait eue, un souvenir qui dure encore.

# LE GUIDE.

Le capitaine-général! le capitaine-général! pourquoi ne vient-il pas? criaient des femmes attroupées devant la petite maison qu'habitait Zumala-Carregui; qu'il nous parle... Nous sommes toutes dévouées au roi Don Carlos, que Dieu veuille protéger!

— Le général est en affaire avec un député des juntes, dit un officier qui s'avança sur le seuil; bientôt il aura fini et il vous entendra.

— Tout de suite, tout de suite, il faut qu'il nous écoute!

— L'affaire qu'il traite en ce moment est importante.

— Rien n'est plus pressé que la nôtre.

— Qu'avez-vous à demander au général?

— Vengeance! vengeance! hurlèrent les femmes rassemblées sous les fenêtres. Les negros ont massacré hier nos enfants, nos fidèles et vaillants fils : *Mueran, mueran los negros!*

— C'est pour assurer la vengeance que vous voulez, que le capitaine-général confère avec l'envoyé de Madrid.

— Le sang de nos fils est chaud, on le laisse refroidir, il crie vengeance, et nous aussi. Vengeance! vengeance!

— Le général vous l'accordera.

— Il tarde bien, s'écria la plus vieille des femmes, il tarde bien... Zumala serait-il vendu à Christine?

— Qui ose parler ainsi? demanda l'officier.

— Moi, Peppa, moi, la mère de Iago, de José et de Grégorio, qui ont été égorgés hier par les christinos...; moi, mère de douleur, moi, fidèle Espagnole altérée du sang des traîtres...

— Femme, êtes-vous chrétienne? dit une voix forte, et c'était celle de Zumala-Carregui; femme, êtes-vous chrétienne?

— Comme l'est votre honorée mère, répondit Peppa.

— Et vous avez si soif de sang?

— Oui; car les christinos ont bu celui de mes trois fils.

— Leurs cruautés seront punies... Femmes, retournez chez vous, vous aurez vengeance...

— Il nous la faut tout de suite! cria la mère en cheveux blancs.

— Oui, oui, tout de suite, tout de suite! répétèrent les autres femmes.

— Femmes, obéissez; retournez chez vous.

— Et qu'irions-nous faire chez nous? demanda Peppa... nos enfants n'y sont plus!

— Non, leurs corps mutilés sont accrochés aux arbres.

— Pauvres garçons! pas un petit morceau de terre sainte ne leur a été donné!...

— Pas un prêtre auprès d'eux à leurs derniers moments!

— Malédiction, malédiction sur leurs bourreaux!

— Par les plaies de Notre-Seigneur Jésus-Christ! moi, Zumala-Carregui, je vous le jure, femmes, vos vaillants fils seront vengés...

— *Viva, viva* Zumala! *Mueran, mueran los negros!*

— Que ta mère, que ta femme, que tes filles soient écorchées, mutilées, torturées sous tes yeux, seigneur généralissime des troupes fidèles, si tu nous trompes...

— Qui, dans toutes les Espagnes, m'a vu manquer à ma parole? Qui d'entre vous peut dire : Zumala a trahi un serment?...

— Pas un être sous le soleil, répondit la foule.

— Eh bien, femmes! retournez donc à vos maisons; je vous le répète, les christinos paieront cher le sang qu'ils ont versé.

— Noble sang, si jamais il en fut! cria celle qui s'était appelée la mère *des douleurs*, sang d'un Castillan et d'une Navarroise.

— Tout Espagnol fidèle qui meurt pour Carlos est aussi noble que tes fils, dirent les autres femmes à

Peppa, et nos fils doivent être vengés comme les tiens...

— Oui, oui, vengeance pour vous, vengeance pour moi, vengeance pour tous! Et, criant ainsi, la vieille Peppa avait les yeux flamboyants, les cheveux en désordre, et levait les mains vers le ciel. A cet instant même, le bruit de la cloche des agonisants retentit dans le village; et à l'extrémité de la rue, au-dessus des têtes de la foule, on aperçut venir le dais du saint Viatique; alors les femmes échevelées, délirantes, qui demandaient vengeance, tombèrent subitement à genoux, faisant des signes de croix répétés.

Le prêtre, portant dans le ciboire d'argent le pain sacré du grand voyage, traversa le rassemblement des femmes mutinées et les bénit en passant.

Suivant la coutume du pays, à mesure que le saint Viatique avançait vers la demeure du moribond, la foule agenouillée se relevait et formait cortège; et ceux des fidèles qui ne craignaient pas de voir mourir, et qui croyaient qu'il est bon de prier pour les agonisants, suivaient le prêtre jusques dans la chambre du malade. Peppa et plusieurs de ses compagnes allèrent jusque-là... Tout-à-l'heure elles étaient semblables à des furies; maintenant elles sont redevenues chrétiennes, elles ne maudissent plus, elles prient.

Celui qui allait mourir avait eu une espèce de pouvoir pendant ses bons jours : secrétaire d'un alcade, il avait eu un moment d'ambition sous le roi Joseph Bonaparte, et avait alors favorisé de tous ses moyens les idées des philosophes modernes; il avait répandu leurs écrits dans la catholique Espagne et avait fini par se faire révolutionnaire.

Il allait quitter la terre et s'envoler bien loin de toutes les opinions humaines : il eut été juste de ne plus se souvenir, autour de son lit de mort, de sa conduite politique; mais demander de la raison, de la justice, à des passions, c'est vouloir que les feuilles des arbres ne s'agitent pas quand le vent souffle, que les vagues de la mer ne se soulèvent pas quand la tempête est déchaînée.

Aussi quand le prêtre, debout près du lit, fut au moment de mettre l'hostie divine sur les lèvres pâles de l'agonisant, Peppa se releva du plancher où elle était agenouillée, et, saisissant le bras du ministre de Dieu, cria : Révérend père, arrêtez; celui que vous allez administrer n'est pas carliste.

— Il est chrétien, répondit le religieux; femme agenouillez-vous et priez.

— Je prierai pour lui qui va mourir, mais que lui prie tout haut pour nos enfants : la prière des mourants est puissante auprès du Seigneur; que ce christino, car il est christino, prie hautement pour les soldats carlistes.

— Que Dieu fasse miséricorde à tous! dit d'une voix faible le moribond.

— Ce n'est pas assez, reprit la mère égarée par ses pensées de vengeance, ce n'est pas assez, il faut qu'il maudisse les assassins de nos fils!

— Il priera pour tous et ne maudira personne, repartit le prêtre; et c'est contre vous, femme, que je dirai anathème, si vous ne vous agenouillez pas et si vous n'adorez pas en silence... Dieu est ici, respect et prière! La mort est proche, miséricorde et pardon!

A ces mots prononcés avec autorité, Peppa retomba à genoux, et le silence le plus profond régna dans la chambre.

Le malade profita de ce grand calme; et, soulevant de dessous son drap sa main amaigrie, il fit signe qu'il avait quelque chose à dire.

— Pour recevoir dignement le Dieu que vous amenez vers mon lit de douleur, dit d'une voix défaillante le partisan de Christine, il faut, mon révérend père, que je m'humilie devant les chrétiens qui sont venus prier pour moi... tout proche de la mort, c'est... c'est le souvenir du parjure... si j'étais resté fidèle à mon premier serment... si je n'avais point déserté la cause de mon légitime seigneur et maître... si je n'avais violé la foi que je lui avais jurée... je mourrais plus facilement... Mais, voyez-vous, vous tous qui êtes là à me voir mourir, mon parjure a aidé à amener les étrangers sur ma terre natale... je sentirai encore leurs pieds, quand je serai couché dans ma fosse, fouler la terre d'Espagne qu'ils arroseront de sang... J'engage donc tous les bons catholiques, que je vois ici priant pour moi, à demeurer fidèles à la foi jurée.

— Oui, à don Carlos! que Dieu veuille protéger... murmura le moribond.

— Maintenant, que Dieu lui fasse miséricorde, dit Peppa, il a prié pour notre roi.

La voix, qui la première avait interrompu le christino repentant, était celle de Ximénès, agenouillé dans un coin de la chambre; ce vieux soldat de Charles IV avait vu avec peine l'ingrate conduite de

Ferdinand VII envers son père, et avait suivi le roi détrôné à Rome.

Là, après la mort de son royal maître, Ximénès vivait des secours accordés par le souverain pontife aux serviteurs fidèles; mais, ayant appris que don Carlos avait été obligé de tirer l'épée pour reconquérir sa couronne, il était venu... il était venu avec ses deux fils.

Ximénès avait soixante ans; sa chevelure épaisse attestait bien cet âge; elle était entièrement blanche et bouclée, tandis que ses moustaches et sa barbe étaient restées du noir le plus foncé : c'était comme pour faire connaître qu'en cet homme il y avait à la fois toute l'expérience, toute la sagesse du vieil âge et toute la verdeur de la jeunesse.

Quand le mourant eut été administré, quand la foule, qui était venue lui dire avec le prêtre, *partez, âme chrétienne,* fut redescendue dans la rue, Peppa alla près de Ximénès et lui dit : en voilà encore un de pardonné!

— Femme, vous dites cela comme si vous en étiez fâchée.

— Voulez-vous qu'on se réjouisse de voir tous les negros échapper à l'enfer?

— Mais si vous vous souveniez davantage de l'Évangile, vous penseriez qu'il y a plus de joie dans le ciel pour la conversion d'un pécheur, que pour le salut de quatre-vingt-dix-neuf justes.

— L'Évangile n'a pas été fait du temps des negros; s'ils avaient existé quand le saint Livre a été écrit, le Sauveur eut été moins tolérant...

— Peppa, le révérend père qui vous a imposé silence dans la chambre du malade, vous gronderait s'il vous entendait parler ainsi.

— Oh! je le sais... Mais vous, vous n'êtes pas un prêtre! Mais vous, vous êtes un vieux soldat; vous n'avez pas peur de chercher des batailles et de verser du sang... Vous, vous avez des enfants, et vous concevez quelle douleur quand on les perd, quel bonheur quand on les venge, quel plaisir quand on voit le sang payer le sang! Ximénès, pourquoi n'avez-vous, depuis plusieurs jours, que votre fils Pedro avec vous? Où est Juan?

— Juan! je le cherche depuis près d'une semaine; son capitaine l'a envoyé en mission, porter des dépêches; voilà deux grandes journées qu'il devrait être de retour...

— Et vous n'êtes pas inquiet?

— Qui vous a dit cela?

— Hier vous étiez à regarder les danses de la noce.

— C'est vrai, il y a bien des plaisirs qu'on regarde avec la mort dans l'âme.

— Moi, ce n'est pas la mort que j'ai dans le cœur, c'est l'enfer;... la soif brûlante de venger mes trois braves garçons... Un marchand est venu ce matin dans le village, il racontait sur la place, que ces maudits hérétiques d'Angleterre, que Christine a fait venir pour défendre sa cause, continuaient toujours leurs cruautés : à la porte de l'église vénérée de San-Lorenzo, on a trouvé trois têtes coupées clouées sur les portes bénites; une de ces têtes, ajoutait le marchand, était belle encore : c'était celle d'un tout jeune homme, blanche et blonde comme celle d'une femme...

— Peppa! demanda Ximénès, Peppa! parlez-vous vrai?... Le marchand a-t-il dit ce que vous dites?

— Par les sept douleurs de la Vierge Marie! je vous le jure, il a dit ce que je redis...

— Une tête jeune, blanche et blonde?

— Oui.

— Comme celle d'une femme?

— Oui.

— A San-Lorenzo?

— Oui, à la porte de l'église.

— Oh! mon Pedro a dû passer par San-Lorenzo... Oh! mon jeune garçon, avec un cœur de lion, était frêle et joli comme une femme. Peppa, si c'était sa tête que le colporteur a vue! Sa tête tant caressée par sa pauvre mère!... Peppa, si c'était lui! si c'était lui!

Répétant *si c'était lui! si c'était lui!* Ximénès, d'une de ses larges mains, essuyait la sueur froide que la crainte avait fait jaillir de son visage; et de l'autre, pressait, à la briser, la poignée de cuivre de son poignard... Sous sa chevelure blanche et ses épais sourcils, ses yeux flamboyaient comme des charbons ardents, et, entre ses moustaches noires, ses dents brillaient comme celles du lion qui va boire du sang...

Peppa avait atteint son but, elle avait allumé la vengeance dans cette âme de fer. Aussi c'était presque avec un sourire qu'elle regardait la fureur qu'elle avait excitée... Ximénès était écouté de Zumala; il allait venir avec les femmes, et lui aussi crierait vengeance au capitaine-général.

— Viens avec nous, dit-elle en prenant le bras du soldat, viens.

— Où?

— Chez le capitaine-général.

— Il est avec les députés des juntes.

— Il cessera sa conférence.

— Pour faire quoi?

— Pour nous écouter mieux qu'il n'a fait tantôt.

— Il n'aime pas les attroupements de femmes, il ne les écoute pas.

— Il t'écoutera, toi.

— Il sait ce qu'il doit faire...

— Non, non, il ne le sait pas, il ne le sait pas, parce que ses filles n'ont pas été torturées, massacrées, comme mes fils..., comme le tien...; et que les grandes pensées de guerre viennent des cœurs qui ont besoin de vengeance... Ximénès, la tête du fils de Zumala n'a point été clouée à la porte d'une église!...

— Allons, marchons! cria Ximénès; et le voilà suivi de tout un groupe de peuple, hâtant le pas vers la maison du capitaine-général.

Dans les guerres, comme celle que faisait Zumala-Carregui, dans ces guerres de conviction où les soldats ne sont pas payés, les voix du camp doivent être plus écoutées que dans les armées régulières et soldées. Le général de don Carlos le savait, aussi vint-il au-devant du groupe; et quand il y eut reconnu Ximénès, il lui dit: Vieux soldat, tu es donc aussi d'avis de descendre dans la vallée et de tomber sur les christinos.

— Genéral, il faut tomber sur les loups quand chaque nuit ils enlèvent, ils déchirent, ils dévorent les agneaux. (Ici la voix de Ximénès faiblit, car il venait de penser à son cher Pedro).

— Mais Ximénès, hier encore, tu me disais que les christinos étaient bloqués dans la vallée, et qu'il fallait les laisser mourir au milieu des marais d'où s'exhalent et la fièvre et la mort...

— Oui, général, je disais cela hier; mais aujourd'hui, je pense qu'une semblable mort serait trop douce pour eux... Ce n'est pas la fièvre, ce n'est pas la maladie qui doivent venger nos enfants; ce sont nos mains, c'est notre fer!...

— Mais qui sera notre guide à travers les fondrières de ces marais? Tu le sais, pour se sauver de notre feu, les héros de Christine se sont entourés d'eau... Qui nous mènera à eux?

— Moi! cria Ximénès; moi, je serai votre guide!

— *Viva, viva* Ximénès! Et toutes les femmes et tous les villageois, et jusqu'aux petits enfants, répétaient : Viva, viva!

— C'était vers la mort que l'on allait marcher, et l'on eût dit que c'était vers une fête, tant il y avait de joie, de délire et de battements de mains! Peppa, surtout, semblait enivrée de bonheur... Elle en était venue à ses fins.

D'un signe de sa main, Zumala calma toute cette émotion, fit faire silence, et alors il dit :

— C'est la nuit qu'il faut faire la guerre aux loups, ainsi nous remettrons à ce soir l'expédition; et, comme tu me l'as promis, Ximénès, tu seras notre guide.

— Dieu et le souvenir de mon fils seront les miens, répondit le vieux soldat.

— Et ta longue expérience, car je sais que personne plus que toi, ne connaît ce pays : avant d'être soldat, n'étais-tu pas contrebandier?

— Je suivais mon père, mon père plus heureux que moi! car lui avait, dans toutes ses expéditions, ses deux fils à ses côtés; et moi, général, je n'en ai qu'un, Grégorio que voici.

— Et ton jeune garçon, que j'avais pris pour une fille déguisée, avant que je n'eusse vu son courage?

— Ils l'ont tué, assassiné; ils ont cloué sa blonde tête à la porte de San-Lorenzo!

— Oh! Ximénès, à présent je conçois ton impatience... Sois sûr que je ne te ferai pas languir, je hâterai l'heure... A ce soir, mon brave.

Le soir vint avec ses brises, et toutes les plantes de la montagne, les oliviers, avec leurs feuilles pâles et grisâtres, se mirent à frémir à cette douce fraîcheur; c'était comme la douce haleine d'une amie qui leur arrivait pour les reposer des ardeurs du jour... Dans des temps heureux, c'eut été un beau moment pour les boleros...; pour les guitares et les castagnettes... Mais rien, rien de semblable... Voilà bien des femmes, bien des hommes assis sur l'herbe; mais quand ils se lèveront, ce ne sera pas à la voix du plaisir, ce ne sera pas pour danser sur la pelouse; ce sera une voix de guerre, un cri de vengeance qui leur dira : Debout! pour vous venger ou pour mourir!

Cette voix a retenti; ils se sont tous levés, et les voilà descendant des hauteurs. Ils marchent sans bruit; Zumala leur a dit : « Silence! » Zumala est avec eux!.. Malheur, malheur aux soldats de Christine!!!

---

Pour descendre des hauteurs dans la plaine, le sentier était si escarpé, si étroit, que les carlistes ne pouvaient pas marcher deux de front; des broussailles que les contrebandiers laissent toujours pousser et grandir dans ces passages, dérobaient aux yeux des habitants de la plaine la troupe qui y avançait avec des idées de vengeance.

Pour qu'on ne vit pas leurs larges chapeaux ou leurs bérets enrubannés de rouge et de jaune, les hommes qui suivaient Ximénès se courbaient, ne voulant pas être plus grands que les arbustes chétifs et rabougris de la montagne. A un endroit où deux rochers formaient à droite et à gauche du sentier, comme les deux montants d'une porte, Peppa, avec les femmes du hameau, était venue se poster; et là, montée sur un fragment de roc, elle étendait son bras décharné au-dessus de chaque homme qui passait, et répétait à chacun : « *Que la malédiction de Dieu soit sur ta tête, si tu reviens comme un lâche, si tu laisses vivant un seul des negros qui ont tué mes fils!* »

Oh! c'était là une scène que Walter-Scott aurait aimé à décrire; un faible crépuscule, une lueur d'étoiles l'éclairait ; les vêtements bruns de Peppa étaient agités par le vent de la nuit ; ses cheveux blancs flottant en désordre, étaient ce qui tranchait le plus dans les ombres... ; et, quand elle avait dit ces paroles de vengeance, ces paroles étaient répétées par d'autres voix, mais c'était comme par un chœur invisible ; car les autres femmes, n'étant point montées sur le rocher, restaient cachées dans les genévriers et dans les ronces.

Quelquefois, dans les flancs des montagnes, il se fait un travail mystérieux. L'œil de l'homme ne le voit pas, l'oreille du pâtre qui garde ses troupeaux ne peut l'entendre ; mais tout-à-coup, un tonnerre souterrain éclate ; ainsi qu'une large blessure, le versant du mont s'entr'ouvre, et un torrent charriant d'énormes pierres qui étaient comme les ossements de la montagne, se fait jour, gronde, roule, monte, et va envahir de ses eaux le village qui faisait la vie et l'ornement de la vallée.

Eh bien ! le hameau de San-Lorenzo allait voir soudainement fondre sur lui une autre espèce de torrent, un torrent d'hommes armés, altérés de carnage ; parmi les habitants qui dormaient sous le chaume de ses cabanes, beaucoup ne devaient se réveiller que dans l'éternité, et de la nuit de leur pauvre couche passer à la nuit du cercueil !...

Les soldats de Zumala sont parvenus aux premières maisons du village, et un si profond silence a été gardé par eux tous, que les christinos ne se doutent aucunement que la mort est si proche. Enfin, un coup de fusil part ; un cri d'alarme retentit et le chef des negros, se voyant surpris, commande aux siens d'aller prendre position dans l'église.

Placée sur une petite éminence, à l'extrémité du bourg, elle peut devenir une sorte de forteresse... Oh! triste nécessité de la guerre! la maison d'un Dieu de paix va devenir un lieu de carnage! là où on priait, on va se battre! là où on bénissait, on va se tuer! Malheur! malheur!

Malheur à vous, christinos, qui vous renfermez dans les saintes murailles! Une autre muraille d'hommes va ceindre et resserrer l'église... et si les murs de pierre éclatent et se fendent pour vous laisser sortir, le cercle de fer des soldats de Zumala-Carregui ne s'entr'ouvrira pas pour votre délivrance; non, il se rétrécira, se pressera sur vous, et pas un n'échappera à sa terrible étreinte.

Malheur! malheur aussi à vous, carlistes! car la vengeance que vous voulez, vous la paierez bien cher! Du haut du clocher de cette église, une grêle de balles, une averse de mort, vont tomber sur vos têtes... Vos serments n'ont laissé aux hommes qui se sont réfugiés là, que le désespoir; le désespoir porte de terribles coups, et fait parfois des prodiges. Carlistes, prenez garde!

Zumala, en face de cette église, pensa à l'horrible carnage qui allait l'ensanglanter, et lui, accoutumé aux batailles, frémit.

— Où est le curé? demanda-t-il.

— Me voici, répondit un vieux prêtre, me voici, capitaine-général, je viens vous supplier de ne pas porter le fer et le feu dans la maison du Seigneur.

— Que ceux qui s'y sont réfugiés comme dans une forteresse en sortent, et me rendent leurs armes.

— Leur assurerez-vous la vie?

— Arrêtez! arrêtez! général, cria Ximénès, ne promettez pas à tous la vie sauve; les assassins de nos enfants échapperaient.

— Ximénès a raison : que ceux qui ont tiré le glaive périssent par le glaive; que nos fils soient vengés! ainsi criaient les femmes qui avaient suivi les soldats de Zumala.

— Prêtre de Dieu, je vous prends pour parlementaire; entrez dans votre église, et prêchez à ceux qui la profanent par leurs apprêts de guerre, la soumission et l'obéissance à notre seigneur et maître don Carlos.

Alors le curé s'avança vers la porte de l'église : au lieu du drapeau blanc d'usage, il portait à la main un crucifix... Ce signe sacré ne le sauva pas, une balle partie du clocher l'atteignit au crâne et l'étendit mort à dix pas du seuil où il était venu souvent recevoir et bénir les petits enfants et les trépassés.

A cette vue, un redoublement de fureur, une nouvelle soif de vengeance saisirent toute la troupe carliste. *Mort! mort! supplice, torture, enfer! à ceux qui tuent les prêtres, à ceux qui ont massacré nos enfants!* Ces mots hurlés au milieu des coups de fusil qui se croisaient déjà, durent monter jusqu'aux oreilles des christinos qui tiraient par toutes les lucarnes du clocher. Ces ouvertures avaient été faites pour laisser passer le son pacifique et religieux des cloches, et maintenant, c'était la mort qui en sortait!

Ximénès, ayant vu tomber le prêtre, avait couru

vers lui pour lui porter secours, et se trouvant ainsi tout près du portail de l'église, avait eu le courage de regarder ses battants de chêne, pour voir si Peppa avait dit vrai, si, malgré la mort, il reconnaîtrait la blonde tête de Juan, son fils bien aimé... Il eut l'âme assez forte pour aller tout près des trois têtes que les christinos avaient clouées sur la porte bénite... Il se pencha sur une d'elles, sur celle qui avait encore des cheveux longs et dorés...; et tout-à-coup il s'élança de sa mâle poitrine un cri..., un cri si fort, qu'il dut être entendu de ceux qui se battaient bien au-dessus de lui dans le clocher...

Savez-vous ce qui lui avait arraché ce cri?... C'était la joie!... oui, la joie, car la tête blonde n'était point celle de Juan.

Avec un grand poids de moins sur le cœur, Ximénès revint auprès de Zumala-Carregui. Si le vieux soldat avait maintenant moins besoin de vengeance, Peppa et ses compagnes en étaient toujours de plus en plus altérées... La poudre de la bataille enivre; les carlistes perdaient beaucoup des leurs, aussi leur fureur ne faisait qu'augmenter... mais les murs, les portes de l'église résistaient toujours à toutes leurs balles. Enfin une petite pièce de campagne, trouvée dans le village, fût amenée et braquée devant le portail... Quelques décharges suffirent pour faire tomber les vieux battants de bois de chêne, et alors il y eut un affreux choc; des christinos, en grand nombre, voyant une issue ouverte, s'élancèrent pour faire une sortie, tandis que les carlistes se poussaient, se pressaient, se ruaient pour entrer dans la nef, et y faire main basse sur les negros, sacriléges assassins du curé.

Ces deux grands flots, plus difficiles à apaiser que ceux de la mer dans une tempête, se heurtèrent, se mêlèrent et furent bientôt tout rougis de sang...

Hymnes sacrées, cantiques de l'église, quelles clameurs, quels jurements, quels blasphèmes, quelles plaintes, quels gémissements vous remplacèrent sous les voûtes saintes!

Tout ce qui était là fut passé au fil de l'épée... Tout, hors ceux qui, au lieu de se battre, s'étaient réfugiés dans le sanctuaire et embrassaient l'autel, pour éloigner d'eux la vengeance, ceux-là avaient pris toutes les croix de l'église, et celles d'argent des grandes fêtes, et celles de bois des funérailles des pauvres; et avec ces signes de miséricorde et de pardon, et avec les reliquaires des saints, et avec les bannières des confréries, ils s'étaient fait comme une sauve-garde.

Elle fut respectée, et le *flot de vengeance* s'arrêta à la première marche de l'autel de Notre-Dame-de-Pitié. Zumala-Carregui s'était placé là, et de sa puissante voix avait crié au carnage : *Tu ne viendras pas plus loin!*

Il n'y avait donc maintenant dans l'église que des morts et des blessés, du sang et des débris; la fureur n'y rugissait plus: mais, dans le clocher, les christinos tenaient toujours : pour empêcher qu'on ne parvînt à eux, ils enlevaient les marches de l'escalier, et se creusaient ainsi comme un abîme au-dessous de leurs retranchements. S'ils poussaient des cris de triomphe en voyant qu'ils étaient hors de la portée de leurs ennemis, les carlistes leur criaient les plus excitants outrages, les comparant aux corbeaux qui redoutent l'odeur de la poudre et qui se réfugient dans les plus hautes tours, parce qu'ils ont peur des enfants.

Trois sommations de se rendre avaient été faites aux factieux par Zumala-Carregui lui-même, et trois fois des coups de fusil avaient répondu à la voix du capitaine-général. Ximénès n'avait pas voulu laisser son vaillant chef s'avancer seul, et l'avait accompagné là où pleuvaient les balles; alors le jour commençait à renaître, le ciel blanchissait, et sur le fond de lumière qui s'étendait derrière l'église, on voyait quelques-uns des obstinés christinos aller et venir sur le toit. Ximénès avait l'espoir d'en reconnaître quelques-uns. Mais comment pouvoir distinguer à cette hauteur, dans ces demi-teintes, et parmi les nuages de fumée qui s'élevaient de dessous le clocher?

Les soldats de Zumala, furieux de ne pouvoir monter jusqu'aux christinos qui avaient démoli l'escalier, venaient d'allumer un immense brasier sous le haut retranchement de leurs ennemis. Là, resserrés dans l'étroite flèche de pierre, les factieux devaient bientôt mourir étouffés, car le feu allait toujours croissant, et tout ce qui pouvait brûler, tout ce qui se trouvait dans l'église, stalles du sanctuaire, pupîtres des chantres, boiseries des confessionnaux, balustrades des chapelles, alimentaient l'incendie. Pour résister à ce supplice des flammes et de la fumée, il fallait une grande obstination de courage : les assiégés du clocher l'eurent longtemps, et avant que des voix se fussent élevées pour demander à se rendre, combien de corps noircis et à demi-brûlés étaient tombés des hauteurs de la tour, avec des poutres, des madriers et des cloches! ces cloches, qui avaient depuis bien des années annoncé dans les campagnes, les baptêmes, les mariages, les funérailles, et qui, maintenant, jetaient un dernier son en se brisant sur les dalles de pierre de cette église dont elles avaient été la voix et l'orgueil!... Enfin, au milieu des pétillements des flammes, on entendit des cris..., c'étaient ceux des christinos, ceux de dix hommes que la fumée n'avait point encore étouffés, mais qui ne pouvaient plus se battre, et qui voulaient se rendre.

— Nous laissera-t-on la vie sauve? demandaient les partisans de Christine.

— L'avez-vous laissée à nos frères, aux héroïques soldats de Charles V qui sont tombés entre vos mains?

— Avez-vous laissé vivre nos enfants? ajoutaient des voix de femmes.

— Vous ferez de nous tout ce que vous voudrez; mais, au nom de Dieu, laissez-nous descendre.

— Que parlez-vous de Dieu, vous qui tuez ses prêtres?

— Laissez-nous, laissez-nous descendre.

— Nous vous en prévenons, si vous venez, ce sera pour mourir.

— Toute mort sera douce, comparée aux tourments que nous endurons ici.

— Ah! puisqu'ils souffrent tant là-haut, s'écria Peppa, qui avait été avec ses compagnes la plus active à alimenter le feu, puisqu'ils souffrent tant, il faut les y laisser : c'est un apprentissage de l'enfer qui leur est réservé...

Cet affreux dialogue allait se prolonger, mais le chef royaliste fit apporter des échelles; on en abouta plusieurs les unes au-dessus des autres, et Ximénès aida à les placer là où il n'y avait plus d'escalier... Les hommes qui descendaient à ces échelles étaient horribles à regarder : leurs vêtements brûlés, leurs mains, leurs visages noircis, du sang mêlé aux ravages du feu... et la lenteur qu'ils mettaient entre chaque échelon ajoutait encore à la terreur de cette scène. Quand ils seront arrivés sur les dalles de l'église, quel sort leur sera réservé?... Ximénès, ennuyé de cette lenteur, saisit le bras du factieux qui descendait en tête des autres... Va donc plus vite, lui cria-t-il, en l'attirant rudement à terre.

—Mon père! j'ai les pieds brûlés, dit le rebelle.

— Mon père!... répéta Ximénès; qui es-tu, pour m'appeler ainsi?

— Juan, votre fils Juan.

— Tu mens, je n'ai point de fils parmi les traîtres.

— Mon père, regardez-moi.

Et le jeune rebelle, pour se faire reconnaître, essuyait avec sa manche et sès mains brûlées le noir et la cendre qui couvraient son visage et sa chevelure blonde.

Ximénès l'ayant regardé..., jeta un grand cri...

Puis il quitta le bas de l'échelle, laissant à d'autres le soin de faire descendre plus vite les factieux, et suivit le rebelle qui s'était appelé son fils, et qui marchait à grand'peine, tant ses pieds étaient brûlés... Quand il l'eut rejoint, il le prit encore par le bras, et lui dit :

— Tu ne peux pas être Juan !

— Oh! je voudrais ne pas l'être.

— Tu ne peux pas être devenu traître! tu ne peux pas avoir abandonné la cause de ton vieux père, la cause que défendent tous ceux que tu aimes !

— Plût à Dieu que tout ce que j'aime eût aimé la cause de don Carlos!

— Si tu es mon fils Juan, comme tu viens de le dire..., parle: qui connais-tu dans notre famille qui ne soit pour le légitime souverain?

— Dans notre famille, je le sais, tous sont pour don Carlos...; mais, mon père...

— Achève.

— Angela Lopez...

— Eh bien!

— Elle est pour Christine.

— Et c'est elle...

— Oui...

— Qui t'a fait quitter ton drapeau?

— Sa main était à ce prix.

— Eh bien! que sa main soit éternellement brûlée par les flammes de l'enfer!

— Mon père, mon père, ne la maudissez pas!

— Non, je ne la maudirai pas seule, je dirai malédiction sur vous deux!...

A ce moment, tous les hommes du clocher étaient descendus des échelles, et Peppa et ses compagnes se ruaient à l'entour d'eux, demandant qu'à l'instant même ils fussent torturés dans l'église qu'ils avaient profanée, et auprès du cadavre du curé que leurs balles sacriléges avaient tué. Ximénès aux cris de leur fureur, se retourna et cacha de son corps le factieux qui lui avait dit *mon père*... Puis, voyant que des menaces on allait en venir à l'exécution, que déjà les lames de sabres, les poignards étaient sur la poitrine des christinos, il essaya de pousser le jeune rebelle vers le sanctuaire, où étaient toujours à prier, sous la sauve-garde de la croix et des reliques, ceux qui n'avaient pas combattu. Mais le factieux résista en disant : Mon père, ce n'est pas de ce côté qu'il faut que j'aille.

—Malheureux ! ceux qui sont près de l'autel ne seront point massacrés... C'est vers le salut que je te pousse.

— C'est vers l'honneur que je veux aller ; je suis le compagnon des hommes que l'on va massacrer, je ne dois pas déserter...

— Pourquoi donc as-tu déserté le drapeau de notre seigneur et maître don Carlos?

— Je vous l'ai dit, mon père... mais ce moment-ci est plus solennel, il y aurait lâcheté à renier ceux qui vont mourir.

— A présent, à présent je te reconnais, tu es Juan ! tu es mon fils !

— Et vous m'avez maudit !

— Que Dieu verse sa miséricorde sur l'homme qui comprend l'honneur !

— Mon père, encore une prière : retirez votre malédiction de dessus la tête d'Angela.

— Oh ! non... C'est elle qui est cause de ton crime, cause de ta mort. A elle, je ne pardonnerai jamais.

— Mon père ! mon père ! par le sang du Sauveur, par les larmes de sa divine mère !... je vous en supplie, pardonnez-lui, pardonnez-lui !

— Jamais ! jamais à elle !

Suppliant ainsi, Juan embrassait les genoux de son père... Mais ayant vu sa résolution inflexible, il se releva, et marcha vers les hommes que l'on avait déjà fait mettre à genoux... Ximénès, lui, restait immobile à sa place...; et, le dirai-je? dans l'horrible torture de son cœur, il était tombé alors comme une goutte de joie; c'était de voir Juan, son enfant bien aimé, se conduire ainsi... Mais, pour ne pas être témoin du massacre, le vieux soldat se couvrait le visage de ses mains. Peppa le vit, et venant à lui, elle lui dit : Tu te fais femmelette, Ximénès... Tu faiblis pour notre sainte cause, tu ne peux plus regarder couler le sang des traîtres, des sacriléges... Moi, j'en boirais...

— Eh bien ! va donc en boire ! cria le père de Juan. Et de son bras nerveux, il repoussa rudement cette mère égarée par le besoin de venger ses fils.

Ce qui allait se passer devait être affreux, épouvantable. Les femmes, compagnes de Peppa, s'étaient fait donner tous les détails des cruautés exercées par les christinos sur les fils qu'elles avaient juré de venger, et, tourment pour tourment, cruauté pour cruauté, elles étaient résolues à tout copier fidèlement. Déjà les apprêts de ces représailles étaient faits; les glaives aiguisés, les fers rougis, les charbons ardents. Zumala-Carregui vint tout-à-coup déranger cette fête de furies.

— Vous êtes chrétiennes, femmes espagnoles, cria-t-il de sa voix tonnante, vous êtes chrétiennes! Vous appelez sacriléges et profanateurs les hommes qui se sont battus ici, et vous avez raison, car il ne faut pas prendre la maison d'un Dieu de paix pour y faire couler le sang... Et vous, femmes, que vous apprêtez-vous à faire ici? Vos fils, je le sais, ont été cruellement massacrés : je vous l'ai promis, je vous le promets encore, justice sera faite à tous; mais je vous défends de vous faire bourreaux... Celle d'entre vous qui portera la main sur un de ces hommes, sera à l'instant punie de mort; celle qui se sera faite sacrilége en répandant le sang dans une église, sera damnée pour toute l'éternité... Femmes, place à mes soldats, c'est à eux de veiller sur les rebelles.

De la place où Ximénès était resté immobile comme une statue de marbre, il venait d'entendre les paroles de Zumala... Oh! comme il le bénissait dans son cœur de père! Ces paroles venaient d'éloigner la lame du poignard de la blanche poitrine de son fils... peut-être elles le sauveraient tout-à-fait, car Zumala-Carregui n'en venait aux sanglantes représailles, que lorsqu'il ne pouvait faire autrement. Le vrai soldat n'aime pas les exécutions à froid; pour qu'il répande le sang, il lui faut l'enivrement des batailles.

Vous avez vu quelquefois la tempête la plus déchaînée se calmer soudainement. Un je ne sais quoi a passé dans l'air, et a tout apaisé (peut-être la parole d'un ange). Eh bien! il en fut de même quand le chef royaliste eut parlé. Comme les flots de la mer devant le commandement de Moïse, les flots de la foule se fendirent et firent passage au capitaine-général, et tous les christinos furent aussitôt emmenés entre deux haies de soldats, à un couvent abandonné, et renfermés dans la prison des moines.

En Espagne (comme chacun sait), quand un homme est condamné à mourir, la religion s'empare de lui; quand la société lui a crié : *Va-t'en,* Dieu lui dit : *Viens à moi,* et la chapelle de l'agonie est ouverte pour qui se dresse l'échafaud... Là, le confesseur et les frères enterreurs prient avec le chrétien qui va mourir; là, quelquefois, des parents, des amis parviennent à entrer pour embrasser, encourager et exhorter celui qui n'a plus qu'un pied sur la terre, celui qui est tout proche de l'éternité.

Pour l'accoutumer aux choses de la mort, un cercueil est dans sa chambre, comme un lit tout fait qui l'attend... et s'il a froid sur la couche de sa prison, le drap mortuaire avec la croix rouge est sa couverture.

Ximénès vint voir son fils à la chapelle de l'agonie... Quand il entra, Juan n'était pas seul; un autre jeune homme était avec lui, et ce jeune homme portait la robe brune d'un religieux de Saint-Benoît. Au bruit des pas du soldat de don Carlos, le moine recouvrit sa tête de son capuchon, et céda sa place auprès du christino condamné. Il y eut alors un grand, un solennel silence. Juan n'osait commencer à parler, ce fut son père qui lui dit :

— Juan, à présent, je suis bien aise que ta mère soit morte.

— Et moi aussi; car je viens de la prier comme on prie un ange.

— Que lui as-tu demandé ?

— D'obtenir de Dieu que je meure en soldat.

— En soldat! de qui ?

— Mon père, j'ai demandé à mourir en homme de cœur.

— Jusqu'à ce jour, je n'avais jamais cru que le fils de Ximénès aurait eu besoin de faire cette prière-là.

— Quel homme est fort, s'il n'a le secours de Dieu? dit le religieux.

— Vous dites vrai, mon père, répondit Ximénès; mais je suis sûr que si mon fils était resté fidèle à la sainte et bonne cause, il aurait moins eu besoin de prier pour demander de mourir en homme de cœur.

— Dieu seul sait quelle est la sainte et bonne cause.

— La sainte et bonne cause, je la connais, moi, comme Dieu lui-même; car ce sont ses ministres qui m'ont appris ce qu'il y avait de bien et ce qu'il y avait de mal; ce qui conduisait en enfer et ce qui menait au ciel. Ce qui est bien, c'est la fidélité à son serment; ce qui est mal, c'est le parjure. Ce qui conduit en enfer, ce sont les principes impies des ennemis de notre religion; ce qui conduit au ciel, c'est d'aimer son pays tel que Dieu vous l'a fait, avec un roi ami du peuple, et de vieilles libertés... Vous voyez bien que mes pieds sont tout rouges, c'est que, pour venir ici, il m'a fallu marcher dans le sang répandu hier... Et, si les enfants de la noble Espagne avaient voulu rester ce qu'avaient été leurs pères, ce sang-là n'aurait pas été versé et mon fils ne serait pas ici... Et une femme que j'ai mau...

— N'achevez pas, mon père... Vous êtes dans ma chapelle d'agonie; n'y maudissez personne.

— En vérité, en vérité, Juan, je te le déclare, il n'y pas de chapelle d'agonie, pas de sanctuaire où je ne la maudisse. Ah! Juan! mon bien-aimé Juan, tu étais si pur! si loyal! Et te voilà vil, déshonoré!

— C'est faux!... Vous mentez, vieillard.

— Qui a parlé ainsi?

— Moi.

— Le démenti que tu m'as donné sera ta dernière parole.

— Tant mieux!... Frappez, tuez-moi.... J'en serai bien aise; je mourrai avec lui.

— Qui donc es-tu?

— Ma femme! dit Juan en s'élançant entre son père, qui avait déjà fait briller son poignard, et Angela Lopez, qui avait jeté son manteau de moine, ma femme, qui est venue comme un ange pour me montrer le ciel.

— Dis donc plutôt comme un démon de l'abîme pour t'entraîner avec lui dans les flammes éternelles.

— Seigneur Ximénès, je suis toute jeune et vous avez des cheveux blancs. Je vous demande pardon de mes paroles; mais, quand vous avez dit que votre fils, que mon époux, que Juan était vil et déshonoré..., je n'ai pu m'empêcher de vous démentir. C'est mon amour pour lui qui m'a fait vous manquer de respect..., à vous, vieillard! à vous qui avez un fils qui va mourir!

— S'il meurt, qui l'aura attiré vers la mort?

— S'il meurt, dites, Ximénès, qui aura été le guide de ses meurtriers?

— Angela, ne parlez pas ainsi à mon père...

— Merci, Juan... Tu as pitié de moi...

Ces mots, *qui aura été le guide de ses meurtriers?*

avaient transpercé le cœur du vieux soldat... Il aurait pu tout supporter.., hors cette idée : c'était lui qui avait été *le Guide!* Quand ces paroles étaient sorties de la bouche d'Agela Lopez, il s'était caché le visage avec ses mains, et, entre ses doigts, on voyait ruisseler des pleurs...

Les frères de la Congrégation de la bonne mort entrèrent dans la chapelle, et les prières des agonisants commencèrent ; il était sept heures du matin. A neuf heures, l'exécution devait avoir lieu.

Juan dit à son père : Allez-vous me quitter?

— Non, je resterai jusqu'à la fin...

— Et la dernière minute, vous nous bénirez ?

— Oui, je te bénirai... toi...

— Et elle ! à qui j'ai donné ma foi devant Dieu et devant un prêtre ?

Ximénès garda le silence.

Les prières avaient cessé, et maintenant c'étaient les tambours que l'on entendait battre. L'heure était venue.

En sortant de la cour de la prison, Juan qui tenait à la main une cigarette de papier, comme s'il avait encore eu bien des heures de loisir à passer, chercha où il pourrait l'allumer. Le capitaine-général qui était sur la place pour empêcher d'horribles cruautés, s'aperçut du désir du condamné, et tirant de sa bouche le cigarre qu'il fumait alors, le lui présenta tout allumé... Le fils de Ximénès s'en servit et le rendit au chef carliste, en le saluant avec respect.

Le général suivit le condamné d'un de ces regards profonds, tristes et pénétrants, qui n'appartenaient qu'à lui, et ne proféra que ces paroles : *Si brave jeune homme n'aurait dû mourir qu'à mes côtés et sous notre drapeau.*

— Pareilles paroles, dit un officier qui était près du général, pareilles paroles sortant de la bouche de Zumala-Carregui sont une belle oraison funèbre.

— Oui, ajouta un vieillard... Puis, une détonation de fusils s'étant fait entendre, ce vieillard tomba à terre... C'était Ximénès. Depuis ce moment, Ximénès s'est toujours battu, et n'a pas encore trouvé la mort.

---

Nous séjournâmes un mois à *Saint-Sauveur*, pittoresque petite ville. Nous y trouvâmes bonne compagnie, et parmi les buveurs d'eau, nous fîmes connaissance d'un Irlandais, dont la famille est établie en France depuis l'émigration des Stuartistes, qui ne voulurent point abandonner le roi Jacques II dans sa mauvaise fortune. Le grand père de M. Middleton avait longtemps habité Saint-Germain, et avait tenu un fidèle journal de tous les événements qui concernaient son royal maître. Voici quelques pages de ces Mémoires que son petit-fils nous communiqua à *Saint-Sauveur*.

# LE VENDREDI-SAINT A S.-GERMAIN.

## LE CAMP.

Depuis quelque temps, la santé du roi Jacques II déclinait d'une manière visible. Les années d'exil comptent double, et malgré toute la résignation que le roi banni des trois royaumes portait au-dedans de lui, Jacques Stuart n'avait pu empêcher le malheur de peser lourd sur sa tête. Pour se résigner, comme le veut la religion, il faut regarder en face l'épreuve que Dieu nous envoie, et il y a des épreuves plus fortes que nous et qui nous tuent.

L'on avait pu s'apercevoir du déclin de la santé du

roi d'Angleterre aux dernières grandes manœuvres qui venaient d'avoir lieu à Compiègne; noble fête militaire, où Louis XIV avait convié son royal hôte du château de Saint-Germain.

Si je ne fais plus la guerre, avait dit Louis-le-Grand, je veux que l'Europe sache que ce ne sont pas les moyens de la continuer qui me manquent. La paix dont elle jouit aujourd'hui, elle la doit à ma modération. Et dans cette pensée, il avait ordonné au maréchal de Boufflers de réunir quatre-vingt mille hommes de toutes armes, à Compiègne. Renonçant à l'éclat des conquêtes, il voulait se consoler dans la splendeur d'un camp. La pensée d'un roi est bien vite devinée à la cour; aussi parmi les plus grands seigneurs et parmi les gens de qualité, il y eut bientôt un désir général, celui d'aller se montrer au camp de Compiègne.

Quand, dans sa triste résidence de Saint-Germain, le roi Jacques reçut de son royal frère l'invitation d'assister aux grandes manœuvres qui allaient avoir lieu, son premier mouvement fut de chercher une excuse pour ne pas s'y rendre; pour un roi qui n'a plus d'armée, c'est un attristant spectacle que d'aller passer en revue les soldats d'un autre prince. Et puis, ce malaise qui précède la maladie, les ennuis de l'exil s'accorderaient mal avec la magnificence et les fêtes auxquelles ces grandes manœuvres allaient donner lieu. Jacques II voulait donc écrire pour s'excuser, et motiver son excuse sur son état de souffrance; mais la reine et la petite cour de Saint-Germain furent d'un avis différent. Pour ne pas être oublié, disaient-ils, il faut se montrer, il faut faire acte de présence là où l'élite de la France va se trouver réunie. Sire, disait la reine, une adversité portée aussi noblement que la vôtre a sa majesté comme le bonheur, et en vous montrant auprès de Louis XIV, vous gagnerez des cœurs à notre cause. Faites-vous donc violence et rendez-vous à Compiègne.

Jacques II céda à ce que lui demandaient la reine et son fils; mais ce fut avec un serrement de cœur qu'il abandonna pour quelques jours sa retraite de Saint-Germain.

Louis XIV avait dit : « *Je veux que mes troupes soient belles.* »

Ces paroles avaient suffi pour que de grandes dépenses fussent faites, et pour qu'un grand luxe guerrier fût déployé dans le camp ; toute la jeune noblesse y rivalisait d'élégance et de splendeur; jamais plus beaux uniformes n'avaient distingué les différents corps. Ici, les dragons, commandés par M. de Tessé, avec leurs longs habits verts; là, les mousquetaires gris et noirs, avec leurs cuirasses de drap bleu, portant la croix rouge et rayonnante brodée sur la poitrine; plus loin, les gardes du corps, à la haute taille, au splendide uniforme, et qui se meuvent comme une muraille de fer. MM. de Duras les commandent. Jamais tant de brandebourgs d'argent et d'or, jamais tant de longs sabres, tant de bonnes lames d'épées n'avaient brillé au soleil; jamais tant de beaux panaches ne s'étaient balancés au vent. Une ville de toile et de coutil s'était étendue dans ces vastes plaines coupées de ravins et de petites hauteurs qui entourent Compiègne. Sur le vert des campagnes, ces milliers de tentes alignées produisaient un effet magique. Le roi d'Angleterre en fut frappé, et pour mieux voir ce grand spectacle, descendit de son carosse, et, appuyé sur le bras de lord Middleton, s'arrêta sur le chemin.

La journée avait été d'une accablante chaleur, et le monarque maladif respirait avec bonheur l'air frais du soir. Les rayons du soleil couchant coloraient les tentes d'une teinte rosée, et jouaient comme des éclairs sur les faisceaux d'armes, sur les lames de sabres, sur les mousquets et les fers de hallebardes, et les lances des drapeaux et des étendards.

A ce moment, les tambours, les clairons et les trompettes, par leurs roulements et leurs fanfares, annonçaient que sa majesté très chrétienne parcourait les lignes du camp.

Certes, c'était beau à regarder, à entendre, et cependant Jacques II, devant cette grande scène guerrière, avait l'âme oppressée... Oh! n'allez pas croire que ce fût d'envie, non, c'était de regret... Lui aussi avait eu une belle armée..., que la trahison lui avait enlevée.

Le roi banni regardait en silence... Bien des choses lui passaient dans l'esprit... Le capitaine O'Sullivan, s'adressant à lord Middleton, lui dit de manière à être entendu du roi :

— Oh! avec pareille armée, avoir signé la paix de Ryswick!... avoir reconnu l'usurpateur!

— Capitaine, répondit Jacques, n'accusez pas mon frère le roi de France... Il me disait, il y a peu de jours encore : Cette paix, je l'ai signée contre mon gré; certes, mes armes avaient été heureuses...; mais mon peuple était épuisé : un cri puissant s'est fait entendre, il montait de la place publique, il venait de la cour, il descendait de la chaire... Ce n'étaient de toutes parts que des plaintes contre les maux de la guerre et les conquêtes entreprises pour l'éclat de ma couronne; on m'accusait de tout sacrifier à une vaine gloire... La famine désolait le royaume, les mémoires de mes intendants peignaient sous les plus noires couleurs l'état des finances dans les provinces...; tous m'ont conseillé la paix... Je vous le répète, mon frère, je l'ai souscrite et ratifiée contre mon cœur.

— Elle n'existe pas moins, repartit O'Sullivan, et regardez, Sire, quelle magnifique armée !

— Belle!... bien belle! repartit le roi de la Grande-Bretagne. Regardez ici, à droite, je crois reconnaître à leur uniforme rouge, et plus encore à la manière dont ils marchent, mes fidèles Irlandais.

— Oui, Sire, répondit lord Middleton, ce sont eux.

— *God almighty be with them!* Que le Dieu tout-puissant soit avec eux ! dit le monarque. Et sa main blanche et amaigrie se porta à ses yeux... Puis, se retournant, il ajouta : Remontons en voiture, nous arriverons au château en même temps que le roi.

Le surlendemain, lundi, était le jour fixé pour la petite guerre. Madame de Maintenon désirait depuis longtemps assister à ces jeux militaires, pour lesquels les campagnes environnantes de Compiègne sont particulièrement propres, à cause de leurs ondulations de terrain.

A une heure après midi, les deux rois, entourés d'une foule de grands seigneurs tout brillants d'or, et la poitrine ornée de plaques, de croix et de cordons, partirent du château pour se rendre au camp. Parmi ce groupe d'illustrations et d'officiers de la maison du roi qui formaient escorte à leurs majestés, on reconnaissait Mgr le duc de Bourgogne, MM. de Montmorency, de Charost, de Choiseul, de Duras, de Rohan, de la Motte-Houdancourt, de Nantouillet, de Noailles, de Montsoreau, de Mailly, les princes de Luxembourg et de Monaco... Les rois et leur brillant cortége sortirent au pas de la cour du château, tant il y avait de foule pour les voir passer, et dans toute cette multitude, pas un front qui ne fût respectueusement découvert, pas une bouche qui ne fît entendre des acclamations d'enthousiasme et d'amour.

On le voit, la royauté en était encore à son bon temps.

Une heure après, madame la duchesse de Bourgogne partit dans un carosse à six glaces, un des plus galants de la cour; les armes de la princesse étaient entourées de guirlandes de roses et de lys, et relevées en festons par de petits Amours; roulant presque de front avec ce carrosse, il y en avait un autre, également à six glaces, mais d'une couleur grave et austère : c'était celui de madame de Maintenon. Les pages du roi, avec leurs plus beaux nœuds d'épaule, et dans leur grande tenue, escortaient les deux voitures.

Arrivées à la plus haute des collines, d'où la cour devait voir la petite guerre, madame la duchesse de Bourgogne et ses dames mirent pied à terre. Madame de Maintenon en fit autant; mais comme, ce jour-là, le vent était un peu froid, elle entra tout de suite dans sa chaise. Le roi vint immédiatement lui donner le bonjour et lui dit :

— Tenez-vous prête, madame, la guerre va tout-à-l'heure commencer.

— Tant mieux, répondit la favorite, pour celle-là je serai brave, et la regarderai sans chagrin, car il n'y aura pas de sang répandu.

Le roi resta longtemps debout, appuyé près des glaces ; madame la duchesse de Bourgogne, assise sur l'un des bâtons du devant de sa chaise, faisait des signes d'intelligence à madame de Maintenon, qui lui répondait également par signes, sans ouvrir les stores. Quand sa majesté parlait, le chapeau à la main, à madame de Maintenon, celle-ci baissait les vitres de deux pouces pour l'entendre et lui répondre.

Le moment de remonter à cheval étant venu, Louis XIV prit congé d'elle, de madame la duchesse de Bourgogne et d'une foule de femmes, en habit d'amazone, qui formaient, sur la cime de la colline, tout un état-major de dames de la cour ; là, on ne voyait que taffetas et moire, que dentelles et fleurs, que chaperons à la Diane, et que touffes de plumes blanches.

En descendant la colline, Louis XIV avait dit : « Allons rejoindre mon frère le roi d'Angleterre... Je sais d'avance où le trouver ; il sera parmi ses fidèles régiments irlandais et écossais. »

Comme le roi l'avait pensé, Jacques II était là depuis une heure, appuyé sur le bras du duc de Berwick, passant à pied au milieu des rangs, et saluant courtoisement le dernier soldat dont il savait le nom.

Quand il vit le roi de France se diriger de ce côté, il remonta à cheval ; Louis XIV s'en aperçut et hâta le pas pour lui éviter la peine de venir au-devant de lui. Dès que les Écossais eurent vu le roi de France arriver vers eux, ils se mirent à jouer avec leurs cornemuses, leurs *bag-pipes* des montagnes, l'air de *Vive Henri IV*, que l'exil leur avait donné le temps d'apprendre.

Quelques instants après, le roi Jacques passant devant les compagnies des gardes-du-corps, le duc de Luxembourg ordonna à leur musique de jouer le *God save the King*.

Quand la petite guerre fut terminée, vers les sept heures du soir, le maréchal de Boufflers, accompagné de tous les colonels de l'armée, vint prier les deux rois, les princes, les princesses, madame de Maintenon et toute la cour à souper au camp.

Comme il avait été convenu d'avance entre le roi et le maréchal, cette invitation fut acceptée; et alors M. de Boufflers put montrer toute sa magnificence. Derrière des haies de verdure que les soldats avaient, le matin, fichées en terre, il y avait, toutes préparées, d'immenses tables somptueusement et délicatement servies. En moins d'une minute, les haies faites de branchages coupés dans la forêt, furent enlevées, et les tables éclairées par des milliers de bougies, apparurent tout-à-coup resplendissantes d'argenterie et de cristaux.

A peine les deux rois et leurs cours avaient-ils pris place à la table, que Jacques II sentit le frisson de la fièvre et un violent mal de tête s'emparer de lui; et, après avoir témoigné au maréchal de Boufflers tout le regret qu'il éprouvait de ne pouvoir rester à souper, il remonta en voiture et partit pour Compiègne.

Le lendemain, son indisposition ayant pris de la gravité, il était retourné à Saint-Germain.

## L'ÉGLISE.

Le jour de la grande tristesse chrétienne, le jour que les cloches n'annoncent pas, le jour où les saints autels n'ont pas de sacrifices, le jour où les sanctuaires sont en deuil et ne retentissent que de lamentations, le jour où les mères disent à leurs enfants : *Aujourd'hui Dieu est mort!* ce jour, le Vendredi-Saint, était venu.

Jacques II, après avoir passé plusieurs heures dans le petit oratoire, qui se voit encore aujourd'hui auprès de sa chambre à coucher, se promena quelque temps sur son balcon; et, voyant que beaucoup de monde était déjà rendu à l'église, accompagné de O'Sullivan, du docteur Méad et de quelques autres fidèles serviteurs, il descendit pour aller à l'office qui était sur le point de commencer.

Son médecin qui, depuis la revue de Compiègne, s'était aperçu d'un fâcheux changement dans la santé du monarque, l'avait vainement prié de prendre quelque aliment avant de sortir.

« Pas avant midi, avait répondu Jacques. Je me sens fort aujourd'hui; et si je souffrais, ce ne serait pas à pareil jour que je me plaindrais. »

Dans le sanctuaire de l'église, dont la façade regarde la grande entrée du château, des prie-dieu étaient préparés en face de l'autel. La pieuse reine y avait devancé le roi banni qui venait adorer le Dieu crucifié.

Autrefois, dans les pays catholiques, la tristesse du Vendredi-Saint s'étendait de nos vieilles églises à nos vieux palais, et quand les pontifes de Saint-Denis et de Westminster se couvraient du cilice et de la cendre, les successeurs de saint Louis et de saint Édouard se découronnaient et prenaient des habits violets, couleur du deuil des rois.

Jacques II avait suivi cet usage et avait pris, dès en se levant, le deuil royal.

Quand le monarque, dépossédé de ses trois royaumes, fut agenouillé en face de l'autel, dépouillé de ses ornements, il écouta, avec une indéfinissable tristesse, les paroles de l'office du jour.

Le diacre disait :

« Ils m'ont mis dans un lieu obscur, comme les morts du siècle, comme ceux que l'on descend au tombeau. »

Et le sous-diacre répondait :

« Ils ont mis au-dessus de sa tête une inscription pour dire la cause de sa condamnation.

« Ils ont écrit : *Jésus Nazaréen, roi des Juifs.* »

Puis, plus tard, le prêtre disait, et le pieux roi d'Angleterre répétait tout bas :

« O mon peuple! que t'ai-je fait? En quoi t'ai-je contristé? réponds-moi?

« Parce que je t'ai délivré de la captivité; parce que,

durant cinquante ans, je t'ai nourri dans le désert; parce que, de la stérilité, je t'ai conduit dans une terre féconde. Qu'ai-je pu faire de plus pour toi? N'as-tu pas été la vigne que j'ai plantée, que j'ai gardée sous ma protection? Et tu m'as attaché à la croix, et quand j'ai eu soif, tu m'as donné à boire du vinaigre et du fiel.

« O mon peuple! que t'ai-je donc fait? et en quoi t'ai-je contristé? O mon peuple! réponds-moi!

« J'ai mis dans tes mains le sceptre de la puissance, et toi, tu as mis un roseau dans ma main et une couronne d'épines sur mon front.

« Je t'ai fait monter à un trône de gloire, et tu m'as élevé sur une croix! »

Aux douleurs de la passion de Dieu, les douleurs de la passion de la royauté pouvaient répondre.

Jacques Stuart disait aussi souvent dans sa pensée, quand elle s'arrêtait sur les trois royaumes :

« O mon peuple! que t'ai-je fait? En quoi t'ai-je contristé? O mon peuple! réponds-moi! »

Cependant le saint office continuait, et le moment où les fidèles se lèvent et vont adorer la croix que le prêtre vient de dépouiller de son voile, était venu. Jacques II s'était levé de son prie-dieu, et, ayant quitté ses souliers, était allé se prosterner devant le crucifix couché sur un coussin de velours noir, avec piété et ferveur; et, ayant baisé les mains et les pieds du Sauveur, il se relevait pour revenir à sa place, quand, soudain, dans le silence de l'église, on entend un cri de douleur.

Jacques était tombé sur les froides dalles du sanctuaire, frappé de paralysie.

Alors les gémissements de la famille royale vinrent se mêler aux lamentations des prêtres.

Transporté au château, le pieux monarque dit à sa compagne en pleurs et à son filsagenouillés près du lit:

— C'est une faveur que Dieu me fait de m'appeler à lui le Vendredi-Saint. Que son nom soit donc béni!

— Oh! sire, ne parlez pas de votre mort, répondait la reine; que deviendrons-nous, si vous nous quittez?

— Madame, Dieu prendra soin de vous et de nos enfants. Que suis-je? Un homme faible et misérable, incapable de rien faire sans lui, tandis que lui est tout-puissant; il n'a pas besoin de moi pour accomplir ses desseins.

Pendant que le roi mourant parlait ainsi, et qu'en échange de sa couronne perdue, il croyait voir la couronne rayonnante de l'immortalité, autour de son lit ce n'étaient que pleurs et sanglots.

Lord Middleton et lord Melfort étaient, bien souvent, obligés d'aller dans les pièces voisines donner des détails de la santé du royal moribond, aux fidèles Anglais, Irlandais et Écossais, qui, à la triste nouvelle, étaient tous accourus au château. La plupart étaient à genoux près de la porte de la chambre du roi; et, dans leurs ardentes prières, beaucoup d'entre eux disaient:

« O Dieu! sauvez le roi; faites qu'il revoie l'Angleterre avant que sa belle âme ne remonte à vous. O Seigneur! faites qu'il ne passe pas, des tristesses de l'exil, dans la nuit de la tombe! »

Cependant les spasmes continuaient, se succédaient et avaient amené ce hoquet des mourants, si terrible à entendre pour ceux qui voient mourir!

La reine, le petit prince de Galles, le duc de Berwick priaient, pleuraient et cherchaient à ne pas perdre une des paroles brèves et entrecoupées du roi.

Subitement, au milieu de cette scène d'agonie, un bruit extérieur se fit entendre, les portes de la chambre s'ouvrirent, et l'huissier annonça Louis XIV.

Avec cette haute dignité qu'il apportait dans toutes les circonstances graves de la vie, il approcha du lit de son frère en royauté. Il était accompagné de monseigneur le duc de Bourgogne. Tous les deux avaient la tête découverte. Les majestés du monde s'inclinaient ainsi devant la sainte majesté de la mort.

« J'ai appris votre état, sire, j'ai partagé vos douleurs, je viens vous dire que, si Dieu, dans sa sainte volonté, vous enlève de ce monde, pour vous donner une meilleure couronne que celle d'ici-bas, mon intention formelle est que M. le prince de Galles soit salué comme roi de la Grande-Bretagne. »

Jacques II aurait voulu pouvoir remercier Louis XIV. Ses lèvres remuèrent sans qu'il en sortît aucun son distinct; mais dans ses yeux à demi-éteints, il y eut comme un éclair de joie.

Les sujets du roi d'Angleterre, voyant que leur maître agonisant ne pouvait témoigner au roi de France sa gratitude, voulurent payer cette dette, et mirent un genou en terre devant Louis-le-Grand.

« Monsieur, dit Louis XIV au duc de Bourgogne, embrassez l'héritier de la couronne d'Angleterre. »

Alors le dauphin de France serra dans ses bras le jeune héritier de la couronne des trois royaumes.

Monseigneur le duc de Bourgogne, en embrassant le fils de Jacques II, ne commettait point un de ces actes hypocrites que la politique commande quelquefois. C'était de bon cœur et franchement qu'il avait serré dans ses bras le jeune prince; le matin même, au conseil des ministres, il avait dit :

« Que Jacques III devait être reconnu par la France. »

Et les ministres, ayant été d'un avis contraire, il s'était écrié :

C'en est fait des rois, si le prince de Galles n'est pas reconnu.

Et Louis XIV avait ajouté :

Je suis de l'avis de monseigneur.

Le confesseur de Jacques II, d'après un mot du médecin, dit à haute voix :

« Le moment suprême approche; prions tous. »

Alors ceux qui étaient dans la chambre se mirent à genoux et les prières des agonisants commencèrent.

Quand, pour la première fois, le prêtre dit :

« Partez, âme chrétienne ! »

Jacques II souleva son bras, étendit sa main sur la tête de son fils, puis, montrant le ciel, eut l'air de dire :

« Je suis prêt. »

Quand les prières ramenèrent les mêmes paroles, quand le prêtre répéta pour la seconde fois :

« Partez, âme chrétienne ! »

l'âme chrétienne était partie, et l'exil du pieux roi de la Grande-Bretagne était terminé.

Alors le roi de France se leva, et, au milieu des

larmes de tous les assistants, se pencha sur le roi mort, et de ses mains lui ferma les paupières. Puis, se retournant :

« Le roi d'Angleterre est mort, Messieurs ; voilà votre nouveau monarque. »

Et parlant ainsi, il présentait aux Anglais, aux Irlandais et aux Écossais qui étaient dans la chambre, le jeune prince de Galles.

Mettant un genou en terre et levant les mains, les sujets du jeune et nouveau roi s'écrièrent :

« *God save the king !* »

Aujourd'hui on voit, dans l'église de Saint-Germain, le tombeau de Jacques II. Il y a quelques années, quand on vous montrait l'intérieur du château, on vous faisait voir, auprès de la chambre à coucher du roi d'Angleterre, un petit oratoire dont la boiserie était toute dorée. Au-dessus du prie-dieu, sur une banderolle sculptée, on lisait, en lettres noires :

FIAT VOLUNTAS TUA !

Jacques II avait joint ces paroles à sa belle devise :

DIEU ET MON DROIT !

---

C'est l'Allemagne qui a fourni le plus d'histoires au recueil de la *Colonie Voyageuse*. A Vienne, *Félicie ou une Catastrophe*, nous fut racontée par un parent de madame la princesse de Schwartzemberg, touchante victime de l'amour maternel. A Bade, nous avons recueilli plusieurs traditions du pays : *Le Royaume des Cieux*, et *Le Bossu*. Un noble russe nous a raconté un trait historique et qui se rattache au règne de l'empereur Alexandre : *Le chef Circassien*, et nous l'avons joint à nos Veillées de Voyage.

# FÉLICIE

## OU UNE CATASTROPHE EN 1810.

L'horrible catastrophe du chemin de fer de Versailles, où l'on a vu, au retour d'une brillante fête, la mort dévorer tant de victimes dans une tempête de feu, ce malheur qui consterne encore tout Paris et la France, m'a fait revenir en mémoire une autre calamité dont j'ai été témoin il y a plus de trente ans. Les fêtes de ce monde n'ont pas que des fleurs et des guirlandes de roses ; souvent sous leur riche et splendide décor, il y a des larmes.

Ecoutez :

Les parents de la jeune fille, dont j'ai écrit le nom en tête de cette histoire, *Félicie* (nom qui signifie *heureuse*), avaient pensé, à la naissance de leur enfant, qu'ils avaient bien le droit de la nommer ainsi, car depuis longtemps tout leur était bonheur dans la vie. La splendeur de leur noble maison était grande; dans les siècles passés la chevalerie l'avait illustrée, et, dans les temps plus modernes, la faveur des empereurs d'Allemagne l'avait enrichie; leur écusson brillait parmi les plus beaux de Vienne, et pour estimer, louer et bénir cette famille, il n'y avait pas seulement ceux qui aiment et qui recherchent la prospérité, il y avait encore (et c'était là son plus beau titre) tous les malheureux de la ville et des environs de ses grands domaines.

Avec tous ces avantages, dans une position si belle et si heureuse, sous tant de bénédictions du ciel, le prince et la princesse de Schwartzemberg pouvaient bien croire au bonheur... Mais, hélas! il y a un proverbe russe, malheureusement trop vrai : *rien de si voisin des plaisirs que les pleurs.*

Le soldat que la victoire avait élevé plus haut en France que tous les autres guerriers, et que la gloire avait fait empereur, Napoléon, après avoir aimé Joséphine de Beauharnais plus que toute autre femme, avait pour des raisons politiques (raisons qui ne s'accordent pas toujours avec le bonheur), résolu de divorcer d'avec elle, et d'épouser une fille de roi ou d'empereur. Cette pensée s'était enracinée dans l'esprit du glorieux parvenu; il avait prouvé au monde, par ses conquêtes, ce que valait son épée, il tenait à lui montrer encore que la victoire l'avait mis de niveau avec les plus hautes illustrations impériales et royales. Comme d'ordinaire, ce que Napoléon rêvait, devenait bientôt une réalité; celui que nos soldats se plaisaient à appeler le *petit caporal*, demanda donc la main de S. A. I. l'archiduchesse Marie-Louise, fille de LL. MM. l'empereur et l'impératrice d'Autriche, petite-fille de la grande Marie-Thérèse, et nièce de notre belle, gracieuse et malheureuse reine Marie-Antoinette. Cette demande fut agréée; la plus fière des maisons souveraines mit dans la balance les victoires, les conquêtes, la puissance de l'ancien général de la république française, vainqueur de la coalition germanique et européenne, et ces titres pesèrent assez... Alors, je m'en souviens, il y eut aux châteaux des Tuileries et de la Malmaison beaucoup de gémissements et de plaintes; alors l'impératrice des Français fut vue pleurant comme une simple femme; alors elle dit à M. de Ségur qui lui annonça que l'archiduchesse Marie-Louise avait agréé la demande de l'empereur... *Il me délaisse, il a tort; s'il était ma gloire, j'étais son bonheur.*

Ce propos répété à Napoléon, le fit rêver longtemps; malgré son esprit élevé et tout éclatant de lumières, le fils de la Corse avait en lui quelque chose de superstitieux, et quand on lui eut redit les paroles de Joséphine, il s'écria : *Elle a raison, elle était mon bonheur; en me séparant d'elle, je la regrette... mais c'est mon destin, j'obéis à mon étoile.*

Quand Napoléon avait résolu une chose, il fallait qu'elle marchât vite; aussi le cérémonial fut brusqué, et la méthodique et lente cour de Vienne fut tout étonnée du train dont on faisait aller les choses. Il faut ajouter que ce qui contribuait à les faire marcher si rapidement, c'est que la jeune archiduchesse Marie-Louise avait pensé tout d'abord que Napoléon, à force de gloire, était digne d'épouser une fille des Césars. Pour la décider à consentir à ce mariage, ses augustes parents n'avaient eu aucun éloignement à vaincre; la renommée du prétendant à sa main et l'empire français avaient décidé la fille de François II, et elle avait dit *oui* tout de suite et sans hésitation.

Paris se préparait donc à recevoir dans ses murs la fiancée de son empereur; la grande cité voulait paraître belle et splendide aux yeux de la noble étrangère, nièce de Marie-Antoinette. Il faut, se répetait-on alors, que la France jette au loin ces habits de mauvais goût du temps de la république; il faut qu'elle renonce aux mœurs bourgeoises et vulgaires qu'un gouvernement de procureurs et d'avocats lui avait imposées; il faut ressaisir les airs de Versailles. Pendant que l'impératrice Joséphine prenait le chemin du château de Navarre (car de la Malmaison elle aurait pu entendre le bruit des ouvriers qui élevaient des arcs de triomphe à celle qui venait la remplacer), Napoléon, renfermé dans son cabinet, n'avait plus les yeux fixés sur la mappemonde, pour y découvrir quelques nouvelles conquêtes à faire, mais il consultait les annales de notre vieille monarchie pour bien savoir, de point en point, le cérémonial qui devait être observé quand une princesse étrangère arrivait en France pour en épouser le souverain.

Les rudes compagnons d'armes du grand homme se façonnaient à son exemple; pour plaire au maître, ils se faisaient courtisans et se modelaient plus ou moins heureusement sur les manières des Caulaincourt, des Ségur, des Brissac, des Mortemart et des Montmorency, que Napoléon avait su attacher à sa cour. Pour l'observateur, ces métamorphoses étaient curieuses à étudier; les mœurs de la République et du Directoire s'en allaient une à une, et disparaissaient comme les feuilles que l'été a jaunies et que le vent de l'automne emporte.

Pendant ces changements, une jeune et charmante personne croissait en grâce et en beauté sous les yeux de sa mère : c'était Félicie de Schwartzemberg. Tout ce qui sourit à la jeunesse, tout ce qui forme le cœur, tout ce qui élève l'âme, tout ce qui garde la pureté, tout ce qui éloigne le mal, entourait la belle et gracieuse Allemande... Sa haute naissance, sa richesse, son éducation si achevée, la faveur toujours croissante de ses parents, la présentaient à l'Allemagne comme un de ses premiers partis. Quand le prince de Schwartzemberg, son père, fut nommé ambassadeur de la cour de Vienne, à Paris, elle y vint avec lui. Et je me souviens encore de tout l'effet qu'elle y produisit. Cette fleur, d'une terre étrangère, et qui avait grandi sous un ciel qui n'était pas le nôtre, nous parût charmante, et, dans le monde élégant de cette époque, on l'admirait beaucoup.

Avant que l'impératrice Joséphine n'eut quitté la Malmaison, il y eut un soir, pour célébrer je ne sais plus quel anniversaire, une fête champêtre donnée dans le parc. Au milieu des jeunes personnes vêtues en villageoises, on distinguait une belle Hongroise : c'était Félicie, et le costume si pittoresque des paysannes de la Hongrie, lui allait à merveille. Parmi les plaisirs de la soirée, il y avait, dans une des grandes allées du parc, une foire de village établie sous des tentes de différentes couleurs. La bigarrure, les enseignes des boutiques, leurs banderolles, leur décor, les lumières qui éclairaient les divers objets qu'on y avait exposés, que l'on donnait et que l'on ne vendait pas, produisaient pour les yeux un délicieux effet sous le feuillage des grands arbres : tout ce qui se voit aux foires véritables de campagne avait été imité, comme on imite à l'opéra et à la cour; tout avait été embelli et poétisé; ici, c'était un *café*, un *estaminet* où se trouvaient les rafraîchissements les meilleurs, les glaces, les sorbets, servis dans des coupes rustiques par de jeunes garçons et de jolies villageoises. A côté, c'était un faiseur de tours avec ses gobelets, ses muscades, ses cartes, ses oiseaux savants, ses pistolets qui lancent des fleurs, ses lapins qui font l'exercice et son chien *Munito* qui joue à l'écarté. Le faiseur de tours était annoncé par deux violons, une basse, une harpe, un cor, un chapeau chinois, une clarinette, une grosse caisse et une troupe de chanteurs avec le costume napolitain. Quand cet orchestre faisait silence, les lazzis, les *bêtises spirituelles* d'un Bobèche de bonne compagnie remplaçaient les barcarolles, les sarabandes et les chansonnettes de ces musiciens en plein vent (qu'en regardant de près on reconnaissait pour d'habiles artistes de Paris). En face du prestidigitateur, qui avait été appelé à cause de son renom sans pareil, par tous les ducs, grands-ducs, archiducs, princes, rois et empereurs du monde, s'ouvrait une salle de bal, dont le décor, confié au célèbre Ciceri, imitait un chalet suisse.

Avant d'entrer dans la salle de danse, le groupe de jeunes personnes avec lesquelles se trouvait Félicie de Schwartzemberg, passa devant un antre de Pythonisse... Cette grotte mystérieuse était en dehors de la rue animée de la foire; là, où elle s'ouvrait à ceux qui voulaient connaître l'avenir, régnait une demi-obscurité, et dans ces ténèbres visibles on lisait, au-dessus de l'entrée de la caverne, ces mots en lettres phosphorescentes :

*Veux-tu te connaître? viens à moi.*

— Entrons, dirent les jeunes filles rieuses et folâtres, entrons.

— Non, répondirent quelques-unes, nous aurons peur dans cette caverne, il faudra rester seule avec la sorcière.

— Nous ferons nos conditions, ajoutèrent les plus curieuses, nous consulterons toutes ensemble.

— A la bonne heure, entrons... et elles entrèrent; et quand cette bande gaie et gracieuse eut franchi le seuil de l'antre, un mouvement involontaire les fit se presser les unes contre les autres... Elles ne riaient plus, elles ne parlaient plus en avançant sous les voûtes basses du souterrain conduisant au *sanctuaire du destin*. De distance en distance, pour éclairer le passage, des trépieds d'où s'élevaient des flammes bleuâtres comme celles des flambeaux funéraires, étaient placés de droite et de gauche... Puis, pour ajouter aux émotions qu'inspiraient les choses extérieures qui frappaient les regards, les oreilles étaient aussi fascinées par une musique étrange, toute différente de celle de la terre... C'étaient des sons partant de régions inconnues et lointaines, comme les harpes des anges..., comme les voix des esprits; en les écoutant, on sentait tous ses nerfs trésaillir... et malgré soi, on avait envie de pleurer.

Arrivées à un endroit plus large du souterrain, les jeunes filles s'arrêtèrent; et certes, c'eût été un tableau à faire, que ce groupe gracieux sous la lueur rouge et vacillante que répandait une lampe suspendue à la voûte : en face d'elle tombait un rideau noir. La Pythonisse y avait brodé en lettres de fil argenté :

*De l'autre côté, c'est l'avenir.*

Un nain parut tout-à-coup auprès du rideau noir; et d'un bloc de rocher, sur lequel il était monté, il dit d'une voix stridente : « Chacune de vous, jeunes filles, va paraître à son tour devant la protégée du ciel, qui sait les choses de l'avenir et qui vous les dira. Du bout de cette baguette (il tenait une longue baguette à la main), je toucherai celle d'entre vous qui devra entrer. »

A ces paroles, il y eut un murmure général parmi les jeunes personnes; et je ne sais pas laquelle eut le courage de redire la résolution qu'elles avaient prise de paraître toutes ensemble devant la Pythonisse. Le nain disparut aussitôt; et, derrière le rideau, on entendit deux voix.

Le bruit vague et confus de ces deux voix cessa, et dans le silence absolu qui régnait alors, quelque chose résonna, c'étaient les anneaux de cuivre du rideau qui cliquetaient sur leur tringle de bronze... Le voile se fendit, et ses larges plis se serrèrent lentement de droite et de gauche.

Mademoiselle Lenormant (car c'était elle), était assise sur un fauteuil de fer ; un dais de velours gros bleu, brodé de signes cabalistiques, surmontait ce trône. Une couronne d'étoiles brillantes ceignait le front sévère de la Pythonisse, dont les pieds reposaient sur un globe terrestre.

« Jeunes filles, dit-elle d'une voix sonore, je vous remercie d'avoir, au milieu d'une fête, pensé à autre chose qu'aux joies présentes. Vous voulez voir plus loin que les plaisirs du bal, ce désir vous fait honneur... Mais, comme l'impératrice qui règne en ces lieux, et qui descend souvent du trône pour venir me consulter, m'en voudrait si je vous retenais longtemps loin de la salle de bal qu'il vous appartient d'embellir, au lieu de dire à chacune de vous ce qui doit lui arriver, je vais vous donner à toutes une médaille prophétique; avancez tour à tour jusqu'à moi. Je vais puiser pour vous dans l'urne de fer des destinées. »

Après ce peu de paroles, cette musique mystérieuse dont je vous ai parlé tout à l'heure recommença; et tremblante et émue, chacune des jeunes filles approcha de la devineresse, et, lui tendant la main, reçut d'elle une médaille.

A peine cette distribution était-elle terminée, qu'une voix d'homme retentit dans le souterrain, c'était celle d'un chambellan, le comte de Beaumont, qui arrivait de la part de S. M. l'impératrice Joséphine, retirée au chateau de Navarre, près d'Evreux, elle entendait les bruits du monde, et ces bruits lui brisaient le cœur... Il n'était question, dans toute la France, que de l'arrivée de la *jeune impératrice*. Quoique Marie-Louise ne fût ni belle ni gracieuse, les journaux étaient remplis de louanges pour elle. Le soleil nouveau était salué de tous les courtisans, tandis que celui qui se couchait à Navarre et qui avait eu tant d'adorateurs, était de plus en plus délaissé. Maintenant la Malmaison était déserte, l'herbe croissait dans ses allées, et ses grandes salles, avec leurs persiennes fermées, n'étaient pleines que d'abandon.

Les Tuileries étaient tout en mouvement, tout en joie ; les grandes réceptions, les galas s'y succédaient. L'empereur était allé jusqu'à Compiègne au-devant de l'archiduchesse d'Autriche ; et, brusquant le cérémonial que lui-même avait tracé, il avait montré un empressement qui ne se trouvait pas dans le plan de réception dicté par l'étiquette. On avait beau faire des journaux à part pour Navarre, la vérité y parvenait et navrait de tristesse le cœur de Joséphine.

Les fêtes les plus remarquables de cette époque furent : celle de l'Hôtel-de-Ville, celle de l'École-Militaire donnée par l'armée, et celle de Neuilly offerte à sa belle-sœur, par madame la princesse Borghèse, sœur favorite de Napoléon. Les ambassades eurent aussi les leurs, mais elles furent toutes éclipsées (et cela devait être) par celle du prince de Schwartzemberg, ambassadeur d'Autriche.

L'hôtel de cette ambassade était alors dans la rue de Provence ; quoique ses appartements fussent vastes et

P. 338

Il parut, donnant le bras à l'impératrice Marie Louise

spacieux, ils devenaient trop petits pour tout le monde invité à la fête ; aussi l'ambassadeur allemand avait fait construire un palais de fées dans le jardin de l'hôtel ; les plates-bandes, les gazons, le bassin du milieu du parterre avaient disparu sous un immense parquet. Ces nouvelles et magiques salles attenaient à la partie solide, à la partie de pierre de la noble demeure, et formaient avec elle un admirable ensemble.

Rien de meilleur goût que la grande salle de bal : les couleurs et les armes de France et d'Autriche y étaient réunies, leurs écussons attachés ensemble par des liens de fleurs, l'aigle de Napoléon, l'aigle des Césars y devenaient frères et ne se lançaient plus la foudre; partout ce n'étaient que roses et lauriers, que guirlandes enlaçant des trophées d'armes et des chiffres amoureux. Les flambeaux, les carquois, les colombes et les petits Amours du temps de Louis XV, étaient revenus dans le décor de la salle. Je me souviens que, pour y parvenir, il fallait suivre une longue galerie toute tendue de taffetas blanc, que l'on n'apercevait qu'au travers des draperies de crêpe rose, garnies de franges et relevées, de distance en distance, par de grosses torsades à glands d'argent.

J'arrivai de bonne heure à la fête, avec la comtesse Walsh de Serrant, ma tante; elle avait jadis connu à Vienne la princesse de Schwartzemberg, et après avoir causé avec elle, elle me dit : « Mon ami, si nous donnions une soirée comme celle-ci, nous serions fiers et heureux, car tout annonce qu'elle sera aussi charmante que splendide... » Eh bien ! la noble maîtresse de la maison, celle qui a commandé toute cette magnificence et qui recevra tant de compliments du bon goût et du bon ordre que nous voyons ici, me disait, il y a un instant, qu'elle donnerait n'importe quoi pour que le bal fût fini... Elle est, à ce qu'elle m'assurait, tourmentée de vagues pressentiments; et quand, en lui montrant sa fille, je lui ai dit : « Madame, bannissez toute crainte, vous devez ce soir être fière comme mère et comme maîtresse de maison, » elle m'a répondu : « Oui, ma Félicie est bien jolie, et toutes ces salles bien splendides... mais quelque chose que je ne puis définir plane sur moi... et me pèse... je vais, je viens, je m'assieds, je me lève, je cause, je regarde... et malgré tous les efforts que je fais... je tremble.

Pendant que madame de Serrant me racontait ceci, le monde arrivait en foule, et ce n'étaient que les plus riantes couleurs, que blanc, que bleu de ciel, que rose, que fleurs, diamants et perles que nous voyions passer sous nos yeux. Vers les onze heures, cette brillante multitude qui avait pris place sur des banquettes de velours, se leva tout entière à ce mot qui retentit dans la grande salle : l'Empereur!

En effet, il parut, donnant le bras à l'impératrice Marie-Louise, et s'avançant avec le sourire sur les lèvres et la majesté au front. Jamais je ne l'avais vu si heureux et si fier; c'était sa gloire qui lui avait donné cette fille des Césars qui s'appuyait sur son bras, et qu'il montrait comme *sienne* à toute l'Europe représentée chez le prince de Schwartzemberg! c'était sa gloire qui l'avait élevé si haut! M. l'ambassadeur et madame l'ambassadrice d'Autriche marchaient auprès du couple impérial et le conduisaient au trône élevé à l'extrémité de la salle de bal. De droite et de gauche, Napoléon et Marie-Louise saluaient la foule respectueusement debout. L'orchestre jouait pour la blonde fille d'Allemagne des airs de son pays natal, des airs qu'elle avait entendus à Vienne et à Schoënbrunn... Après s'être reposée quelques instants sous le dais impérial, S. M. Marie-Louise descendit de son estrade et ouvrit le bal.

Sur une robe de satin rose, elle portait une tunique de dentelle, toute brodée en trèfles de diamants; de grosses émeraudes entourées de diamants formaient sa ceinture à longs bouts pendants. Dans ses cheveux blonds, un triple bandeau de diamants et d'émeraudes; aux bras, des bracelets pareils, et au cou, pareil collier.

L'empereur portait son uniforme de chasseur, vert, culotte courte, bas de soie blancs et souliers à boucles de diamants. Sur sa large poitrine tranchaient et brillaient tous les ordres de l'Autriche et le cordon rouge de la Légion-d'Honneur.

Une contredanse venait de finir. Marie-Louise était revenue à sa place, et, encore debout, elle tenait une glace qu'on venait de lui apporter sur un plateau de vermeil, quand une sourde rumeur s'éleva dans une pièce attenante à la salle de bal. Sans le respect qu'imposait à tous la présence de LL. MM., on se serait porté de ce côté, pour savoir quelle était la cause de cette agitation encore peu bruyante; mais l'étiquette retenait chacun où il avait été placé... Cependant on vit venir Napoléon auprès de l'impératrice, et lui dire à voix basse quelques mots que nous ne pûmes entendre;

mais Marie-Louise ne parut nullement troublée de la nouvelle qu'on lui apprenait, et continuant à manger tranquillement sa glace, elle répondit à l'empereur : Oh ! ce n'est rien... — *Rien!* repartit Napoléon, *c'est seulement une maison de bois, de papier et de toile qui brûle.* Puis prenant l'impératrice par le bras, et accompagné de l'ambassadeur et de l'ambassadrice, il marcha vers la porte de sortie.

A cet instant, la foule obstruait cette porte, car on venait de savoir que le feu avait éclaté dans la galerie voisine et qu'il ne faisait qu'augmenter. Chacun voulait fuir; mais quand des aides-de-camp de l'empereur crièrent : « L'Empereur! messieurs, » la foule alarmée et pressée à la porte se fendit ; ceux qui fuyaient s'arrêtèrent, et de droite et de gauche formant deux haies, ouvrirent un passage au couple impérial.

A peine fut-il hors de la salle, que tout y devint trouble, frayeur et désordre. Rien n'arrêta plus personne : estrade, banquettes, fauteuils, gradins, consoles, candélabres, girandoles furent renversés et formèrent obstacle sous les pieds de la multitude qui se portait à toutes les ouvertures, aux portes et aux fenêtres.

Dans cette galerie tendue de taffetas blanc et de crêpe rose, que j'ai essayé de vous décrire, on avait laissé un courant d'air; il agita une partie pendante de la légère draperie de crêpe, qui vint à toucher la flamme d'une des bougies des bras dorés des murailles, et en une demi-seconde elle fut en feu... Alors, pour l'éteindre, un officier tira dessus, et avec son épée chercha à la couper... Mais, au lieu de la couper, il la fit se décrocher de la cloison de bois et de toile, et en un instant cette draperie fut en feu dans toute la longueur de la galerie. Comme l'avait dit l'empereur, *c'était une maison de papier et de toile qui brûlait;* aussi la terreur des femmes fut bientôt portée au comble; cette terreur faisait perdre la tête; au lieu de chercher diverses issues, tous se portaient vers la même... L'incendie croissait toujours avec une rapidité qui se conçoit, puisqu'il n'avait à dévorer que du bois et des étoffes; les lustres, avec leurs mille bougies, se détachant des plafonds de lattes et de toile peinte, tombaient sur les têtes parées de plumes et de fleurs, et sur les robes de gaze! Pour ajouter au désordre, dans plusieurs endroits, la foule enfonçait le plancher élevé au-dessus des plates-bandes du jardin; alors les pieds, les jambes embarrassés dans ces trous que l'on venait de faire, on ne pouvait plus fuir, on vous renversait, on vous passait sur le corps, on vous écrasait. Alors des cris affreux et des prières vaines; la frayeur est sans pitié, sans oreilles... L'escalier de quelques marches en planches, qui conduisait du jardin dans la salle de bal, venait de se rompre et de manquer sous le poids immense de la foule qui le surchargeait; alors le prince Kourakin, alors le préfet d'Istrie, sa femme, sa fille et tant d'autres tombant en barrant la porte, furent foulés aux pieds...

Dans le jardin, même désordre, même terreur, même danger. Une partie des allées n'avait point disparu sous les constructions élevées pour la fête; il était resté des allées avec leurs tilleuls et leurs acacias, et à ces arbres on avait appendu des guirlandes et formé comme des voûtes de lampions en verres de couleur; les fils d'archal qui les supportaient, tenant à la construction que l'incendie dévorait, venant à manquer de point d'attache, tous ces lampions tombaient, en versant des flots d'huile brûlante sur les épaules et les poitrines nues.

En moins d'une demi-heure tout cet édifice magique, que j'ai décrit en commençant le récit de cette fête que j'ai vue, était consumé; il n'en restait que les plus forts madriers des murailles, qui continuaient à brûler debout comme de grandes torches funéraires.

Dans cet horrible désastre beaucoup de personnes périrent; mais parmi les victimes, il y en eut une de l'amour maternel, dont le nom doit être au martyrologe des mères : celui de madame la princesse de Schwartzemberg. Vous avez vu au commencement du bal, quand tout brillait, quand tout souriait autour d'elle, qu'elle était, malgré elle, inquiète et tourmentée, livrée à de sombres pressentiments. Hélas! ces pressentiments n'étaient pas trompeurs : dans l'affreux pêle-mêle, le flot de la foule l'avait séparée de sa fille bien-aimée... Entraînée par le torrent, elle était donc sauvée... mais là, ce n'est pas d'elle dont elle s'occupe, c'est à sa fille qu'elle pense; elle va à chaque groupe; partout elle regarde, partout elle demande sa Félicie... et personne ne peut répondre qu'il l'a vue... Oh! sa fille sera restée dans les salles; elle veut y courir, elle va traverser cette ardente barrière de flammes qui s'élève devant elle. Des hommes intrépides ont reculé; M. le comte de Las Cases, entre autres, a trois fois voulu se faire jour dans cette muraille de feu pour chercher madame de Las Cases, et trois fois il a été contraint de revenir en arrière... En vain les amis de la princesse veulent lui persuader que son enfant chérie est sauvée, que bientôt on va la voir reparaître; en vain on cherche à la retenir; elle se dégage des bras qui l'enserrent; l'amour maternel rend fortes les femmes les plus faibles. Elle s'élance et arrive tout à côté des flammes, où elle est forcée de s'arrêter... un instant on la voit immobile... elle appelle : Félicie! Félicie!... aucune voix ne lui répond... En ce moment, en face du terrible incendie, la foule consternée fait silence; on n'entend plus que le pétillement des flammes et la chute des madriers que le feu consume... de nouveau elle crie : Ma fille! ma fille!... Félicie! Félicie!... et de la fournaise rien ne répond. Alors la malheureuse mère lève ses bras au ciel, implore l'aide de Dieu... met ses mains sur ses yeux, s'élance et disparaît dans le brasier immense... on ne la voyait plus qu'on l'entendait toujours, et toujours le même cri : Félicie! Félicie!

Combien de temps put-elle courir, chercher et ne pas tomber vaincue par le feu? je ne sais; mais une demi-heure après, quand l'incendie eut tout dévoré et n'eut plus d'aliment pour sa furie, on trouva dans les cendres bien des corps brûlés et calcinés... Mais parmi les cadavres noircis et réduits à l'état de charbon, on ne découvrit pas le sien.

Le lendemain on cherchait toujours... Je vous ai

dit que le parquet du bal avait été dressé sur les plates-bandes, sur le bassin du jardin; en beaucoup d'endroits les lustres, les girandoles et les candélabres, en se décrochant de la voûte de papier peint, en tombant de leurs supports, avaient mis le feu aux planches sur lesquelles on avait tendu des tapis de toile. A l'endroit du bassin, là où l'on avait élevé l'estrade impériale, le plancher était entièrement consumé, et dans l'eau, qui était alors à découvert, on trouva un corps devenu tout informe et comme un morceau de charbon. Quelle était cette victime? on ne le savait pas... mais en regardant de près, on vit sur le noir du cadavre tout rapetissé, briller quelque chose... c'était un collier d'or... un collier qui portait sur une petite plaque le nom de *Félicie.* Au nom de la fille, on reconnut la mère... ce morceau de charbon, voilà tout ce qui restait de la très haute, très noble et très puissante dame princesse de Schwartzemberg, victime immolée par l'amour maternel... aussi son nom est resté sacré dans le souvenir des mères... Les malheurs, les blessures, les morts de la fête offerte à l'impératrice Marie-Louise se sont effacés dans l'oubli qu'amènent les années... mais le nom de la princesse Pauline de Schwartzemberg vit toujours.

La Pythonisse de la Malmaison, vous vous en souvenez, avait donné à la jeune et belle Félicie une médaille avec une salamandre au milieu des flammes, et portant cette devise : *Je vis quand même.* Cette médaille fut prophétique pour celle à qui elle avait été remise... Félicie, un instant entourée des feux de l'incendie, s'en était sauvée en ne perdant que les fleurs de sa parure... Mais sa mère... sa pauvre mère! elle était morte en la cherchant.

# LE CHEF CIRCASSIEN

## FAIT HISTORIQUE ET CONTEMPORAIN.

Les pays qui ont gardé des mœurs douces, poétiques et patriarcales, deviennent rares. La civilisation, amenant avec elle de bonnes et mauvaises choses, des avantages et des désavantages, des bienfaits et des maux, efface dans ses progrès les différentes nuances qui distinguaient autrefois les peuples divers. Aujourd'hui, tout se confond dans une couleur commune; en gagnant de la confortabilité, le monde perd ce qu'il avait d'original et de pittoresque.

La tribu des Lesghiens, qui fait partie de la Circas-

tion ressemble quelquefois à ces nœuds, que les Arabes savent faire; quand des peuples sont rudes, trop fiers dans leur indépendance, pour les dompter et soumettre, les politiques leur donnent des mœurs nouvelles; d'abord elles semblent des bienfaits, mais en y regardant de près, en les étudiant, on s'aperçoit bientôt qu'elles n'ont été qu'un lacet jeté au peuple, pour lui faire courber la tête et lui mettre un frein.

Un jour, des bruits de guerre retentirent dans les tranquilles vallées des Lesghiens; c'était au moment des moissons. Les cultivateurs ne voulurent pas d'abord ajouter foi aux menaçantes rumeurs qui circulaient : on disait que le czar russe avait fait envahir une partie du territoire Lesghien par ses soldats, que déjà le sang avait coulé, que des villages avaient été incendiés, des moissons détruites, et que des populations entières avaient été emmenées captives pour peupler quelques-uns des déserts de la Russie.

Ces bruits, prenant de la consistance, les anciens s'assemblèrent pour délibérer. Les Lesghiens, depuis bien des siècles, pensent que ceux qui ont vu beaucoup d'années en savent plus que la jeunesse, et leur conseil se compose d'hommes qui ont acquis le savoir et l'expérience en vieillissant. Malgré, ou plutôt à cause de cette expérience, les anciens reconnaissent que s'ils en savent plus que la jeunesse, Dieu en sait plus qu'eux; aussi, avant de délibérer dans leurs assemblées, ils commencent par se prosterner, et demander à celui qui a fait sortir la lumière du néant, de les éclairer.

Le résultat du premier conseil fut que, sans perdre

de temps, pendant que les émissaires seraient envoyés aux frontières de la tribu, tout serait mis sur le pied de guerre dans l'intérieur. Un des anciens avait dit dans l'assemblée : « Puisque le pays est menacé, il faudrait faire savoir aux populations des campagnes, que la fête qui précède, chaque année, les moissons, n'aura pas lieu. »

« — Non, non, gardons-nous-en bien, lui avait répondu Amahim, le plus sage entre tous les anciens, laissons venir le peuple avec ses habits, avec ses pensées de fête; qu'il vienne avec les femmes, les jeunes filles, les jeunes hommes et les enfants; qu'ils viennent tous avec leurs couronnes de fleurs et leurs faucilles enrubanées; quand la multitude des moissonneurs sera réunie, nous leur dirons en face de l'autel du Dieu qui a béni leurs travaux, qui a couvert leurs champs d'abondance : Voulez-vous que tout ceci soit à l'ennemi? voulez-vous que vos sueurs, que vos fatigues ne profitent qu'aux Russes? voulez-vous qu'ils viennent commander là où vous étiez libres, et s'emparer de tout ce que vous avez fait vous-mêmes, et de tout ce que vous ont laissé vos pères? Pour que le peuple défende bien la patrie, laissons-lui ses usages et ses fêtes; faisons-lui sentir le prix de la liberté dont il jouit, pour qu'il la défende vaillamment. »

Cet avis avait prévalu dans le conseil, et la fête des moissons ne fut pas contremandée.

Aussi, cette grande solennité du pays eut lieu, comme si d'alarmantes nouvelles n'avaient point été répandues.

De toutes les montagnes revêtues de sapins, on vit

bientôt descendre les peuplades qui ont construit leurs cabanes de bouleaux dans des régions trop élevées pour que le blé puisse y croître. Elles apportaient aux cultivateurs de la plaine les produits sauvages de leurs montagnes neigeuses. Entre l'habitant des monts glacés et celui des basses et riches terres, il allait y avoir un échange fraternel, un commerce tout primitif, où aucune pièce d'argent ne serait donnée, où l'on troquerait les herbes aromatiques et la gomme résineuse contre les gerbes de froment; les produits des forêts contre ceux des champs cultivés.

Le jour de la fête venait de se lever, la voix des hommes qui ont pour mission d'annoncer les heures l'avait joyeusement proclamé. Les Lesghiens et leurs femmes avaient pris leurs plus beaux habits; les prêtres avaient élevé un autel au milieu de la plaine; le dais qui le recouvrait n'était ni de brocard, ni de velours, mais de verdure et de fleurs; ouvrage des jeunes filles de la contrée. Pour arriver à l'autel, il fallait monter cinquante marches; c'était de là que devait être donné le signal de la moisson. Chaque père de famille était à son champ avec tous les siens, quand l'ancien des prêtres eut terminé la prière.

Il entonna ensuite le cantique des épis, dont le refrain était répété par tous les moissonneurs répandus dans la plaine.

« Ces champs ont été arides, nos mains les ont labourés; le fer de nos charrues a déchiré la terre, et nous y avons jeté la semence... mais ni le fer de nos charrues, ni nos mains, ni nos semailles n'auraient produit de moissons, si le Créateur n'avait béni nos champs et nos travaux. Bénissons donc le Seigneur : bénissons-le, parce que sa bonté est éternelle, » répétèrent les voix des cinq mille moissonneurs disséminés dans les champs.

Le chœur continua.

« Le grain confié à la terre y a germé; une tendre verdure, semblable à celles des prairies, a revêtu nos sillons; puis, comme de hautes herbes, les moissons vertes se sont balancées sous l'haleine des vents : quand le soleil a été ardent dans le ciel, elles ont jauni, et à présent la bonté céleste a mûri les épis. »

« Bénissons-la, parce qu'elle est éternelle, » dirent encore les moissonneurs.

« A présent que l'épi est mûr, prenez, prenez vos faucilles, et faites tomber sous leur fer recourbé ce qui doit nourrir vos familles... puis, quand vous ferez vos gerbes, laissez des épis sur les sillons pour les glaneurs, pour les pauvres qui n'ont point de terre à ensemencer, car le créateur est aussi leur père, et veut qu'ils soient secourus par vous, qui êtes leur frères. »

« Parce que sa bonté est éternelle, » répétèrent encore les cinq mille voix de la plaine.

Alors le chef des prêtres, du haut des marches de l'autel, donna le signal; et ce fut un grand et singulier spectacle, que ces milliers de moissonneurs se courbant tous à la fois, avançant au milieu des blés mûrs et les faisant tomber devant eux, pendant que les chantres et les prêtres, debout autour de l'autel abrité par le dais de verdure, continuaient à chanter des hymnes au Dieu qui fait mûrir les moissons.

Pendant que se passait cette religieuse et poétique cérémonie, des émissaires revenus des frontières de la tribu confirmèrent toutes les nouvelles qui avaient circulé depuis deux jours. Il n'était que trop vrai que les soldats russes avaient fait invasion dans le pays, et qu'ayant rencontré de la résistance partout, partout ils avaient commis d'horribles massacres.

C'eût été en vain que le conseil eût cherché à cacher ces nouvelles, il ne le pouvait, ni ne le voulait : il laissa donc seulement passer le premier jour des fêtes, et dès le lendemain, il publia que l'ennemi avait mis le pied sur le territoire, et qu'il fallait à l'instant se mettre en marche pour le repousser.

« Hier, vous teniez la faucille; aujourd'hui, déposez-la, jeunes hommes, disait le manifeste des anciens; déposez-la pour prendre le fer des batailles, allez. Dieu sera avec vous et rendra vos bras forts, car vous partez pour défendre la terre qui vous a vus naître, la terre sacrée qui garde les ossements de vos pères auprès des berceaux de vos enfants; partez, l'ennemi tombera sous vos coups, comme hier les épis tombaient sous vos faucilles. »

La journée se passa en préparatifs de départ; et le soir, quand la lune apparut au-dessus des sapins des montagnes, les fers des baïonnettes et des lances brillaient à sa lueur, comme les écailles étincelantes d'un long serpent montant le versant du coteau.

Krisnoë, époux de l'aînée des filles d'Amahim, avait été nommé chef des deux mille hommes qui se rendaient à la frontière. Depuis sa plus tendre jeunesse il avait été accoutumé aux batailles, ayant suivi le frère de sa mère dans les guerres de Perse. Dans la pacifique tribu des Lesghiens, nul ne pouvait lui être comparé pour la science militaire.

Le peuple avait donc vu sa nomination avec bonheur; et quand il parut jeune, beau et martial à la tète de l'armée partante, des cris d'enthousiasme l'accueillirent et le saluèrent. Parmi la foule qui s'était rassemblée pour voir partir ces bataillons tout composés d'êtres chers à ceux qui restaient, il y avait un grand nombre de femmes, de mères, de sœurs et d'épouses. Toutes étaient venues, non pour retenir leur fils, leurs époux et leurs frères, mais pour leur souhaiter du bonheur, et les recommander à celui qui veille sur le guerrier dans la mêlée, comme sur le petit enfant dans son berceau.

Parmi ces femmes on distinguait Amaya, fille d'Amahim, et épouse de Krisnoë. De toutes les filles de la Circassie, elle était la plus belle; Dieu lui avait tout donné, la beauté, la vertu, la grâce et le génie; on la disait inspirée du ciel, et elle avait des chants si poétiques et si beaux qu'on aurait pu croire que les esprits célestes les lui apprenaient. Avec sa mère et ses jeunes sœurs, elle s'était arrêtée au pied d'un grand cèdre, et quand Krisnoë passa devant elle, elle s'écria :

« Que le bras de Dieu s'étende sur la tête de tous ceux que nous voyons partir, que ce bras divin les protége, qu'il tienne un bouclier pour les défendre, qu'il leur donne la force qui triomphe, et l'humanité qui fait absoudre la guerre; que les anges qui ont si longtemps veillé sur les Lesghiens, partent avec eux; et nous, condamnées à ne les pas suivre, prions, prions pour eux.

» Hommes, qui vous en allez, regardez-nous, nous n'avons point de larmes dans les yeux, parce que nous avons trop d'espérance au cœur pour pouvoir pleurer; allez, nous ne voulons pas vous retenir un instant de plus. Coupables seraient les épouses, les sœurs et les mères qui s'opposeraient à votre départ.

» Dieu et la patrie vous ont dit : *Partez!*

» Et nous toutes, nous vous disons : *Partez!* »

Ces mots d'Amaya furent répétés par toutes les femmes, et les échos de la montagne redirent aussi : *Partez! partez!*

Pendant plusieurs jours, les femmes et les vieillards, qui étaient restés dans l'intérieur du pays, ne cessèrent de prier. Les autels n'avaient jamais été autant entourés, autant priés; des nuages d'encens, d'ardentes supplications montaient la nuit comme le jour vers le ciel.

Une semaine n'était pas écoulée depuis le départ; des courriers étaient arrivés de la frontière et avaient apporté de bonnes nouvelles. L'ennemi avait été repoussé des premières positions qu'il avait prises et des ruines qu'il avait faites. L'ardeur, le patriotisme des Lesghiens faisaient des prodiges, et les Russes et les Cosaques du czar savaient maintenant que les Lesghiens n'étaient pas, comme on leur avait dit, des gardiens de troupeaux; ils avaient été à même de voir et d'éprouver que le fer de leurs sabres avait le fil, et que leurs bras étaient forts.

« Cueillons des palmes et tressons des couronnes

pour les vainqueurs, » disaient déjà les Lesghiennes.

Les vainqueurs arrivaient, les rayons de la lune, qui avaient fait briller les baïonnettes et les épées au départ, venaient de resplendir sur toute une ligne de lances, au front de la montagne; et ces lances, comme des feux mouvants, ne restaient point sur la cime des monts, mais avançaient en descendant.

« — Les voilà! les voilà! se mirent à crier tous ceux et toutes celles qui n'avaient pas quitté la plaine; les voilà! les voilà! courons au-devant d'eux; honneur, honneur aux vainqueurs!... »

Les vainqueurs! mais malheureux vieillards, malheureuses femmes, pauvres enfants! ce ne sont ni vos pères, ni vos époux, ni vos fils, ni vos frères... ce sont les Russes. Ce fer que vous avez vu briller sur la montagne, il a bu le sang de tous les vôtres!

C'était vrai. Les soldats du czar étaient venus nombreux comme les vagues de la mer, et les Lesghiens, ceux de la frontière, comme ceux de l'intérieur, avaient presque tous péri. Quelques-uns s'étaient réfugiés dans les forêts, et les terribles Cosaques les y poursuivaient sans relâche... Hélas! les massacres et tous les excès de la guerre ne s'arrêtèrent pas aux frontières. La plaine si fertile, la plaine où je vous ai fait voir la fête des moissons, fut bientôt dévastée par le pillage, noircie par l'incendie et arrosée de sang. La vengeance n'y laissa rien debout, et, trois mois après la solennité que je vous ai dite, tout y était désert, ruiné, désolé et silencieux.

Des années s'écoulèrent; les Russes avaient planté leurs tentes là où les plus belles moissons s'étaient balancées comme les flots. Là, plus de hameaux, de villages, de villes ni d'autels; rien, plus rien que des ruines... Je me trompe, la nuit, parmi les débris, entre les maisons démolies ou brûlées, si les vainqueurs n'avaient pas été aussi enivrés de leur victoire, s'ils avaient mieux veillé sur leur conquête, ils auraient vu que tout n'était pas éteint, que tout n'était pas mort dans la tribu Lesghienne...

Pour conspirer, pour jurer vengeance, pour faire bon marché de sa vie, pour prendre de grandes résolutions, c'est un bon lieu que les ruines; car ce ne sont ni la résignation, ni l'apathie qu'elles conseillent; de leur silence, il s'élève une voix que les cœurs généreux comprennent. Cette grande voix avait été entendue, et des serments avaient été jurés sur les ossements des massacrés.

Ces serments furent tenus; bientôt les Russes furent attaqués dans les positions qu'ils avaient prises pour régner en maîtres dans le pays dévasté. Tout à coup il était sorti des soldats intrépides du milieu des cendres et des débris; la voix d'un jeune chef avait fait ce miracle. Quel était ce chef? on l'ignorait; mais son chemin se marquait par d'éclatants succès; Russes et Cosaques fuyaient devant lui, obligés d'abandonner leur conquête. Cependant l'empereur Nicolas, voulant avoir raison de ces Lesghiens qui s'avisaient de revivre, envoya de nouvelles troupes, et le chef inconnu, blessé dans trois batailles, tomba aux mains des soldats du czar. Son courage, son air noble, sa beauté, avaient imposé du respect aux vainqueurs; ils se dirent : « Il faut que sa tête ne tombe que devant notre seigneur et maître, » et, dans cette idée, le Lesghien, dont on savait la valeur, mais dont on ignorait la naissance et le nom, fut conduit à Moscou, où se trouvait alors l'empereur.

« Tu as abattu bien des nôtres, disaient les Cosaques au jeune chef; mais tu seras abattu à ton tour, et ta tête paiera la mort de nos compagnons.

— Non, répondait le Lesghien, ma tête ne tombera point, votre impérial maître ne me fera aucun mal.

— Tu as fauché ses soldats comme des épis.

— Je le sais; mais lui ne permettra pas qu'un seul cheveu tombe de ma tête.

— Qui es-tu donc pour que l'on te respecte ainsi ? »

Le chef gardait le silence, il souriait.

Les soldats réguliers de l'empereur parlaient au chef inconnu comme les Cosaques, et à ceux-là comme aux autres, il répondait toujours : « Quand vous dites que votre empereur me fera mourir, vous ne dites pas vrai, je le défie de se venger de moi. »

Dans les villes par lesquelles le prisonnier passait, la foule, les femmes le regardaient, et, frappées de sa beauté, se disaient : « Quel dommage que, si jeune, il marche à la mort! mais il n'y a pas de grâce à espérer pour lui, le sang demande du sang.

— Vous vous trompez, disait alors le jeune Lesghien, j'ai répandu le sang russe; mais le mien ne sera pas versé par ordre de votre empereur.

— Qui êtes-vous donc pour être si assuré de votre pardon ? »

Le chef souriait et gardait le secret de son nom.

Enfin, il arriva à la ville sainte; il fut amené devant le puissant souverain de toutes les Russies; et, comme on le conduisait au palais, le Lesghien ne montrait aucune inquiétude. En face de sa majesté impériale, il garda la même assurance mêlée de respect.

« Tu as mérité la mort, lui dit le czar.

— Je le sais.

— C'est toi qui as fait lever les Lesghiens vaincus et soumis.

— Oui.

— C'est toi qui les a menés contre mes soldats.

— Oui, j'avais à me venger : mon père, mes frères, mes sœurs, mes compatriotes avaient été massacrés par tes Cosaques.

— Eh bien! j'ai à me venger de toi; car tu as fait couler le sang de mes soldats, de mes fidèles sujets.

— Tu ne te vengeras pas, tu ne feras pas couler mon sang.

— Pourquoi ?

— Parce que je suis une femme!... oui, une femme que tes soldats ont rendue orpheline et veuve. Je suis la veuve de Krisnoë, que tes Cosaques ont tué; la fille d'Amahim, qu'ils ont massacré, la Lesghienne qu'ils ont proscrite et privée de tous les siens. Je suis une femme, et tu ne me tueras pas. »

Amaya disait vrai; l'empereur, admirant son courage, lui fit grâce, et, revêtue de son uniforme de général, elle fut renvoyée dans son pays, avec des sommes d'argent considérables pour faire du bien où la guerre avait fait tant de mal.

# LE ROYAUME DES CIEUX.

## LÉGENDE ALLEMANDE.

Entre tous les fils de l'antique Allemagne, nul n'était plus honoré que Sigebert; dans les batailles son épée avait bu le sang de bien des ennemis! Et maintenant qu'il était devenu vieux, il avait besoin de calme et de repos. Ce repos et ce calme, il était parvenu à se le faire, et souvent il répétait à Berthe, sa fidèle épouse, et à Frédéhilde, sa fille bien aimée : « Après toutes les tourmentes de ma vie, que le repos dont je jouis entre vous deux est doux! Toi, Berthe, tu es pour moi comme *l'ange des souvenirs*, et toi, Frédéhilde, comme *l'ange de l'espérance!* C'est vous qui m'endormirez toutes les deux quand viendra le jour de mon grand sommeil. »

Sigebert pouvait espérer cette paix; les fils de l'ancienne Germanie étaient lassés de guerre; ils avaient planté leurs tentes sur le bord des grands fleuves, ils avaient reconnu la fertilité des plaines et la beauté des ombrages des montagnes, et ils jouissaient, comme d'une chose nouvelle, des douceurs du repos, quand le *fléau de Dieu* vint, ainsi qu'un déluge, déverser ses hordes innombrables sur les riantes vallées du Rhin. Sous leurs flots d'hommes vêtus de fer, tout était détruit, broyé ou incendié; contre les lances des terribles soldats d'Attila, les autres lances devenaient comme des roseaux... Sigebert se souvenant de ses premiers combats, ressaisit l'épée qu'il avait appendue à son foyer, et, d'une voix que les années n'avaient point encore trop cassée, appela à la résistance les hommes, qui l'entouraient et qui le regardaient comme leur chef. Mais, cette fois, ils ne lui obéirent pas; ils lui dirent : « Les grains de sable ont beau s'amonceler, ils n'empêchent point le Rhin de rouler ses puissantes ondes. Contre le fléau de Dieu, nous serions comme ces grains de sable... Nous ne voulons point que les eaux de la colère d'Attila passent sur nos têtes. Devant lui il n'y a point de rangs à former, point de lances, point de javelots, point de framée à élever. Les murailles de fer, il les renverse comme les autres... A quoi bon se mettre sur son chemin?

— Mais, leur cria le vieux guerrier, n'avez-vous pas honte de fuir?

— Si Attila était un homme semblable aux autres hommes, il nous trouverait armés sur son passage...

Mais le fléau que Dieu a déchaîné contre le monde est né d'une magicienne et d'un démon; contre lui toute lutte humaine est une folie... Devant l'exécuteur des vengeances divines, il n'y a point de honte à fuir. Et pour que nos mères, nos femmes, nos filles et nos sœurs ne tombent point aux mains des barbares, nous allons les emmener, les cacher dans la sombreur de la *forêt Noire;* là il y a des antres et des cavernes qui resteront peut-être ignorés des hommes que la colère et la justice de Dieu ont armés. Quand le torrent a rompu sa digue, quand écumant et furieux il se précipite du haut des rochers, il y a quelquefois des contrées qui échappent à ses flots dévastateurs. »

Parlant ainsi, les habitants des vallées du Rhin chargeaient leurs longs chariots de tout ce qu'ils avaient de plus cher, de plus précieux et de plus sacré, et abandonnaient avec larmes les plaines qu'ils avaient fertilisées par leurs travaux. Comme les embarcations manquaient à tout ce peuple frappé de terreur, et qui s'était levé pour fuir, des centaines de sapins, dont on avait coupé les branches, étaient liés, amarrés ensemble, et ces immenses radeaux, semblables à des îles flottantes, emportaient de l'autre côté du fleuve des populations tout entières. Sigebert et sa famille suivirent le mouvement général; et ce fut entre les hautes montagnes dont les pieds se baignent dans les eaux du Necker qu'il alla bâtir sa demeure de refuge.

Dans le jeune âge, il y a un goût de nouveauté, un amour de changement qui peuvent s'arranger d'une émigration; il n'en est plus de même pour nous qui avons vieilli; ce que nous avons vu *longtemps,* nous voulons le voir *toujours*. Sigebert eut donc beaucoup à souffrir, alors qu'il lui fallut quitter la maison où il avait vu mourir son père et naître ses enfants. Ce fut comme un chêne que l'on déracine avec déchirement, et Berthe et Frédéhilde durent craindre que cet ébranlement ne causât la mort du vieillard. Mais non; Sigebert, dans sa longue carrière, avait appris la résignation, et il s'en servit dans ce cruel moment.

Quand ceux qui vivent avec nous ont de la patience et de la douceur, le malheur qui nous advient est bien moins lourd, car ils en portent leur part, et allégent le fardeau, en ne s'irritant pas contre la volonté qui nous l'impose; et l'épouse et la fille du vieux chrétien l'entourèrent de tant de tendresse, de tant de soins, que les fatigues du voyage, que les ennuis du déplacement diminuèrent beaucoup pour lui.

Bientôt la vie recommença à couler pour Sigebert et sa famille, comme elle avait fait dans les vallées du Rhin, douce, calme et sans secousses. Eh ! mon Dieu! notre patrie est souvent dans notre propre cœur et dans l'amour de ceux qui nous entourent. De la paix au fond de l'ame, des amis près de nous, le pain de chaque jour et des rayons de soleil sur notre cabane, voilà ce qu'il faut pour le bonheur, et Sigebert avait tout cela.

Un jour, Frédéhilde descendait dans la vallée pour y cueillir des plantes dont son vieux père aimait la saveur et le parfum. Il y avait dans l'air tant de douceur! les oiseaux chantaient si bien au-dessus de sa tête, le bleu du ciel était si pur, le soleil si resplendissant, les eaux du Necker si limpides et si scintillantes sous ses rayons, que ce bien être de toutes choses, que cette espèce de joie répandue sur toute la nature gagnèrent le cœur de la jeune fille : « O mon Dieu ! s'écria-t-elle, vous gardez des consolations pour les exilés. Me voilà loin de mon berceau, et les ronces et les épines ne déchirent point mes pieds, et cependant nous sommes sur la terre du bannissement ! »

Elle laissait ainsi aller sa pensée reconnaissante, quand elle aperçut tout à coup un jeune homme beau de visage, et noble dans sa démarche, qui s'avançait vers elle. D'abord elle voulut reprendre le chemin qui reconduisait chez son père ; mais l'étranger d'une voix douce et respectueuse lui dit :

« Que mon approche ne vous donne aucune crainte ; je viens vous demander, jeune fille de ces montagnes, de m'indiquer le sentier que je dois prendre pour retourner aux champs du fertile *Creichgau* ; ce matin j'en suis parti pour aller à la chasse, et, dans les forêts que vous voyez à côté du fleuve, je me suis égaré.

— Je ne suis point fille de ces montagnes ; voilà peu de temps que nous habitons cette contrée ; je ne puis donc vous montrer le chemin qui vous ramènera chez vous. Mais, si vous voulez venir chez mon père, d'une des hautes fenêtres de notre maison, de celle qui s'avance en saillie comme un arc tendu, nous pourrons apercevoir la route qu'il vous faudra suivre pour retourner chez vous.

— Puisque vous me l'offrez, j'aurai le bonheur de vous accompagner jusqu'à la maison de votre père.

— Il vous accueillera avec cordialité ; autrefois il

vous aurait mieux reçu ; aujourd'hui son foyer est celui d'un banni, et moi je suis bien loin de la maison où je suis née. Nous avons fui devant le *fléau de Dieu.* »

Tout en marchant à côté de Frédéhilde, l'étranger admirait sa grâce pudique; la beauté qu'il lui voyait, il ne l'avait jamais rencontrée dans aucune autre femme; quelquefois il avait rêvé d'êtres surnaturels, d'êtres aériens habitant entre la terre et le ciel, se reposant sur les nuées et vivant du parfum des fleurs et des gouttes de rosée... Eh bien! ces êtres fantastiques, créés par son imagination et que, dans son esprit, il embellissait de toutes les perfections, n'avaient point une beauté comparable à celle de la jeune fille avec laquelle il cheminait par le sentier de la colline.

« Vous le voyez, notre toit est bien modeste, dit Frédéhilde quand elle fut arrivée en face de la maison. Ce vieillard qui est assis sur le seuil, c'est Sigebert, mon père, et la femme qui travaille près de lui, c'est Berthe, ma mère. Tous les deux, quoique sur une terre étrangère, aiment à exercer l'hospitalité et vous recevront avec joie. »

Comme Frédéhilde l'avait annoncé, Berthe et Sigebert firent un cordial accueil au chasseur égaré. « Quand vous serez assis à ma table, quand vous serez rafraîchi, dit le vieillard au jeune homme, je vous ferai voir le sentier qui conduit à *Creichgau.* Quoiqu'il n'y ait pas longtemps que nous habitions ce pays, j'ai eu occasion d'aller dans les parages où vous voulez retourner. C'était alors que je faisais bâtir l'humble maison où je vous reçois aujourd'hui. Vous,

vous êtes sans doute plus heureux que nous; la contrée où vous vivez est celle où vous êtes né, celle où dorment vos pères?

— Oui, j'habite aux mêmes lieux où a vécu mon père, où j'ai vu mourir ma mère; là, où je marche tous les jours, c'est là où j'ai fait mes premiers pas. Je devrais donc ne pas me plaindre devant vous, qui êtes loin de votre première demeure. Eh bien! je vous le dirai cependant, depuis la mort de mon père, qui a glorieusement péri en combattant contre les Francs, depuis que je n'entends plus la voix de ma mère, ma demeure me paraît plus solitaire que les forêts, et je m'en éloigne souvent à cause de ceux qui n'y sont plus! A présent, les bois les plus sauvages me voient pendant des journées entières chercher les êtres que j'ai perdus. Le vide qu'ils ont laissé dans la maison n'est point comblé pour moi, par les grâces et l'amour d'une épouse. La sauvagerie du désert vaut mieux que cette solitude-là. »

Après le repas du milieu du jour, Sigebert conduisit le jeune chasseur à une chambre haute, et, de la fenêtre saillante du premier étage, fit voir à son hôte tout le pays; de ce lieu on découvrait toutes les croupes arrondies des collines avec leurs effets de lumière; ici, des parties éclairées; là, de grandes ombres noires; puis, dans tout cet espace verdoyant, comme de longs serpents jaunâtres, allant d'un mont à l'autre, tantôt passant dans la vallée, tantôt se montrant en sinueux détours sur les versants des montagnes... c'étaient les sentiers, les routes frayées d'alors, routes que les pas des devanciers avaient tracées dans le pays. Griso (c'était ainsi que se nommait le chasseur égaré), ayant reconnu le chemin de Creichgau, prit congé de ses hôtes et se mit en marche pour retourner chez lui.

Quand, du fond de la vallée, il était monté à la maison de Sigebert, il avait eu, cheminant à côté de lui, la belle Frédéhilde ; à présent, c'était dans sa pensée et dans son cœur qu'il la voyait encore. « Ah ! se disait-il sans que ses lèvres remuassent, sans que sa langue prononçât une seule parole, comme ma maison, aujourd'hui si triste et si solitaire, serait embellie, si une femme comme *elle* venait l'habiter ! »

Si Griso emportait dans son âme l'image de Frédéhilde, le souvenir du jeune homme était aussi resté dans la pensée de la fille de Sigebert. Il y a des oiseaux qui boivent la rosée dans le calice d'une fleur, en se soutenant sur leurs ailes, et qui ainsi n'altèrent en rien leur fraîcheur ; eh bien ! il en était de même du souvenir de Griso ; il était entré dans le cœur de Frédéhilde sans en troubler la paix... Seulement, depuis la rencontre du chasseur, elle montait plus souvent à la chambre haute ; plus souvent, à la fenêtre, elle se penchait en avant, pour voir s'il n'arrivait personne... Sa mère remarqua aussi que les beaux cheveux blonds de sa fille étaient depuis quelque temps relevés avec plus de soin, et que, parfois, elle était obligée de faire souvenir à Frédéhilde que le moment de telle ou telle occupation était venu.

Huit jours après sa première visite, Griso reprit le chemin de la maison de Sigebert. Comme il en approchait, il aperçut Frédéhilde ; elle était occupée à arroser des fleurs qui croissaient devant la chambre de sa mère...

La première fois que Griso avait vu la jeune fille, il lui avait adressé la parole pour lui demander son chemin, et il l'avait fait sans aucun embarras; mais à présent qu'il l'aimait, il ne savait plus avec quels mots l'aborder. Enfin, d'une voix bien émue il lui dit : « Elles sont bien belles ces fleurs que vous cultivez.

— Je les soigne beaucoup, parce que ma mère les aime, » répondit en rougissant Frédéhilde. Puis, voyant que le jeune homme gardait le silence, elle ajouta : « En avez-vous de semblables auprès de votre maison?

— Oh! non; là, pour qui fleuriraient-elles? je n'ai plus ma mère... et puis, point de mains comme les vôtres!... Chez moi, c'est comme un désert; il n'y a personne... Déjà ma demeure solitaire était pleine d'ennuis pour moi; mais depuis que je vous ai vue, douce fille de Sigebert, ma maison m'est devenue comme un lieu d'exil. Frédéhilde, me permettrez-vous de demander votre main à vos parents? »

Frédéhilde rougit et baissa timidement les yeux vers la terre.

« Y consentez-vous? » répéta Griso avec une expression suppliante.

Soulevant un peu son regard, la jeune fille murmura un oui, mais si bas que l'amour seul put l'entendre.

Griso, transporté de bonheur, alla avec elle trouver Sigebert et Berthe, et étant arrivé devant eux, leur dit : « Mon bonheur dépend de vous; j'aime votre fille et je viens vous demander sa main; si vous m'accordez Frédéhilde, je vous fais le serment de la rendre heureuse.

— Si ma fille y consent, répondit Sigebert, j'y consentirai aussi et je demanderai à Dieu de bénir votre union. » Berthe donna également son approbation, joignit les mains et pria en silence pour que cette alliance s'accomplît ; car elle pensait qu'un amour pur, béni de Dieu, pouvait donner le bonheur.

Griso offrit alors à sa fiancée une belle chaîne d'or travaillée avec art et venant de Venise; et il dit à Frédéhilde : « Elle a déjà orné un beau cou; ma sœur la portait et me la donna, pauvre victime! le jour où elle fut conduite au bois consacré à Hertha, pour être sacrifiée à la déesse, dans le lac profond et tranquille. »

A ces paroles, un frisson de terreur pénétra Frédéhilde, et ses parents pâlirent.

« Ainsi vous n'êtes pas chrétien? demanda Berthe d'une voix tremblante.

— Non, » répondit le jeune homme.

Et Frédéhilde était là comme un lys rompu sur sa tige.

« Nous professons la religion du Christ, dit Sigebert après une petite pause, et à moins d'incliner votre tête devant notre Dieu et de recevoir le saint baptême, vous ne pouvez devenir l'époux de notre fille.

— Ah! s'écria l'idolâtre, j'aime Frédéhilde plus que la lumière; mais je ne puis déserter les autels où j'ai vu prier mon père et ma mère. Si, pour l'obtenir, je me faisais apostat, j'attirerais la vengeance de nos dieux sur elle comme sur moi.

— Il n'y a qu'un seul Dieu, reprit avec chaleur le

vieux chrétien, et ce Dieu ne s'appelle ni Wodan, ni Thor; ce Dieu c'est le nôtre, celui qui d'une seule parole a créé le monde avec toutes ses merveilles, celui qui a mis le soleil, la lune et les étoiles dans les champs de l'infini, celui qui leur a commandé de briller au firmament et de raconter sa gloire, celui qui donne la majesté au chêne de nos forêts et le parfum aux fleurs de nos jardins, celui qui a doué l'homme de force et la jeune fille de grâce. Allez, vous, que j'aurais été heureux d'appeler mon fils, allez et méditez sur ce que je viens de vous dire. Implorez notre Dieu, et, prenant votre erreur en compassion, il vous fera miséricorde et peut-être vous appellera à lui. »

Griso s'en retourna le cœur brisé; il avait touché au bonheur, et tout-à-coup le bonheur s'était détourné de lui; au dedans de son ame bien des voix s'élevaient; il y en avait qui lui criaient que Frédéhilde étant chrétienne, c'était aux autels du Christ qu'il devait venir adorer; que là seulement il trouverait la félicité dans cette vie et le bonheur dans celle qui est de l'autre côté de la tombe... Et quand il était prêt à obéir à cette voix, il y en avait une qui lui disait bien haut : « Il y a honte à un homme à renier le Dieu de son enfance, le Dieu qui a protégé votre berceau et qui étend son bras sur les ossements de vos pères. »

Longtemps, bien longtemps, Griso resta irrésolu, mais enfin l'habitude et puis la crainte de ce que diraient les hommes, le décidèrent à demeurer fidèle au culte de Thor et de Wodan. Cette résolution ne fut pas prise par le prince allemand sans un grand déchirement de cœur; elle rompait tous les liens qui auraient pu l'attacher au bonheur.

Bien des nuages troublèrent aussi l'éclat de la jeunesse de Frédéhilde; pieuse chrétienne, fille soumise, elle avait fait avec résignation le sacrifice de son amour, mais un chagrin dévorant restait dans son cœur, tout à côté du devoir. A cette peine d'autres peines vinrent bientôt se joindre; son père et sa mère moururent, et quand elle vit couchés en terre, sous les bras étendus de la croix, ceux qu'elle avait aimés dès ses premiers jours, quand elle se trouva privée de ses soutiens, de ses guides, seule et délaissée, elle eut peur du monde, et se fit construire dans le désert des montagnes voisines du Necker, une chapelle et une cellule où elle se retira, couverte d'un cilice. Là, dans le silence, elle pleurait comme si elle avait été une pécheresse, comme si elle avait eu à expier; ange, on l'aurait prise pour Madeleine convertie. Il y avait en elle une telle grâce d'en haut que les hôtes féroces de la forêt respectaient sa retraite. Les oiseaux qui chantaient le mieux venaient nicher dans les arbres qui entouraient sa cellule et n'avaient point peur d'elle; les cerfs, les biches, les chevreuils se couchaient à l'entour de la croix qu'elle avait plantée près de sa demeure sauvage et retirée, et, quand elle passait près d'eux, ils ne prenaient point la fuite; seulement ils relevaient la tête et la regardaient comme une amie.

Après quatre années écoulées dans cette profonde solitude, la pieuse solitaire sentit sa fin approcher; alors elle redoubla de ferveur, et une nuit qu'elle priait, son bon ange lui apparut et lui dit :

« *Patience! ton pèlerinage va finir.* »

Dès le lendemain matin, souffrante, exténuée, pâle, mais belle encore, Frédéhilde se traîna hors de sa cellule, et quand elle fut parvenue aux pieds de la croix, elle s'y prosterna ; puis, s'étant assise sur les degrès du calvaire, comme une fille de campagne qui a fini sa journée, elle dit :

« *C'est ici que je veux mourir...* »

Sa vie allait s'éteindre, quand un vieux prêtre, qui s'était égaré dans ces montagnes, s'en vint près d'elle ; Frédéhilde sourit en le voyant.

« Mon père, dit-elle, le Seigneur vous envoie pour m'aider à mourir. Oh! voyez-vous, révérend ermite, avant vous, il est venu quelqu'un pour m'empêcher d'avoir peur de la mort, c'est le malheur ; ce maître-là détache bien de la vie.... Mais prions ensemble, et ne prions pas que pour moi... Mon père, prions pour les idolâtres... que ceux qui adorent les faux dieux viennent à la connaissance du Seigneur, dans lequel j'espère et vers lequel je m'en vais. »

Après ces paroles, le prêtre l'entendit pousser un petit souffle, et c'était son dernier soupir. Comme elle en avait témoigné la volonté au saint homme qui l'avait administrée, elle fut enterrée aux pieds de la croix. A ces funérailles, dans la forêt, n'assistèrent que quelques pauvres bûcherons que l'ermite avait fait avertir. Et quand la jeune fille fut descendue dans la fosse, les cerfs, les biches et les chevreuils, qui avaient coutume de recevoir leur nourriture de sa main, vinrent la regarder comme pour lui dire adieu.

Sur une grosse pierre de granit rougeâtre, le prêtre écrivit les paroles suivantes :

« *Ici repose Frédéhilde, qui offrit son amour en sacrifice pour sauver son âme; cette force ne se trouve que dans la foi du chrétien.* »

A la fin de l'automne de la même année, Griso vint sur la montagne où était la cellule de Frédéhilde; un cerf, qu'il chassait depuis plusieurs heures, s'y était réfugié; de la cellule, l'animal s'élança près de la tombe, et là, il n'eut plus peur ni des chasseurs ni des chiens. Griso, étonné, descendit de cheval, s'avança vers la pierre et lut les paroles écrites par l'homme de Dieu. A celui qui avait aimé Frédéhilde, à celui qui la regrettait toujours, ces paroles semblèrent venir du ciel; un rayon d'en-haut descendit subitement éclairer son âme... et tout-à-coup, se penchant sur la tombe, il cria à celle qui y reposait :

« Frédéhilde! Frédéhilde! je veux être chrétien! »

Comme il en avait fait la promesse, Griso, peu de temps après, reçut le baptême et bâtit un couvent qu'il nomma *le Royaume des Cieux*... Et, quand on lui demandait pourquoi il appelait ainsi la sainte maison qu'il avait fondée, il répondait :

« C'est que Frédéhilde est dans ce céleste royaume et que c'est elle qui m'y garde une place. »

Après avoir vécu longtemps dans cette retraite, il mourut plein de jours et de vertus, et sa fosse fut creusée auprès de celle de Frédéhilde, qui avait été sa fiancée sur la terre, et qu'il aura retrouvée dans le vrai *Royaume des Cieux*.

# LE BOSSU.

## CHRONIQUE ALLEMANDE.

Il y a des pays plats comme la Beauce, et vides de souvenirs comme la maison blanche et neuve d'un parvenu; des pays où pas un accident ne vient rompre la ligne droite et monotone des lointains; pays fertiles peut-être, mais où l'on dirait que l'histoire n'a point passé, tant il sont dénués de légendes et de chroniques. Oh! ne me menez pas sur cette terre-là, je n'y saurais que faire.

Que le grand duché de Bade est loin de ressembler à ces ennuyeux espaces dont l'œil s'empare d'un seul coup! et comme avec ses montagnes, ses enfoncements, ses vallées et ses forêts, il sait toujours bien garder quelque chose d'inconnu à l'espérance, et de neuf à la curiosité!

Ici, de ravissantes promenades pour les marcheurs, de magnifiques routes pour les voitures, des buts d'excursions tout tracés pour les indécis; des antiquités romaines pour l'archéologue; des donjons féodaux, des souterrains, des oubliettes pour les déclamateurs libéraux; des chapelles rustiques pour les légendaires; des couvents pour les âmes pieuses; des sources bienfaisantes et le docteur Crammer pour les malades; du plaisir pour les ennuyés; des bals scintillants de jolies femmes pour les jeunes gens; de la musique dans chaque hôtel pour les mélomanes; les émotions de la roulette pour les joueurs; de beaux aspects pour les peintres; de fréquentes inspirations pour les poètes; la *Favorite* et le *château de Rastadt* pour les admirateurs du rococo; des scieries pour les industriels; la salle des chevaliers d'Eberstein pour ceux qui rêvent de gloire; les grandes duchesses Sophie et Stéphanie pour les pauvres et les malheureux, et les vieilles traditions populaires pour moi.

J'en ai trouvé une de ces traditions hier au soir, et je veux vous la redire. Nous avions déjà vu le nouveau et le vieux château, les bains de Caracalla, les souterrains du tribunal secret la *Favorite*, la chapelle de la margrave *Sibille*, avec tous les instruments de sa pénitence, la belle route et le noble manoir d'Eberstein. Nous étions allés faire un pélerinage au *monument de Turenne*, et une exploration à la maison de chasse.

Nous avions visité les *tombeaux de Lichtenthal* et entendu les voix et les mélodieux accords de ses religieuses; il nous restait la *Vallée de Geroldsau et sa cascade*. Nous en prîmes donc le chemin. On nous avait dit que ces lieux étaient âpres et sauvages; il nous sembla que le ciel gris du soir devait bien *s'harmonier* avec le genre du paysage, et nous partîmes dans une de ces bonnes petites calèches du pays qui feraient honte aux voitures de remise de Paris.

C'est madame la grande duchesse qui a tracé elle-même la route qui conduit à la cascade : je ne sais si un ingénieur des ponts-et-chaussées aura à critiquer ce chemin, mais je suis sûr qu'il n'y a pas d'artiste, pas de véritable admirateur du beau qui n'en fasse l'éloge.

En suivant les gracieux tournants de cette route sur les flancs de la montagne, on devine que la main qui l'a conduite à travers plusieurs difficultés, sait bien tenir le crayon et le pinceau. Tantôt cette route se rapproche de la vallée, et alors la pente est rapide entre vous et la rivière qui bruit en courant sur son lit de pierres; tantôt elle s'enfonce dans la forêt de sapins, et alors vous marchez sous une saisissante sombreur et entre mille majestueuses colonnes; de là vous n'apercevez plus le torrent, mais vous l'entendez encore. Puis, subitement, vous revenez à la lumière et à l'espace; là, où l'œil peut saisir un prolongement de vallées, une perspective de coteaux, se repoussant les uns les autres, comme les *coulisses* d'un gigantesque théâtre.

Notre voiture était restée au pied de la côte, dans un petit village où tout le monde se reposait, car la journée était finie. C'était l'heure que les poètes aiment, celle *où les dernières lueurs du jour luttent sur les coteaux avec les ombres naissantes qui descendent du ciel*, celle où les laboureurs, revenus de leur travail, sont assis sur le seuil des chaumières et jouent avec leurs petits enfants, pendant que la ménagère prépare le repas du soir.

Ce que *Schreiber*, dans son *Guide des étrangers à Bade*, a écrit de la sauvagerie de la vallée de Geroldsau, n'est point exagéré : plus nous avancions vers la cascade, plus le site prenait un aspect sévère, et nous, qui riions souvent, nous devenions graves en marchant sous les hauts sapins aux longues branches pendantes. Arrivés à une clairière, nous aperçûmes, dans un lointain enfoncement et à une grande hauteur, par-dessus les plus hauts sapins et toute rapprochée des nuages, une croix de bois.

Si nous avions encore été au temps des ermites, j'aurais cru qu'un saint homme s'était retiré là pour ne plus entendre le bruit du monde; et qu'avec le signe de l'espérance, il avait ainsi indiqué sa demeure, pour que les malheureux dont le fardeau était trop lourd à porter, vinssent lui demander de la force et des consolations célestes. Mais non, cette croix a été placée là pour embellir le paysage; heureux le pays où l'on pense encore qu'il y a de la beauté et de la grandeur dans la croix! Nos gouvernants n'en sont plus là en France.

Il était presque nuit, quand nous parvînmes à un pont de bois jeté sur le torrent, en face de la cascade; s'il n'y avait que cette cascade, on regretterait les pas qu'on a faits pour la voir, car elle n'a de chute qu'une trentaine de pieds, et sa masse d'eau n'a rien d'imposant; mais son entourage, son encadrement sont admirables; là, on se trouve, pour ainsi dire, serré entre les deux montagnes, qui ne laissent plus entre elles d'autre distance que celle qu'il faut au torrent pour rouler ses ondes bruyantes sur un lit rocailleux. A droite et à gauche, devant et derrière vous, vous avez les versants presque à pic, des monts hérissés de chênes et de sapins, et alors que vous levez la tête, vous ne voyez qu'un petit morceau de ciel au-dessus de vous.

Tout retiré et tout sauvage qu'il est, ce détroit des montagnes a comme ses jours de fête, jours où sa solitude se peuple et s'anime. C'est quand, après les glaces de l'hiver, l'industrie du flottage recommence, et mène au grand fleuve les sapins que la cognée a abattus pendant l'hiver, et que la hache du bûcheron a dépouillés de leurs branches et de leur écorce, pour en former de longs et étroits radeaux, qui iront se joindre à ceux que le Rhin charrie sur ses ondes puissantes, comme d'immenses îles flottantes et habitées.

C'était peu de temps après que la route tracée par la grande duchesse Stéphanie eût été terminée; on venait de faire savoir aux populations environnantes, que le grand réservoir que Dieu et la main des hommes ont creusé dans les montagnes pour y garder les eaux nécessaires au flottage, allait être ouvert; la foule accourut de loin, et pour jouir de la route nouvelle, et pour voir le torrent grossi par les ondes du grand bassin, soulever et emporter les radeaux faits sur les lieux.

Il y a toujours de l'attrait dans cette opération annuelle, car elle ne manque jamais de chances de péril ou de succès, de gain ou de pertes, et ces choses incertaines attirent la multitude; elle, qui n'a point les émotions de la roulette, en cherche d'autres, et cette *journée des écluses* vient lui en offrir.

Le silence et la solitude de la tranquille et sévère vallée de Geroldsau sont bien loin ce jour-là; les oiseaux sauvages qui perchent sur les rameaux des sapins, ou qui nichent dans les fentes des rochers, troublés dans leur paix habituelle par toutes les voix de la foule, s'envolent effrayés. La teinte sombre des coteaux s'égaie, se bigarre, se bariole de mille couleurs diverses : ici, les anciens du pays, avec leurs longs habits bleus, leurs gilets rouges, leurs culottes courtes et leurs chapeaux à trois cornes; à côté d'eux, les mères de famille avec leurs têtes nues et leurs larges nœuds de rubans qui étalent leurs coques sur les cheveux qui commencent à s'argenter; puis les jeunes filles avec leurs corsets de velours noir coupés bas, et laissant voir la blancheur de la chemise sur la poitrine et sur les bras, et coiffées avec de longues tresses pendantes et de hauts peignes de corne transparente; puis les jeunes gens avec leurs vestes de velours ou de drap, leurs casquettes plates, ou leurs bonnets fourrés de peau de renard.

Et allant et venant, courant et bondissant au milieu de cette population en habits de fête, les enfants qui s'appellent, se répondent et qui trouvent le moyen de se placer devant tous les autres sur le bord de l'*Oëlback*, pour voir les premiers arriver les nouvelles eaux.

Enfin les voici!... et un cri général les salue. Le ruisseau commence à blanchir, il grossit, il monte, et les pierres et le gravier de son lit disparaissent. L'attention a redoublé, tous les yeux sont attachés sur la cascade qui a plus que décuplé la masse ordinaire de ses ondes.... Quand viendra le premier radeau?... Le voilà à son tour! on l'aperçoit, s'avançant rapide vers la chute d'eau. Un homme tout vêtu de blanc, placé à l'extrême pointe de ces arbres de cent pieds de long, liés et amarrés ensemble, debout, la gaffe à la main, les guide et les dirige. Si j'étais poète, je dirais qu'apparaissant ainsi aux regards de la multitude, on aurait pu le prendre pour *le génie des torrents et des montagnes.* Mais je dirai tout simplement qu'il était beau de force et d'adresse, et qu'il ne broncha pas quand le radeau, après avoir été pendant quelques secondes comme suspendu en équilibre au-dessus de la nappe tombante des eaux, s'inclina en avant, glissa, s'élança et franchit en un clin-d'œil le plus grand obstacle; puis, suivant l'impulsion donnée, passa prompt comme l'éclair, au milieu des *hurrahs* de la foule.

Tandis qu'assis sur un banc de rocher, nous écoutions le récit que je viens de vous transcrire, nous vîmes venir vers nous un paysan bossu. Son buste court et difforme, sa tête grosse et disproportionnée étaient portés sur des jambes longues et grêles : il venait nous offrir de l'eau de la cascade et des fraises sauvages.

Dans les rues d'une ville, sur une place publique, ce malheureux, dont la figure avait à la fois une expression triste et malicieuse, ne m'aurait pas frappé.

Mais dans le beau lieu où il nous apparaissait, il faisait un pénible contraste; là, tout était si bien venu! la végétation étalait tant de luxe de verdure! les arbres s'élançaient vers le ciel si droits, si majestueux, que l'on souffrait de voir que l'homme seul était laid au milieu de tant de beautés.

Dans tout le pays de Bade on rencontre, auprès des sources, des enfants blonds, frais et souriants, qui s'empressent de venir vous offrir de l'eau. Là, c'est une image gracieuse que les petits garçons, élevant au-dessus de leurs têtes leurs verres d'eau, et les présentant, avec la grâce de l'enfance, aux promeneurs qui passent en voiture auprès des fontaines. Mais, près de la cascade, le bossu faisait mal à voir.

Je m'étonnais que, dans un pays où l'on sait mieux qu'ailleurs placer à propos ce qui plaît aux yeux et ce qui attire, on eût laissé un être hideux et repoussant, faire les honneurs de la cascade de Geroldsau.

Maintenant je sais pourquoi, et je vais vous redire ce qui m'a été appris.

Il y avait, il y a trois cents ans, une belle *Princesse de Windeck*, dont le château en ruine se voit encore sur une haute montagne de la Forêt-Noire. Là, elle vivait dans une grande solitude, elle avait dans l'esprit quelque chose de rêveur et de bizarre. Quand le frère de son père, auquel elle était confiée, lui parlait de mariage, elle souriait avec mépris, disant : *Chevaliers et princes que je vois ne sauraient me comprendre.* Pensant et parlant ainsi, elle avait laissé s'écouler ses plus douces années ; je ne sais si elle en était marrie, je sais seulement que ses beaux traits avaient pris une expression de tristesse et d'ennui, et que, si elle ne sortait plus du noble manoir, pour aller se montrer aux tournois et aux fêtes, elle aimait à errer dans les campagnes, pour en admirer les sites et les lieux de beaux souvenirs.

Souvent on la rencontrait chevauchant à travers la contrée; un page et un écuyer l'accompagnaient dans ses courses; eux, se tenant à distance derrière elle, pour que rien ne la détournât de ses pensées rêveuses; quelquefois, quand la nuit devenait trop noire, le vieil écuyer osait lui dire : « Les flambeaux s'allument au château pour recevoir madame. »

Et elle répondait : « J'aime mieux voir les étoiles et la lune s'allumer au firmament. » Puis, quand l'astre des nuits était levé au-dessus des hauts sapins de la Forêt-Noire, elle demeurait des heures entières à le contempler, comme une jeune fille qui regarde avec tendresse une sœur ou une compagne bien-aimée.

Dans le pays qui avoisine Bade, il y a une vallée plus sauvage que toutes les autres, c'est celle de Geroldsau; c'était là que la princesse Gertrude aimait le plus à venir. Un soir elle y était assise, depuis plus d'une heure, auprès de la cascade; elle trouvait du charme à laisser aller son esprit; ses pensées se succédaient, s'enfuyaient je ne sais où, comme les ondes du torrent. Le bourdonnement monotone de la chute d'eau était le seul bruit qui vint se mêler à ses rêveries. Tout-à-coup, elle crut entendre une voix humaine qui chantait un hymne religieux, un salut à la nuit qui descendait du ciel. Ce chant lui était connu, c'était un de ceux que les paysans du grand-duché de Bade savent encore.

Mais elle n'avait jamais entendu cette voix, qui était forte comme celle d'un homme et douce comme celle d'une jeune fille, sonore et veloutée tout ensemble; étonnée, émue, charmée, la princesse fit involontairement un geste de la main à la cascade, comme pour lui commander de se taire, afin qu'elle pût mieux écouter.

Puis, s'étant levée, elle regarda de tous côtés pour savoir d'où partait la voix; mais ce fut en vain, les ombres devenaient de plus en plus épaisses; alors elle porta à ses lèvres le sifflet d'or qu'elle portait suspendu à son cou par une chaîne de Venise, et siffla trois fois.

A ce signal, le page et le vieil écuyer arrivèrent, et, leste comme une chasseresse, elle remonta à cheval, et prit le chemin de Windeck.

Pendant la route, elle pensa souvent à la voix de la vallée de Geroldsau. Si les pensées de jeune fille sont gracieuses et fraîches comme des fleurs, elles ne durent guère plus. On pouvait donc croire que, le lendemain, Gertrude de Windeck ne songerait plus à ce qu'elle avait entendu près de la cascade; mais il n'en fut point ainsi : il y a des pensées qui ne tombent, pour ainsi dire, qu'à la surface de l'esprit; celles-là le vent les change et les emporte; il y en a d'autres qui vont s'enfoncer dans le cœur et qui y demeurent.

Avant que l'heure habituelle de la promenade fût encore venue, la princesse dit qu'elle voulait partir; elle monta à cheval, et quand elle fut arrivée aux trois chemins, elle s'arrêta un instant comme si elle était incertaine de celui qu'elle prendrait; cependant elle ne l'était pas : elle était partie du manoir avec la volonté d'aller à la vallée de Geroldsau ; mais il y a des volontés que l'on ne s'avoue pas et qu'on ne veut pas laisser voir aux autres.

Arrivée à la descente qui conduit au pont, en face de la chute d'eau, elle dit à l'écuyer et au page : *Vous m'attendrez ici.*

Le soleil n'était pas encore descendu derrière la montagne, et, dans le creux de la vallée, il n'y avait pas, comme la veille, d'ombres épaisses et noires; aussi la princesse aperçut, couché le long du ruisseau d'Oëlback, un jeune pâtre. Son habit était celui des paysans de la Forêt-Noire : un large pantalon de toile grise, soutenu par des bretelles noires, brodées de blanc et se croisant sur la poitrine. Les petits flots murmurants de l'onde passaient en courant sur ses pieds nuds; sa tête était découverte et le vent du soir agitait ses cheveux blonds qui jouaient autour de son cou; son chapeau de paille à haute forme et orné des plumes des oiseaux qu'il avait tués dans la forêt, était posé sur une pierre à côté de lui.

Occupé de l'ouvrage qu'il était à faire, il n'entendit point venir la princesse; il était à sculpter, avec son couteau, un vase de bois blanc. Où avait-il vu la forme de ce vase ? je ne sais; mais elle était toute gracieuse : deux cygnes avec leurs ailes étalées composaient les anses, et sur le corps du vase on retrouvait tout ce qui croît sur le bord des eaux; des roseaux flexibles, des glaïeuls à fers de lance et des nénuphars à feuilles arrondies et à roses refermées.

— « Vous faites-là un joli ouvrage, dit Gertrude de

Windeck au pâtre qui venait de lever la tête, à qui le destinez vous? »

Le jeune homme répondit en rougissant : « Quand il sera fini, je le porterai à Bade, et là, il sera peut-être vendu à quelque étranger; il en vient beaucoup pour boire aux sources, et, parmi eux, il y en a qui aiment ces ouvrages.

— Si vous n'avez pas encore vendu le vase que vous faites, je l'acheterai.

— Si mince ouvrage n'est pas digne de si grande dame que vous.

— Vous vous trompez; » puis mettant sa blanche main dans son escarcelle, elle en tira deux pièces d'argent qu'elle donna au paysan, et lui dit : « J'enverrai mon page quérir ce vase; quand sera-t-il fini?

— Encore deux jours pour le polir, et madame pourra l'envoyer prendre; mais madame a donné trop d'argent, une seule pièce suffit.

— Non, non, gardez-les toutes les deux; j'en donnerai d'autres encore quand j'aurai le vase. »

Après ces mots, Gertrude monta vers le banc du rocher, puis, s'arrêtant tout à coup, elle se retourna du côté du paysan et lui demanda : « Étiez-vous ici hier au soir?

— Oui, Madame.

— Était-ce vous qui chantiez quand la lune s'est levée?

— Quelquefois je chante pour me reposer.

— C'était donc vous, hier?

— Oui, Madame.

— Le dimanche chantez-vous à l'église ?

— Oh ! Madame, si je croyais qu'une seule oreille m'écoutât, je n'aurais plus de voix ; je ne sais rien, je suis un enfant de la forêt, je n'ai jamais ouvert un livre.

— Et vous prenez plaisir à venir travailler dans ce lieu sauvage ?

— Oui, j'y trouve plus de repos qu'ailleurs ; et puis j'espère y voir l'esprit des eaux, la reine des lacs et des torrents de nos montagnes... Hier au soir, pendant que je chantais, je l'ai vue assise sur le banc près de la cascade. Oh ! madame, si vous saviez combien elle était belle ! La lune donnait sur son blanc visage ; je l'admirais d'en bas, quand elle a disparu subitement dans le vague de l'air.

Gertrude de Windeck sourit : elle venait de deviner qu'elle était la reine des lacs et des torrents qui avait apparu au pâtre... Quand elle fut sur le chemin pour retourner au château, elle ne pouvait chasser de son esprit ni la figure, ni les paroles, ni la voix du jeune paysan. Le soir, avant de s'endormir, son image se mêlait avec ces demi-pensées qui se fondent dans le sommeil ; et, dans ses rêves, elle crut encore l'entendre chanter.

Au réveil, quand elle vit le soleil se lever, elle se dit : La journée sera bien ardente aujourd'hui et le pauvre paysan est condamné au travail !

Au bout de deux jours, au lieu d'envoyer son page à la vallée de Geroldsau y chercher le vase du pâtre, elle y retourna elle-même, et, quand elle arriva à la cascade, elle aperçut le jeune homme ; cette fois il ne chantait pas, il ne travaillait point, il était à genoux devant un vieillard à demi couché sur un quartier de roc; le vieux laboureur avait une plaie à la jambe, et le pâtre pansait la blessure, y mettait une plante qui s'attache à l'écorce des chênes et la lavait avec de l'eau fraîche du torrent.

Et quand Gertrude fut plus rapprochée, elle entendit le vieillard qui disait à l'enfant des forêts :

« Guillaume, Dieu te bénira, car tu es bon et tu as pitié de ceux qui souffrent; qui t'a appris à soulager ainsi les souffrances et à guérir les maux?

— Ma mère, répondit le paysan, c'est elle qui m'a souvent dit : Quand on est pauvre comme nous, il faut apprendre à soigner les douleurs; car la charité donne comme des richesses à ceux qui l'ont dans le cœur.... »

Je ne vous dirai point si la princesse de Windeck retourna encore à la cascade de la vallée; on ne m'a parlé que de trois visites et je vous les ai fidèlement racontées. Mais, dans sa chambre, au château paternel, elle avait, sur un guéridon, un vase toujours rempli de fleurs, et c'était celui qu'avait sculpté le pâtre de la montagne. Assise en face de ce vase, elle passait de longues heures, et souvent ses chambrières l'ont vue pleurer en le regardant.

En ce temps-là, le frère de son père lui parla d'un prince qui demandait sa main, et elle répondit : Ma main est comme mon visage, flétrie par je ne sais quelle souffrance, et, sur mon front, il faut bien plus penser à jeter un voile noir, que de vouloir y mettre une couronne d'épousée.

Malgré ces paroles, malgré ce pressentiment d'une mort prochaine, Gertrude ne mourut que bien des années après. Mais la vie qu'elle traîna fut pleine d'ennuis, et, quand à l'âge de soixante-dix ans elle trépassa, on trouva qu'elle avait fait écrire par un clerc ses dernières volontés, et, en ce testament, il y avait cette clause :

« Je donne et lègue six couronnes d'argent au recteur de Bade pour que, par ses soins et sollicitude, à toujours et à jamais, ce soit un homme laid, difforme et bossu qui demeure en la cabane de la cascade de Geroldsau, pour offrir l'eau aux étrangers, voulant qu'à l'avenir beauté de jeune pâtre ne puisse égarer la pensée de noble fille, et qu'à autrui n'advienne l'ennui qui m'est advenu. »

Les dernières volontés de très-haute et très-puissante dame Gertrude-Marie-Wilhemine de Windeck sont encore scrupuleusement suivies; les bossus du grand duché de Bade se succèdent à la cascade de Geroldsau, et, comme leur héritage est pauvre, ils ne trouvent point d'usurpateurs de leurs droits. Ce que les usurpateurs veulent c'est de l'or; car, on le sait, la plupart de ces grands voleurs sont avares et cupides.



FIN.

# TABLE.

FIN DE LA TABLE.

TOURS. — IMPRIMERIE DE R. PORNIN ET Cie.

Imp. Lemercier, R. de Seine 55.

Alex. Collette Inv.

www.ingramcontent.com/pod-product-compliance
Ingram Content Group UK Ltd.
Pitfield, Milton Keynes, MK11 3LW, UK
UKHW012148240726
13966UKWH00001B/199

9 782012 478619